生物化学、免疫学、分子生物学实验

U0384261

SHENGWU FENZI SHIYAN JIAOCAI

生物分子实验教材（第三版）

主　　编／翟朝阳　杨鲁川

参编人员／（以姓氏笔画为序）

干　蓉　刘　宇　朱　平　杨泽宏

杨鲁川　黄德清　翟朝阳　魏　玲

四川大学出版社

责任编辑:李思莹
责任校对:胡　羽
封面设计:墨创文化
责任印制:王　炜

图书在版编目(CIP)数据

生物分子实验教材 / 翟朝阳，杨鲁川主编. —3 版.
—成都：四川大学出版社，2012.7
ISBN 978-7-5614-5962-1

Ⅰ.①生…　Ⅱ.①翟…②杨…　Ⅲ.①分子生物学-实验-高等学校-教材　Ⅳ.①Q7-33

中国版本图书馆 CIP 数据核字（2012）第 147146 号

书名　**生物分子实验教材（第三版）**

主　　编　翟朝阳　杨鲁川
出　　版　四川大学出版社
地　　址　成都市一环路南一段 24 号 (610065)
发　　行　四川大学出版社
书　　号　ISBN 978-7-5614-5962-1
印　　刷　四川和乐印务有限责任公司
成品尺寸　185 mm×260 mm
印　　张　16
字　　数　379 千字
版　　次　2012 年 7 月第 3 版
印　　次　2017 年 1 月第 2 次印刷
定　　价　29.00 元

版权所有◆侵权必究

◆读者邮购本书,请与本社发行科联系。
电话:(028)85408408/(028)85401670/
(028)85408023　邮政编码:610065
◆本社图书如有印装质量问题,请
寄回出版社调换。
◆网址:http://www.scupress.net

第三版前言

为了适应高等院校教育改革，四川大学建立了医学生物分子实验室，并将原来免疫学、生物化学和分子生物学的实验课程纳入这个实验室的教学范畴。这本教材就是在这个背景下产生的。

这本教材的内容，除包括了原有的免疫学、生物化学和分子生物学三门课程的主要实验外，还设计了一些综合性实验。其目的是不仅要让学习者通过这样的实验掌握较全面的实验技能，而且要使他们能够将各学科的知识贯通起来综合运用。由于这样的实验需要连续的操作，对学习者的意志、耐力、信心将是一个考验。希望通过这样的实验课学习，对学习者素质的提高有所帮助。

教材还包括了相关实验的仪器设备使用原理和实验报告书写、实验室守则和专题介绍，这些内容有助于学生对实验内容的全面掌握。

新版在第二版内容的基础上做了一些实验内容的补充和错误的更正。

我国的教育体制与国外有所不同，但在培养学习者成才这个目的上应当是相同的。怎样达到这个目的，对教育工作者来说是需要探索的。编写这本教材，实际上就是要吸取前人的精华并弥补他们的不足。我们愿意尽力把这项工作做好，但本教材仍可能存在新的问题。我们诚恳地虚心地欢迎使用者和前辈们、同行们提出宝贵意见，以便我们今后修正，把大学的生物分子实验教学做得更好。

这本教材是为大学本科生编写的，也适合作为研究生或教师的参考用书。

编 者

2012 年 6 月

目　录

实验项目

实验 1　凝集反应 …………（2）
实验 2　沉淀反应 …………（7）
实验 3　免疫扩散和免疫电泳 …………（10）
实验 4　补体结合实验 …………（17）
实验 5　溶血实验 …………（22）
实验 6　E 玫瑰花环实验 …………（24）
实验 7　酶联免疫吸附实验 …………（26）
实验 8　猪脾（肝）脏细胞染色体 DNA 的提取与测定 …………（31）
实验 9　植物染色体 DNA 的提取 …………（35）
实验 10　细菌染色体 DNA 的提取…………（37）
实验 11　动物组织细胞总 RNA 的提取…………（39）
实验 12　酵母 RNA 的提取与测定…………（41）
实验 13　定磷法测定核酸浓度 …………（44）
实验 14　质粒 DNA 的提取…………（48）
实验 15　随机引物 PCR 测定细菌染色体 DNA 基因型 …………（51）
实验 16　核酸（DNA）电泳 …………（54）
实验 17　DNA 的限制性核酸内切酶酶切分析 …………（56）
实验 18　DNA 的琼脂糖凝胶电泳 …………（61）
实验 19　从凝胶中回收目的 DNA 片段…………（65）
实验 20　质粒 DNA 与目的 DNA 片段的连接 …………（71）
实验 21　重组质粒 DNA 转化原核细胞…………（74）
实验 22　大肠埃希氏菌感受态细胞的制备及转化 …………（77）
实验 23　重组克隆筛选 …………（80）
实验 24　蛋白质的沉淀和变性反应 …………（86）

实验 25　血清蛋白乙酸纤维素膜电泳 ……………………………………………… (89)
实验 26　琼脂糖凝胶电泳分离脂蛋白 ……………………………………………… (93)
实验 27　聚丙烯酰胺凝胶电泳分离血清蛋白 ……………………………………… (96)
实验 28　染色法测定蛋白质浓度 …………………………………………………… (104)
实验 29　Folin－酚法测定蛋白质浓度 ……………………………………………… (106)
实验 30　紫外吸收法测定蛋白质浓度 ……………………………………………… (109)
实验 31　SDS－PAGE 测定蛋白质相对分子质量…………………………………… (111)
实验 32　超氧化物歧化酶的分离和纯化 …………………………………………… (117)
实验 33　超氧化物歧化酶活性染色鉴定法 ………………………………………… (121)
实验 34　血清高密度脂蛋白－胆固醇和总胆固醇的测定 ………………………… (124)
实验 35　去污剂及膜活性试剂对红细胞细胞膜的作用 …………………………… (128)
实验 36　滴定法测定维生素 C 的含量 ……………………………………………… (130)
实验 37　细胞色素 C 的制备 ………………………………………………………… (133)
实验 38　细胞色素 C 含铁量的测定 ………………………………………………… (136)
实验 39　碱性磷酸酶的分离、纯化和动力学 ……………………………………… (141)
实验 40　肝糖原的提取与鉴定 ……………………………………………………… (155)
实验 41　尿糖定性实验 ……………………………………………………………… (156)
实验 42　金免疫技术 ………………………………………………………………… (157)
实验 43　胰岛素和肾上腺素对血糖浓度的影响 …………………………………… (162)
实验 44　兔肝细胞脱氧核糖核酸的提取 …………………………………………… (165)
实验 45　原代及传代细胞培养 ……………………………………………………… (168)
实验 46　培养细胞的冻存和复苏 …………………………………………………… (172)
实验 47　人皮肤成纤维细胞的培养 ………………………………………………… (174)

实验室常规技术和仪器使用

离心技术……………………………………………………………………………… (178)
分光光度计技术……………………………………………………………………… (181)
电泳技术……………………………………………………………………………… (183)
层析技术……………………………………………………………………………… (189)
细胞培养技术………………………………………………………………………… (202)
常用玻璃仪器及其洗涤方法………………………………………………………… (218)
试剂的配制…………………………………………………………………………… (221)

缓冲溶液…………………………………………………………………………………………（223）
常规仪器设备及其使用……………………………………………………………………（226）

实验报告和实验室守则

实验报告的撰写………………………………………………………………………………（234）
实验室守则……………………………………………………………………………………（235）

专题介绍

单克隆抗体制备技术…………………………………………………………………………（238）
酶免疫组化染色技术…………………………………………………………………………（243）
荧光免疫组化技术……………………………………………………………………………（245）
DNA 序列分析 ………………………………………………………………………………（247）

实验项目

实验1　凝 集 反 应

【原理】

凝集反应是一种抗原抗体反应，在一定条件下发生。直接凝集反应是颗粒性抗原与相对应的抗体在有电解质存在的情况下发生的反应，以出现肉眼可见的凝集现象为特征。间接凝集反应则是先将抗原吸附在某种载体上（多种物质可充当吸附抗原的载体），再与抗体进行反应而出现凝集现象。间接凝集反应还可以用抑制的方式（间接凝集抑制实验）来进行。另有一种间接凝集反应是将抗体吸附在载体上，与抗原进行反应，同样也会出现凝集现象，被称为反向间接凝集反应。发生直接凝集反应的抗原一般较大，如细菌。利用凝集反应可以鉴定未知的抗原，阳性反应强度一般用“+”的数量表示。在一定条件下，可以利用凝集反应做半定量测定。

Ⅰ　直接凝集反应（玻片法）

直接凝集反应是用已知抗体（如免疫血清）测定未知抗原的反应。

Ⅰ—1　细菌鉴定

【材料】

1. 志贺氏菌多价诊断血清，沙门氏菌多价诊断血清。两种血清都做1∶20稀释。
2. 待测菌培养于平皿或斜面，培养 24h。
3. 生理盐水，载玻片，接种环。

【方法】

1. 取一张洁净的载玻片，用笔划分成3格，编号。

2. 用灭菌接种环取志贺氏菌多价诊断血清3～4环放于第1格，在酒精灯上将接种环烧灼灭菌并冷却后再取3～4环沙门氏菌多价诊断血清放在第2格，同法灭菌后取3～4环生理盐水放于第3格。

3. 接种环灭菌后取待测菌，分别与血清和生理盐水混合。每次取菌与一种材料混合后都需要在火焰上将接种环烧灼灭菌，再进行取菌，否则会造成血清之间的污染而使反应的特异性和正确性受到影响。

4. 轻摇载玻片，使各样品混合，几分钟后，在光线斜射下观察结果。加有细菌的实验组与加生理盐水的对照组应有明显区别，后者没有任何反应迹象。

【结果】

阳性实验组有白色块状凝集物出现，阴性实验组无任何凝集现象出现。出现凝集现象的实验组，其抗原菌是与诊断血清抗体相应的细菌。

【注】

本实验也可以在试管中进行，将免疫血清做1∶10系列稀释，再与细菌进行混合。设生理盐水对照组。将混合后的样品置37℃孵箱过夜，第2天观察结果。

Ⅰ－2　血型鉴定

【材料】

1. 抗A血清，抗B血清。
2. 碘附。
3. 载玻片，采血针，棉签，牙签。

【方法】

1. 取一张洁净的载玻片，用笔划分成2格，编号。

2. 在第1格滴入抗A血清，第2格滴入抗B血清。

3. 用碘附将左手无名指尖消毒后，迅速用采血针扎一下，将血滴入载玻片第1格和第2格的血清中，用牙签轻轻混匀一下，30s后观察结果。

【结果】

有凝集物出现者为阳性，用“+”表示；无凝集物出现者为阴性，用“−”表示。血型判断见表 1−1。

表 1−1 血型鉴定结果判断

抗 A	抗 B	血型
+	−	A
−	+	B
+	+	AB
−	−	O

Ⅱ 凝集反应（试管法）

【材料】

1. 伤寒沙门菌 H 诊断菌液，1∶10 稀释的伤寒沙门菌免疫血清。
2. 生理盐水，小试管，吸管，试管架等。

【方法】

1. 取小试管 8 支，在试管架上排成一行，依次编号。
2. 用吸管吸取生理盐水加入上述试管，每管 0.5mL。
3. 吸取 1∶10 稀释的伤寒沙门菌免疫血清 0.5mL 加入第 1 管，然后吸吹 3 次，使血清与盐水充分混匀，再吸出 0.5mL 加入第 2 管，如此依次对倍稀释到第 7 管，自第 7 管吸出 0.5mL 弃去。第 8 管不加血清，作为对照（见表 1−2）。
4. 吸取 H 诊断菌液分别加入上述试管中，每管 0.5mL。
5. 振荡试管架，使管内菌液与原液体充分混匀。将试管置 37℃恒温箱中过夜，第 2 天观察结果。

表 1－2　试管凝集试验加样程序　（单位：mL）

	1	2	3	4	5	6	7	8
生理盐水	0.5	0.5	0.5	0.5	0.5	0.5	0.5	0.5
1∶10 伤寒沙门菌免疫血清	0.5	0.5	0.5	0.5	0.5	0.5	0.5	—
伤寒沙门菌菌液	0.5	0.5	0.5	0.5	0.5	0.5	0.5	0.5
血清稀释液	1∶40	1∶80	1∶160	1∶320	1∶640	1∶1280	1∶2560	对照
室温（或 37℃）24h								

【结果】

先勿振动试管，首先观察生理盐水对照管，正确结果是管底沉淀物呈圆形，边缘整齐；轻轻振荡，细菌分散后呈均匀混浊，即未出现凝集现象。若出现了非特异性凝集现象，则本次试验无效。

观察试验管应自第 1 管开始。H 菌液凝集物呈疏松棉絮状，沉于管底，轻轻摇时即易离散和升起。根据凝集反应的程度，分别以下列记号表示：

＋＋＋＋：管内液体澄清，细菌完全被凝集于管底，轻摇有大片凝集块。

＋＋＋：管内液体轻度混浊，细菌大部分被凝集于管底，凝集块较小。

＋＋：管内液体中度混浊，部分细菌被凝集于管底，凝集现象仍明显，呈颗粒状。

＋：管内液体很混浊，仅有少量细菌凝集。

－：管内液体与对照管相同，无凝集。

凝集效价的判断：与相应菌液发生＋＋凝集反应的血清最高稀释度为该被检血清的凝集效价。

Ⅲ　间接凝集反应

免疫妊娠试验属于间接凝集抑制试验。其原理是可溶性抗原致敏的乳胶颗粒与相应抗体作用，可使乳胶颗粒凝集。但若使该抗体先与可溶性抗原作用，再加入该抗原致敏的乳胶颗粒，则乳胶凝集被抑制，称为间接乳胶凝集抑制试验。间接凝集抑制试验可用于检测标本中的可溶性抗原。原孕妇尿中的绒毛膜促性腺激素（HCG）先与相应抗体反应，就能抑制该抗体与吸附有 HCG 的乳胶颗粒结合，故不出现凝集现象，为妊娠试验阳性。

【材料】

1. HCG 致敏的乳胶颗粒及抗 HCG 免疫血清，待检尿，正常尿，生理盐水。
2. 载玻片，毛细吸管，牙签。

【方法】

1. 取洁净玻片 1 张，将玻片放在黑色背景上。
2. 用毛细吸管取生理盐水或正常尿液 1 滴加于玻片右端，作为对照；再取两份待检尿液各 1 滴，加于玻片左端及中间。
3. 各加 1 滴抗 HCG 免疫血清（妊娠诊断血清），缓缓摇动玻片 0.5min~1min，分别混匀。
4. 各加 1 滴 HCG 致敏的乳胶，分别搅匀。
5. 将玻片缓慢摇动 3min~5min，在黑色背景下观察结果。

【结果】

生理盐水或正常尿液对照出现凝集颗粒。待检尿无凝集现象而呈乳状液体者，为阳性；若待检尿出现凝集现象，则为阴性。

实验 2 沉 淀 反 应

【原理】

沉淀反应的原理与凝集反应的原理相似，两种反应都是抗原与相应的抗体在比例适当的情况下并有适当电解质参与时发生的反应。由于沉淀反应的抗原与凝集反应的抗原有所不同，所以沉淀反应发生时形成肉眼可见的沉淀物或沉淀线。沉淀反应的种类很多，单向或双向的琼脂扩散实验、火箭电泳和免疫电泳实验等都属于沉淀反应的范畴。

Ⅰ 双向琼脂扩散实验

【材料】

1. 琼脂粉，用生理盐水配制成 1%浓度的溶液。
2. 实验样品为待测血清，以肝癌患者阳性血清为对照。
3. 甲胎蛋白（AFP）诊断血清。
4. 载玻片，打孔器，毛细滴管等。

【方法】

1. 将配制好的琼脂液加热熔化，置室温自然冷却到 60℃左右。
2. 取一张洁净的载玻片，置水平台面上，将 3mL～4mL 熔化的琼脂液用大口吸管吸出后小心地加在玻片上，让其铺满玻片，琼脂板内应无气泡产生。将琼脂板置室温条件下自然凝固。
3. 用打孔器在凝固的琼脂板上打孔，四周打 6 个孔，中间打 1 个孔。
4. 中心孔内加甲胎蛋白诊断血清，四周孔内分别加入待测血清和肝癌患者阳性血清。加样时，应将孔加满，但不应溢出琼脂表面。
5. 将琼脂板放入湿盒，置 37℃孵箱，24h 后观察结果。

【结果】

1. 在阳性对照孔与中心孔之间出现清晰的乳白色沉淀线。

2. 如果待测样品孔与中心孔之间也出现与阳性对照孔类似的沉淀线，并且这个沉淀线与阳性对照孔的沉淀线相连，则判断待测血清为阳性；如果有沉淀线，并且沉淀线与阳性对照孔的沉淀线交叉，说明这一待测血清的抗原性与阳性对照有所不同，但与抗体有对应关系，是另一抗原抗体反应，则不把这种情况判为阳性。将没有沉淀线出现的判断为阴性。实验结果如图2-1所示。

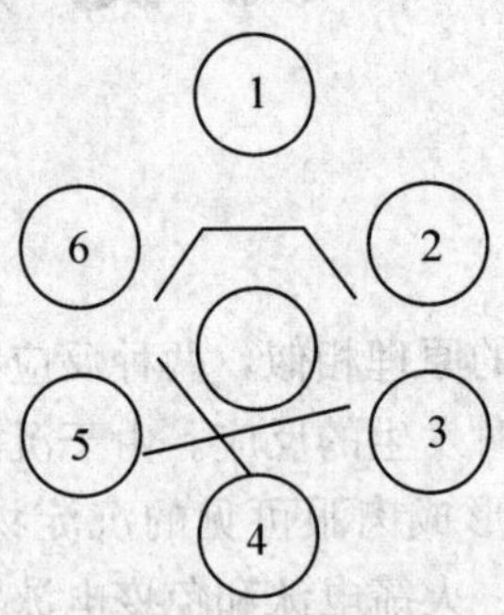

图 2-1 双向琼脂扩散实验结果示意图

【注】

双向扩散沉淀是抗原、抗体都同时扩散，在相遇时发生的反应。如果将抗体（免疫血清）加在琼脂液中混匀，再铺到载玻片上，而将抗原加在孔内，则沉淀线将围绕孔形成沉淀环。沉淀环的直径与抗体含量有近似正比的关系。通过测量直径和抗体稀释倍数，可以绘制出标准曲线。

Ⅱ 对流免疫电泳

带电的胶体颗粒可在电场中移动，其移动方向与胶体颗粒所带电荷有关。多数蛋白质抗原在 pH8.6 的缓冲液中带负电荷。将抗原加入琼脂板阴极端的小孔中，由阴极向阳极移动。抗体为球蛋白，等电点较高，只带微弱的负电荷，且分子较大，故移动较慢。将抗体加于阳极端的小孔中，因电渗作用而流向阴极。抗原与抗体在两孔间相遇时，在两者比例适当处形成白色沉淀线。此种在双向琼脂扩散基础上加电泳的方法被称为对流免疫电泳（counter immunoelectrophoresis），常用于检测甲胎蛋白（AFP）等。

对流免疫电泳的特点：由于抗原、抗体在电场中相对移动，限制了抗原、抗体多方向自由扩散的倾向，并能增加抗原、抗体的局部浓度及加快它们相遇的速度，从而提高了敏感性并缩短了反应时间。

对流免疫电泳的缺点：若标本中有一对以上抗原、抗体同时存在时，生成的沉淀线往往重叠在一起，无法分辨。

【材料】

1. AFP 诊断血清，AFP 阳性血清，待检血清，打孔器，毛细滴管，电泳仪等。

2. pH8.6 0.05mol/L 巴比妥缓冲液：称取巴比妥 1.84g、巴比妥钠 10.3g，先以 200mL 蒸馏水加热使巴比妥溶解，再加入巴比妥钠，最后再加蒸馏水至 1000mL。

3. 1%离子琼脂：取上述缓冲液 50mL，加蒸馏水 50mL，加 1g 精制琼脂粉，加热溶化即成 1%离子琼脂。加硫柳汞 10mg，混匀后分装入试管，并置 4℃冰箱备用。

【方法】

1. 制备琼脂板。

取洁净玻片 1 张，放于水平台上，将已溶化的离子琼脂 3mL～4mL 注于玻片上，让其自然铺成水平面，待凝固后打孔。孔径为 3mm，孔间距为 4mm，行间距为 4mm。

2. 加样。

在抗体孔内用毛细滴管加入 AFP 诊断血清，于抗原孔内分别加入待检血清及 AFP 阳性血清。每个样品需分别使用 1 支毛细滴管。注意加样时应加满为止，防止样品溢出孔外。

3. 电泳。

将加好样的琼脂板置于电泳槽支架上，抗原孔置阴极端，抗体孔置阳极端，琼脂板两端用纱布搭桥，使琼脂板两端与电泳槽缓冲液相连。槽内缓冲液为 pH8.6 0.05mol/L巴比妥缓冲液。接通电源，将电场强度调节到 4V/cm～6V/cm（玻片长度），电流为3mA/cm（玻片宽度），电泳 45min～60min。

【结果】

电泳毕，关闭电源，取出琼脂板，观察抗原、抗体孔间有无白色沉淀线。阳性对照孔与抗体间应出现清晰沉淀线。如待检血清与抗体孔间出现沉淀线，为阳性；不出现沉淀线，为阴性。若沉淀线不够清晰，可在 37℃ 放置数小时，以增强线条清晰度（图 2－2）。

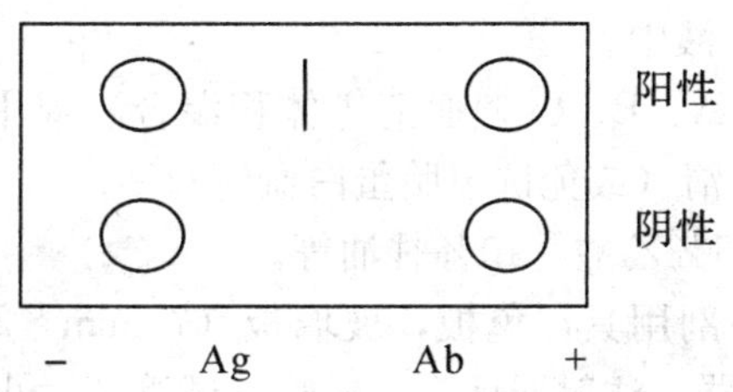

图 2－2　琼脂对流免疫电泳试验结果示意图

实验 3 免疫扩散和免疫电泳

【原理】

免疫扩散和免疫电泳的反应原理与沉淀实验相同。

【材料】

1. 健康家兔 2～3 只，年龄为 6 个月以上，体重为 2kg。

2. 福氏（Freund）不完全佐剂：羊毛脂∶液体石蜡=1∶4 或 1∶2（体积比）。

3. 福氏完全佐剂：在不完全佐剂中，加入一定量的死卡介苗，即为福氏完全佐剂。死卡介苗的用量一般为 1 只兔 30mg 或每毫升不完全佐剂中加 4mg。配制时，先将羊毛脂和液体石蜡混合并灭菌。使用时先将佐剂置研钵内，再将死卡介苗、抗原溶液逐滴加入，顺同一方向研磨成乳剂。临用前在无菌条件下配制。将活卡介苗置 56℃，30min 可灭活。

4. 0.01～0.015 离子强度的琼脂或琼脂糖：称取 1g～1.5g 的琼脂（或琼脂糖），用离子强度为 0.03、pH8.3 的巴比妥缓冲液配制。可先加入适量溶液加热熔化后补水至 100mL，再使其充分熔化。

5. 离子强度为 0.06、pH8.6 的巴比妥缓冲液：称取 10.3g 巴比妥钠、1.84g 巴比妥酸溶于水，稀释至 1000mL。配制离子琼脂时可将其按 1∶2 稀释，使其离子强度为 0.03。

6. 0.05％氨基黑 10B 染色液：称取 0.5g 氨基黑 10B，溶于 500mL 1mol/L 乙酸及 500mL 0.1mol/L 乙酸钠溶液中。

7. 正常人混合血清（A、B、O 型血清等体积混合）或甲胎蛋白（1g/L～5g/L），兔抗人 A、B、O 型混合血清（或兔抗甲胎蛋白血清）。

8. 0.9％NaCl 溶液，5％乙酸，10％甘油等。

9. 注射器，研钵，解剖用具，兔板，玻璃板（7.5cm×2.5cm，7.5cm×8.0cm），量筒（10mL），4mm 打孔器，注射器针头，试管，试管架，小滴管，电泳仪，厚滤纸，大表面皿等。

Ⅰ　双向免疫扩散法

【原理】

抗体是具有免疫功能的球蛋白——免疫球蛋白（immunoglobulin，Ig），存在于血清中及其他体液、组织以及一些分泌物中。当给动物注射外源性生物大分子时，大分子物质刺激浆细胞产生抗体。电泳时，抗体通常出现在血清蛋白的 γ 球蛋白区，或 α 或 β 区。抗体具有特异性，即某种抗体只能与其相应的抗原特异性结合。这类具有抗体活性的免疫球蛋白都由两条重链（H 链）和两条轻链（L 链）组成，各链间以二硫键相连接，同一链上也有二硫键相连。重链有 5 种，分别是 γ、μ、α、δ 及 ε。每一种免疫球蛋白（IgG、IgH、IgE、IgD 和 IgA）分子只具有一种特殊的重链。轻链只有 Kappa（κ）和 Lambda（λ）两种。

抗原与其相应的抗体具有分子表面结合的特性，而这种结合是有条件的，只有在分子比例合适并且有电解质（如 NaCl、磷酸盐、巴比妥盐）存在的情况下，才可以见到沉淀反应。由于抗原是多价的，可结合多个抗体分子，而抗体是二价的，只能结合两个抗原分子，因此抗原与抗体结合有不同的数量关系。

在抗原与抗体以合适的分子比结合时，能够组成大的复合物，出现明显的沉淀反应，这种情况称为等价带。在等价带的两侧是抗原或抗体过剩的情况，未结合的抗原或抗体游离于上清液中而不能形成大块复合物，常不出现沉淀反应或沉淀量极少。前者称为抗原过剩，后者称为抗体过剩。此时若在等价带的反应液中加入过量的抗原或抗体，将会造成抗原或抗体过剩而使沉淀复合物部分溶解。因此，在做免疫扩散或电泳实验时，必须了解抗原与抗体结合的条件和特点，掌握合适比例，才能获得满意结果。

免疫沉淀反应若在琼脂（糖）内发生，可出现沉淀线、沉淀弧或沉淀峰。根据沉淀是否出现以及沉淀量的多少，可定性或定量检测出样品中抗原和抗体的存在和含量。

本实验以人 A、B、O 型混合血清为抗原，免疫动物（兔子）产生抗血清，当适量抗原、抗体在琼脂（糖）中扩散并相遇时，则形成抗原-抗体复合物的白色沉淀线。不同抗原分子与相应的抗体分子的扩散速度不同，当二者间比例适当时，出现数目不同的沉淀线。根据沉淀线的情况可定性抗原以诊断疾病或测定抗体的效价。

【方法】

1. 制备抗血清。

选择年龄在 6 个月以上，体重为 2kg～3kg 的健康家兔 2～3 只，编号、标记。

2. 血清（抗原）乳剂的制备。

（1）正常人 A、B、O 型血清乳剂的制备：取 1mL 正常人 A、B、O 型混合血清，加等体积福氏完全佐剂，按照配制佐剂的研磨法，在无菌条件下，制成乳白色黏稠的油包水乳剂。

(2) 甲胎蛋白乳剂的制备：取粗甲胎蛋白制品（1g/L～5g/L）1mL 与等体积福氏完全佐剂混合，用上述方法使其充分乳化。

制成的乳剂是否为油包水乳剂直接影响免疫的效果，须进行鉴定。

鉴定油包水乳剂的方法：将制得的佐剂抗原乳剂滴于冷水表面，第 1 滴应保持完整而不分散，否则须重新制备。

3. 免疫方法。

在已选择好的兔子的四足掌处，采取皮内注射的方法各注射 0.5mL 抗原－福氏完全佐剂乳剂。首次注射后，每隔 7～10 天于两肩后侧及两髋附近皮下多点注射抗原－福氏不完全佐剂乳剂，总量为 2mL，共 2～3 次。待能测出抗体效价后，再进行一次加强免疫，即从耳缘静脉注射抗原 0.5mL。一周后将兔子放血。

4. 取血与放血。

如果需检测抗体效价或保留免疫动物，可由耳缘静脉取血或心脏取血。

取血方法：先将耳缘静脉附近的毛剪去，用无菌棉球擦净皮肤；然后用二甲苯涂擦血管处，或用台灯照射加温等办法使血管扩张；识别耳静脉后，用注射器针头插入静脉取血。如取血量大时，于取血后由静脉缓缓注入等体积 5%葡萄糖溶液以补足失血量。

如需要放血，可采用颈动脉放血法。

颈动脉放血法：将兔腹部向上，固定在兔板上，颈部伸直固定。用少量乙醚麻醉兔。剃去颈部的毛，用 70%酒精消毒。然后纵向切开颈部，用止血钳将皮分开夹住，用刀柄剥离皮下组织、肌层，可见到搏动的颈动脉。小心将颈动脉和迷走神经剥离，剥离长度约为 5cm，选择血管中段，将颈动脉远心端用丝线结扎，近心端用动脉止血夹夹住，在截断血流的这一段颈动脉上剪一 V 形缺口，取直径为 1.6mm 长约 25cm 的一段干燥的塑料管，将已剪成斜口的一端插入颈动脉中，并用丝线缚紧，以防小管脱漏。塑料管的另一端放入 200mL 三角瓶（或离心管）内，然后松开动脉止血夹，血即流入三角瓶内。动物因放血而死亡。

5. 抗血清的收集。

待收集于三角瓶或离心管内的血液凝固后，用干净平头玻棒沿瓶壁或管壁剥离血块，置室温下 2h～3h 后，置 4℃冰箱内过夜。血凝块收缩后，血清析出。通过离心使血清完全析出。用滴管吸出血清，分装在小瓶中，存于低温冰箱备用。

6. 铺琼脂板。

取 4mL 熔化的琼脂并趁热（约 50℃）倒在玻璃板（7.5cm×2.5cm）上，待冷却、凝固后打孔，孔的直径为 4mm。周围孔与中央孔之间的距离为 5mm 左右。打完孔后，用注射器针头将孔内的琼脂挑出。在酒精灯上烘烤玻璃板背面，使琼脂与玻璃板贴紧。

7. 稀释抗原。

对抗原的稀释采用倍比稀释法：取数支试管，分别加入 1 份生理盐水，于第一管中加抗原液 1 份，混匀后取出 1 份，加入第二管中，依次进行至最后一管，各管的稀释度依次为 1∶2、1∶4、1∶8、1∶16 等。

8. 加样。

将原浓度的抗原液及稀释后的系列抗原液依次加入外周孔内，在中心孔中加入抗血清。抗原、抗体的加量以平琼脂板表面为宜。将加样后的琼脂板置于湿盒内，在 37℃或室温下扩散 24h～48h。

【结果】

1. 出现沉淀线的抗原稀释度最高的一孔的稀释度为被测抗血清的效价。为提高沉淀线的可见度，需要染色，然后再确定效价。

2. 染色及保存。

(1) 漂洗琼脂板：将琼脂板置 0.9%NaCl 溶液中浸泡 48h，以除去未反应的抗原、抗体等。其间更换 NaCl 溶液 3～4 次，再用双蒸水浸泡 24h，换水 2 次。

(2) 干燥：取出琼脂板，用滤纸覆盖，置空气中自然干燥（也可吹干或 37℃烘干）。

(3) 染色：将琼脂板浸入 0.05%氨基黑 10B 染色液中 30min。

(4) 脱色：染色完毕后，将琼脂板放在 5%乙酸中漂洗以去掉多余的染料，至胶板的背景无色为止。

(5) 长期保存：染色后的凝胶，经脱色后浸泡于 10%甘油中 3h～4h，不时摇动至凝胶与玻璃板分开。用一块较凝胶板大的玻璃纸小心将凝胶托起，置于另一块与玻璃纸大小相似的玻璃板上，再用另一块经水浸湿的玻璃纸覆盖在凝胶上面，使琼脂胶板夹在两张玻璃纸之间，室温下晾干。此法制备的琼脂板可长期保存。

Ⅱ　单向定量免疫电泳（火箭电泳）

【原理】

一定量的抗原在电场作用下，在含有适量抗体的琼脂糖凝胶中移动时，前面的抗原与琼脂糖中的抗体相遇时形成抗原-抗体复合物沉淀，后面的抗原再与沉淀相遇时，由于抗原过剩，部分沉淀溶解，并一同向前泳动，再度与未结合的抗体相遇时，又产生新的抗原-抗体复合物沉淀，如此不断地沉淀-溶解-再沉淀，最后达到全部抗原与抗体结合，在电场中不再移动而形成锥（峰）形沉淀线，其形似火箭，因此这种方法被称为火箭电泳。在一定范围内，抗原含量愈高，则所形成的火箭峰愈长，面积也愈大。在这个电泳体系中，火箭峰的面积与抗原浓度有关，其关系如下式：

$$\text{抗原-抗体复合物沉淀峰的面积} = K \times \frac{\text{抗原的浓度}}{\text{抗体的浓度}}$$

式中，K 为标准量免疫电泳中测得的系数。抗体浓度为恒定的已知数，通过在标准免疫电泳中测得未知样品的沉淀峰的面积与已知浓度的标准抗原形成的沉淀峰的面积做比较，可算出待测抗原的精确浓度。

为使实验数据较为理想，定量免疫电泳应具备下列基本条件：

(1) 抗原与相应抗体的比例应合适，才能形成完整、清晰的沉淀峰。为提高定量精确度，应使用单价抗血清。在一定浓度范围内，沉淀峰高（面积）与所加的样品浓度呈正比。峰高在 5mm～60mm，定量比较准确，测量精确度一般在 95%以上。

(2) 一般说来，只有那些向正极移动速度较快的抗原能用免疫电泳进行定量。在电泳时要采用低离子强度的碱性（pH8.6）缓冲体系，以使蛋白质（抗原）颗粒带负电荷，在电场作用下向正极移动；否则无法准确定量。为了使蛋白质能进行单向定量免疫电泳，可采用甲酰化、乙酰化或氨甲酰化处理，使蛋白质颗粒带更多的负电荷，在上述 pH8.6 的条件下即可向正极移动。酰化反应常用 0.36%甲醛将蛋白质样品稀释到所要求的浓度，室温反应 20min～30min。由于反应抑制了蛋白质碱性基团（氨基）的解离而形成了某种酸，因此在 pH8.6 的碱性条件下，就增加了蛋白质解离时的负电荷，加大了其向正极移动的趋势。

(3) 定量免疫电泳的基本要求是在电泳时抗体不移动，要达到这个目的，电泳应在碱性条件下进行，最常用的是 pH8.6 的缓冲体系。在此条件下，所有蛋白质都带负电荷，向正极移动。作为抗体免疫球蛋白之一的 γ 球蛋白只带较弱的负电荷，实验中所采用琼脂糖凝胶介质的电渗作用足以抵消它向正极的移动能力。一般的琼脂不宜作为定量免疫电泳的支持介质，原因是其电渗作用力太大，超过了抗体向正极移动的力，导致抗体移动。

蛋白质浓度低于 0.3mg/L 时，很难用单向定量免疫电泳测出。若抗体用放射性核素标记，其灵敏度可提高 40～60 倍。

单向定量免疫电泳在临床上常用于检测病人血清甲胎蛋白的含量，为肝癌诊断提供依据。

【方法】

1. 制备抗体琼脂糖板。

(1) 熔化的 1.5%琼脂糖待冷却到 50℃左右时，加入适量抗体（7.5cm×8cm 玻板需用约 10mL 凝胶液铺板，抗体加入量视其效价而定），用玻棒小心搅匀，注意不要产生泡沫。

(2) 将配好的抗体琼脂糖倒在玻璃板上，制成抗体琼脂糖板，待凝固后，按图3－1打孔，用注射器针头挑出孔内的琼脂。

2. 加样。

在孔内加入不同稀释度的抗原至与凝胶板相平。定量测定时，需用微量注射器定量准确加入样品。

3. 电泳。

在胶板正、负电极端与电极槽缓冲液之间搭好滤纸桥。抗原孔端接负极。通电，电压为 10V/cm，每块琼脂板的电流为 40mA，电泳时间为 1h～5h，泳动距离为 2cm～5cm。在电泳过程中注意观察锥形沉淀弧的形成。电泳结束后，关闭电源，取下琼脂糖板。

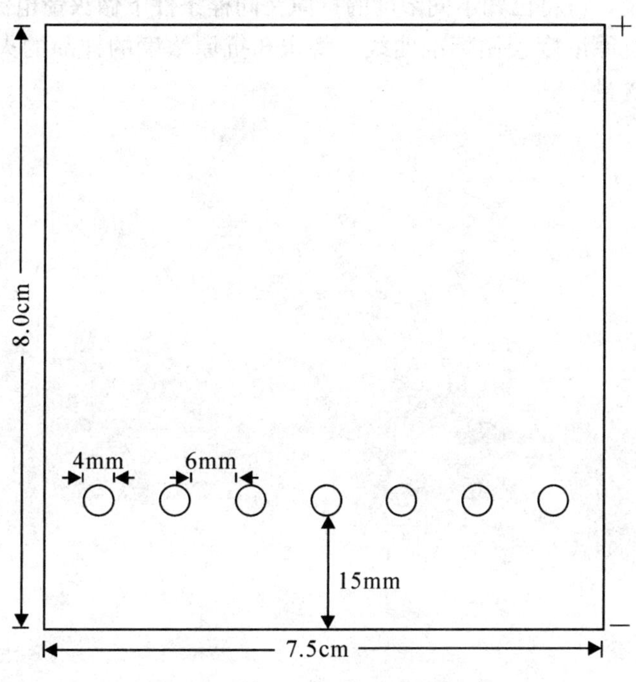

图 3−1　火箭电泳琼脂板

4. 染色及固定。

染色及固定的方法同双向免疫扩散实验。图 3−2 为火箭电泳示意图。

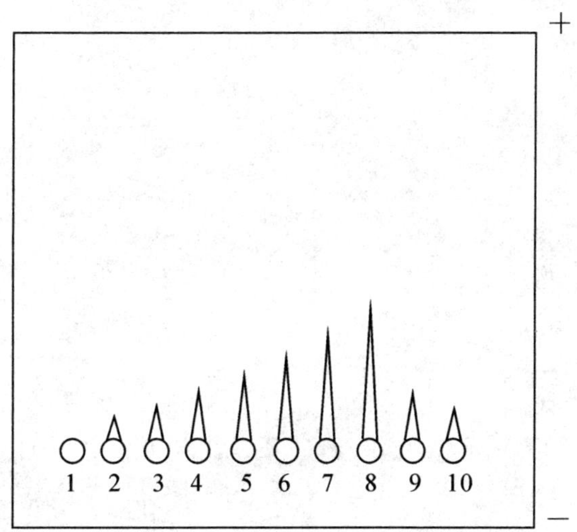

图 3−2　火箭电泳示意图

1：阴性对照；2～8：标准抗原；9，10：样品如做定量测定，可将已知不同浓度的抗原在同样条件下做火箭电泳，根据火箭峰到孔中心的长度和抗原浓度绘制标准曲线。将未知抗原浓度的样品的火箭峰长度与之比较，计算出抗原含量。

实验 4 补体结合实验

【原理】

补体结合实验是用待检系统（待检的抗原或抗体与已知抗体或抗原）去消耗定量补体，再用指示系统（绵羊红细胞与相应溶血素）的溶血现象来检测补体是否被待检系统所消耗，从而推断待检系统中抗原与抗体是否相对应及其含量的一种抗原抗体反应。如果待检系统中抗原与抗体相对应，则补体被消耗而表现为指示系统不溶血，视为补体结合试验呈阳性；如抗原与抗体不相对应，则补体作用于后加入的指示系统，出现溶血现象，视为补体结合试验呈阴性。本试验有较高的敏感性和特异性，可用于检测某些病毒性感染、立克次体病、梅毒病等。由于参与反应的各种成分之间要求有适当的关系，因此在做本试验之前，须经过一系列预备试验以确定补体、溶血素、抗原或抗体的使用量。

Ⅰ 溶血素单位滴定

【材料】

1. 溶血素，2%绵羊红细胞，1∶60 新鲜补体，pH7.4 巴比妥缓冲液。
2. 小试管，刻度吸管，水浴箱。

【方法】

按表 4−1 依次加入各种试剂，温育后，观察结果。

表 4-1 溶血素滴定

管号	溶血素稀释度	试管内加的各种试剂材料				37℃水浴 30min	结果
		溶血素（mL）	1∶60 稀释补体（mL）	缓冲液（mL）	2%绵羊红细胞（mL）		
1	1∶1000	0.1	0.2	0.2	0.1		全溶
2	1∶2000	0.1	0.2	0.2	0.1		全溶
3	1∶3000	0.1	0.2	0.2	0.1		全溶
4	1∶4000	0.1	0.2	0.2	0.1		全溶
5	1∶5000	0.1	0.2	0.2	0.1		大部分溶
6	1∶6000	0.1	0.2	0.2	0.1		微溶
7	1∶8000	0.1	0.2	0.2	0.1		不溶
8	1∶12000	0.1	0.2	0.2	0.1		不溶
9	1∶16000	0.1	0.2	0.2	0.1		不溶
10	（对照）	0.1	—	0.4	0.1		不溶

【结果】

以溶血素最高稀释度能产生全溶血者，确定为 1 个溶血素单位。在表4-1中，1U 溶血素应为 0.1mL 1∶4000 稀释的溶血素溶液。正式实验时，使用 2U 溶血素，即 1∶2000稀释的溶血素溶液 0.1mL。

Ⅱ 补体单位滴定

【材料】

1. 1∶60 新鲜补体，1%致敏绵羊红细胞（2U 溶血素与等体积 2%绵羊红细胞混合 15min 即成），缓冲液。

2. 小试管，刻度吸管，水浴箱。

【方法】

按表 4-2 依次加入各种试剂，温育后，观察结果。

表 4－2　补体滴定

管号	1∶60 稀释补体（mL）	缓冲液（mL）	37℃水浴 30min	1%致敏绵羊红细胞（mL）	37℃水浴 30min	结果
1	0.04	0.36		0.2		不溶
2	0.06	0.34		0.2		不溶
3	0.08	0.32		0.2		微溶
4	0.10	0.30		0.2		微溶或不溶
5	0.12	0.28		0.2		全溶
6	0.14	0.26		0.2		全溶
7	0.16	0.24		0.2		全溶

【结果】

以最少量补体能产生完全溶血者，确定为 1 个补体单位。在表 4－2 中，1U 补体相当于 1∶60 稀释的 0.12mL 补体溶液。实际应用时，须在 0.2mL 中含 2U 补体。按比例公式：

$$0.12 \times 2 \times (1:60) = 0.2 \times X$$
$$X = 1:50$$

因此，实际应用中的 2U 补体应为 1∶50 稀释的 0.2mL 补体溶液。

Ⅲ　抗原与抗体的滴定

【材料】

1. 抗原，抗体，缓冲液，2U 补体，1%致敏绵羊红细胞。
2. 小试管，刻度吸管，水浴箱。

【方法】

按表 4－3 所列抗原、抗体的稀释度，每管加入抗原 0.1mL、抗体0.1mL，对照管只加一种材料（抗原或抗体），以缓冲液替代另一种材料补足反应体积。表中用数字0～4表示反应结果（参看表注）。

表 4－3 抗原和抗体的方阵滴定

抗原	抗血清								抗原对照
	1∶2	1∶4	1∶8	1∶16	1∶32	1∶64	1∶128	1∶256	
1∶4	4	4	4	4	4	4	3	2	0
1∶8	4	4	4	4	4	3	2	1	0
1∶16	4	4	4	4	3	2	2	0	0
1∶32	4	4	4	4	3	2	1	0	0
1∶64	4	4	4	[4]	2	1	0	0	0
1∶128	4	2	1	0	0	0	0	0	0
1∶256	3	1	0	0	0	0	0	0	0
1∶512	0	0	0	0	0	0	0	0	0
抗血清对照	0	0	0	0	0	0	0	0	0

注：1. 不溶血反应强度分别用 1、2、3、4 表示，即代表“+”、“++”、“+++”、“++++”。“+”越多，不溶血反应越强。“0”表示溶血。

2. 每管加入 2U 补体（0.2mL），37℃水浴 60min。

3. 每管加入 1％致敏绵羊红细胞 0.2mL，37℃水浴 30min，观察结果。

【结果】

通过方阵滴定，选择抗原与抗体两者都呈阳性反应（100％不溶血）的最高稀释度作为抗原与抗体效价（单位）。在表 4－3 中，稀释度为 1∶64 的抗原与稀释度为 1∶16 的抗体各作为 1U。正式实验时，抗原采用 2U～4U（即 1∶16～1∶32 稀释度的抗原溶液 0.1mL），抗体采用 4U（即 1∶4 稀释度的抗原溶液 0.1mL）。

Ⅳ 正式实验（定性实验）

【材料】

1. 待检抗原（或抗体），已知抗体（或抗原），2U 补体，1U 补体，0.5U 补体，缓冲液，1％致敏绵羊红细胞。

2. 小试管，刻度吸管，水浴箱。

【方法】

按表 4－4 依次加入各种试剂，温育后，观察结果。

表 4－4　补体结合实验操作程序

反应物	待检血清（mL）		阳性对照（mL）		阴性对照（mL）		抗体或抗原对照（mL）	补体对照（mL）			绵羊红细胞对照（mL）
	测定	对照	测定	对照	测定	对照		2U	1U	0.5U	
稀释血清	0.1	0.1	0.1	0.1	0.1	0.1	—	—	—	—	—
抗原或抗体	0.1	—	0.1	—	0.1	—	0.1	0.1	0.1	0.1	—
缓冲液	—	0.1	—	0.1	—	0.1	0.1	0.1	0.1	0.1	0.4
2U 补体	0.2	0.2	0.2	0.2	0.2	0.2	0.2	0.2	—	—	—
1U 补体	—	—	—	—	—	—	—	—	0.2	—	—
0.5U 补体	—	—	—	—	—	—	—	—	—	0.2	—
混匀后，37℃ 1h 或 4℃ 16h～18h											
致敏绵羊红细胞	0.2	0.2	0.2	0.2	0.2	0.2	0.2	0.2	0.2	0.2	0.2
混匀后，37℃ 30min，观察结果											

【结果】

先观察各对照管，应与预期的结果吻合。如阴性、阳性对照管的测定管应分别为明确的溶血与不溶血，抗体或抗原对照管、待检血清对照管、阳性与阴性对照管都应完全溶血。绵羊红细胞对照管，不应出现自发溶血。补体对照管应呈现 2U 为全溶，1U 为全溶或略微不溶，0.5U 应不溶。如果 0.5U 补体对照管出现全溶，表明补体用量过多；如果 2U 对照管不出现溶血，说明补体用量不够，这两种情况对结果都有影响，应重复实验。补体结合实验的结果以不溶血为阳性。

【注】

1. 除补体外，各种血清均须经 56℃ 30min 灭活。

2. 补体性质不稳定，以实验当天采取 3 只以上混合豚鼠血清效果最好。尽量减少操作过程中在室温条件下停留的时间。

实验5 溶血实验

【原理】

绵羊红细胞作为抗原被相应的溶血素（抗体）致敏后，可与溶血素抗体发生特异的结合，形成的抗原-抗体复合物经经典途径激活补体，而使绵羊红细胞溶解，产生溶血现象。

【材料】

1. 新鲜的绵羊红细胞，配制成2%的细胞悬浮液。

2. 抗绵羊红细胞的抗体（溶血素）：取2U溶血素，与2%绵羊红细胞等体积混合15min，即配制成1∶100稀释度的致敏绵羊红细胞。

3. 取正常豚鼠血清作为补体材料，配制成1∶10的稀释度。

4. 试管，吸管，水浴箱，试管架。

【方法】

1. 取试管4支，按1~4编号，插入试管架。

2. 按表5-1的顺序依次加入反应物，每种样品加样时都应更换吸管。

3. 轻摇试管使反应物混合后，放入37℃水浴箱，30min以后观察实验结果。

表5-1 溶血实验加样表

试管编号	1	2	3	4
溶血素溶液（mL）	0.2	0.2	—	—
补体溶液（mL）	0.2	—	0.2	—
0.9% NaCl溶液（mL）	—	0.2	0.2	0.4
绵羊红细胞液（mL）	0.2	0.2	0.2	0.2

【结果】

阳性：管底无细胞沉淀，上层液为红色、透明，即发生了溶血反应。

阴性：管底有细胞沉淀，或产生混浊状态，上层液无色、透明，即未发生溶血反应。

此实验可用来检测补体的溶血作用，也可用来作为补体结合实验的指示系统，测定未知的抗原或抗体。

实验 6 E 玫瑰花环实验

【原理】

人外周血 T 淋巴细胞表面具有绵羊红细胞（sheep red blood cell，SRBC）受体，它是 T 淋巴细胞的特异标志。在体外一定条件下，当 T 淋巴细胞与绵羊红细胞混合时，绵羊红细胞能结合于 T 淋巴细胞的周围，形成以 T 淋巴细胞为中心，四周环绕绵羊红细胞的玫瑰花样的花环，这一实验被称之为 E 玫瑰花环实验（erythrocyte rosette test）。该实验可用以计数 T 淋巴细胞，了解机体的细胞免疫状态，为临床某些疾病的诊断和防治提供免疫方面的重要参考。

E 玫瑰花环实验分为总 E（Et）花环实验和活性 E（Ea）花环实验。Et 花环实验检测标本中 T 淋巴细胞的总数；而 Ea 花环实验检测对绵羊红细胞具有高度亲和力的 T 淋巴细胞，这部分淋巴细胞当与较低比例的绵羊红细胞混合，低速离心后不经低温放置，即能迅速形成玫瑰花样花环。在某些免疫缺陷病和各种恶性肿瘤的研究中，可以观察到病人的 Ea 玫瑰花环减少，而 Et 玫瑰花环正常。因此，Ea 花环实验更能敏感地反映机体的细胞免疫功能和动态变化。

根据所需血量的多少，E 玫瑰花环实验分为常量法和微量法，本实验介绍常量法。

【材料】

1. 肝素：无防腐剂的肝素钠溶液，用 0.9% NaCl 溶液稀释成500U/mL。该液 0.1mL 可抗凝 1mL 血液。

2. 淋巴细胞分层液：34%泛影葡胺 1 份，与 9%聚蔗糖 2.4 份混合，相对密度为 1.077±0.002。

3. 含钙、镁的 Hank's 液（pH7.4～7.6）。

4. Alsever 溶液，用于保存绵羊红细胞。

5. 绵羊红细胞悬浮液：自绵羊颈静脉无菌采血，放入盛有玻珠的无菌三角瓶内，摇动数分钟，使成脱纤维血。每 10mL 脱纤维血加 5mL Alsever 保存液混合，放 4℃冰箱备用。

6. 灭活的小牛血清：将小牛血清置 56℃ 30min 以灭活。取 2 体积灭活的小牛血清，加 1 体积压积的绵羊红细胞，混匀，置 37℃温箱作用30min，离心沉淀红细胞，吸取上清液放 4℃冰箱保存备用。

7. 8%戊二醛，姬姆萨氏染液或瑞氏染液。

8. 离心机，水浴箱，电冰箱，显微镜等。

【方法】

1. 取肝素抗凝血 1mL，经 Hank's 液对倍稀释后，分离淋巴细胞。分离的淋巴细胞用含 20%小牛血清的 Hank's 液调成细胞浓度为 $2\times10^6 mL^{-1}$的混悬液。

2. 将 Alsever 液保存的绵羊红细胞吸去上清液后，取 0.02mL 沉淀细胞，用 Hank's 液洗涤 3 次，每次以 1500r/min 离心 10min，将压积绵羊红细胞用 Hank's 液配成 1%绵羊红细胞悬浮液（细胞浓度约为 $8\times10^7 mL^{-1}$）。

3. Et 实验。取上述淋巴细胞悬浮液 0.1mL 和 1%绵羊红细胞 0.1mL 混匀，绵羊红细胞与淋巴细胞的比例不应低于 80∶1。置 37℃水浴 10min 后，以 500r/min 低速离心 5min，然后移至 4℃冰箱，存放 2h 或过夜。再取出并吸去部分上清液后，轻轻摇匀，加 0.8%戊二醛 2 滴固定；数分钟后取 1 滴涂片；待玻片自然干燥，滴少许姬姆萨氏染液，覆以盖玻片；在高倍镜下观察。

4. Ea 实验。取淋巴细胞悬浮液 0.1mL 和 0.5%绵羊红细胞 0.1mL 混匀，绵羊红细胞与淋巴细胞之比为 8∶1～20∶1。以 500r/min 低速离心 5min，弃上清液。轻轻摇匀后，加 0.8%戊二醛 2 滴。数分钟后，取 1 滴涂片，其余程序同 Et 实验。

【结果】

经过显微镜观察，凡周围吸附 3 个或 3 个以上绵羊红细胞的淋巴细胞，即为 E 花环形成细胞。数 200 个淋巴细胞，计数 Et 和 Ea 花环形成细胞百分数。

$$\text{E 玫瑰花环形成率} = \frac{\text{形成花环细胞数}}{\text{形成花环细胞数} + \text{未形成花环细胞数}} \times 100\%$$

由于受环境因素、离心机等的影响，E 玫瑰花环形成率的正常值在不同实验室略有差异，一般 Et 为 60%～80%，Ea 为 25%～40%。

【注】

1. 绵羊红细胞一般采血后保存在 Alsever 液中，2 周内可以使用。检测的血液标本要新鲜，放置时间不得超过 3h。同时可用台盼蓝（Trypan blue）染色法计数活细胞数，活细胞不少于 95%。

2. 重新悬浮细胞时，只能轻缓旋转试管，使细胞团块松开即可，不能过猛或强力吹打，否则花环会消失或减少。

实验 7 酶联免疫吸附实验

【原理】

酶联免疫吸附测定（enzyme-linked immunosorbent assay，ELISA）是在免疫酶技术（immunoenzymatic technique）的基础上发展起来的免疫测定技术，现已经成为临床医学的常规检测技术，用于检测抗体、抗原或半抗原。

ELISA 的技术包括固相载体吸附抗体（抗原）（又称之为包被），加入待测抗原（抗体），再与相应的酶标记抗体（抗原）进行抗原抗体的特异免疫反应，生成抗体（抗原）－待测抗原（抗体）－酶标记抗体（抗原）的复合物，最后与该酶的底物反应生成有色产物。由于待测抗原（抗体）的量与生成的有色产物成正比，所以可借助光吸收率计算抗原（抗体）含量。

酶结合物是酶与抗体或抗原、半抗原在交联剂作用下联结的产物，它是 ELISA 成败的关键试剂。ELISA 不仅具有抗原抗体特异的免疫学反应，还具有酶促反应，因而显示出生物放大作用。制备的酶结合物必须符合高纯度、高活性、单价性三个条件。其中的酶应具有性能稳定、经济易得、单独使用时对底物不产生颜色反应、只有终产物显色以及便于检测等特点。常用的酶有碱性磷酸酯酶、辣根过氧化物酶（horserad peroxidase，HRP）、葡萄糖氧化酶、半乳糖苷酶等（表 7－1）。它们均可催化相应的无色底物产生有色产物，并有特定的光吸收峰，终止酶促反应后，底物不再改变。

HRP 是制备酶结合物最常用的酶，它广泛存在于动植物组织中，其中以辣根的含量最高。HRP 是一种糖蛋白，其表面有 8 条糖链，构成 HRP 的外壳，约占 HRP 分子质量的 18％。不同来源的 HRP 的相对分子质量不完全相同，一般约为 4×10^4，但其催化活性完全相同，可催化下列反应：

$$\text{HRP}+H_2O_2 \longrightarrow \text{复合物}$$
$$\text{复合物}+AH_2 \longrightarrow \text{过氧化物酶} + H_2O+A$$

AH_2：无色底物，供氢体

A：有色产物

表 7−1 免疫技术中常用的酶及其底物

酶	底物	反应显色	测定波长（nm）
辣根过氧化物酶（HRP）	邻苯二胺（OPD）	橘红色	492*、460**
	3,3′,5,5′−四甲替联苯胺（TMB）	黄色	450
	5−氨基水杨酸（5−AS）	棕色	449
	邻联苯甲胺（OT）	蓝色	425
	2,2′−连氮基−2−（3−乙基−并噻唑啉磺酸−6）铵盐（ABTS）	蓝绿色	642
碱性磷酸酯酶	4−硝基酚磷酸盐（PNP）	黄色	400
	萘酚−AS−Mx 磷酸盐+重氮盐	红色	500
葡萄糖氧化酶	ABTS+HRP+葡萄糖	黄色	405、420
	葡萄糖+甲硫酚嗪+噻唑蓝	深蓝色	
β−半乳糖苷酶	4−甲基伞酮基−半乳糖苷（4MuG）	荧光	360 和 450（荧光光度计）
	硝基酚半乳糖苷（ONPG）	黄色	420

* 终止剂为 2mol/L H_2SO_4；

** 终止剂为 2mol/L 柠檬酸。

每个 HRP 分子中均含有一个氯化血红素 IX（protohemin IX）作为辅基，它的最大吸收峰位于 430nm，酶蛋白的最大吸收峰位于 275nm。因此，HRP 的纯度可用 *RZ*（reinheit zahl，德语）或 *PN*（punityn umber）表示：

$$RZ = \frac{A_{403}}{A_{275}}$$

RZ 值很低，如 *RZ* 值为 0.6，则说明 HRP 是粗制品；*RZ* 值大于或等于 3，则说明 HRP 纯度高，可用于制备酶标记物。

制备酶标记物除需酶外，还需高纯度的抗体，如 IgG、IgG 的 Fab′、IgM，以及各种高纯度的抗原，如蛋白质、酶、核酸、固醇类或药物分子等。酶与抗体（抗原）交联多采用双功能试剂，如戊二醛、过碘酸等。其中，过碘酸法虽然产量高，但因过碘酸较昂贵，结合物穿透细胞膜的能力差，故不常用。戊二醛法为常用的方法，根据抗体加入顺序不同，分为一步法和两步法。一步法是将酶、抗体、戊二醛同时混合反应，未结合的戊二醛用透析或沉淀法除去，多余的抗体、酶则用 Sephadex G−200 或 Ultrogel ACA−44 除去，可以得到较纯的酶结合物，但此法产率低，仅为 6%～7%。两步法产率较高，可达 10%～15%，即先用戊二醛激活酶，再除去游离的戊二醛，然后再与抗体交联。

酶标记抗体（抗原）可根据需要自行制备，也可用市售的各种酶结合物，例如 HRP−人 IgG、HRP−羊抗兔 IgG 等，它们在室温下可保存 18 个月而 HRP 活性基本不变，应用时根据说明书稀释即可。对保存过久或新制备的酶标记物，则需用棋盘法确定最适稀释度，并与参考酶标抗体（抗原）进行比较。确定抗体的稀释度时，将固定的抗原（1mg/L～100mg/L）包被，再将结合物用倍比稀释法（1∶100、1∶200、1∶400）稀释，当其与底物显色后所测定吸光率（*A*）为 1.0 的酶结合稀释倍数则为最适稀释倍数，此时空白对照的吸光率应小于 0.1。

ELISA 按非均相酶免疫测定法可分为 10 种类型，常用的有以下 4 种：

（1）直接型。此法一般多用于检测抗原。先将待测抗原包被在固相载体（聚苯乙烯微量反应板凹孔）表面，然后加入酶标抗体，最后加入底物，产生有色产物。终止反应后，测反应液的吸光率或目测反应液的颜色，计算抗原量。用此法测定时，由于各种抗原的分子质量悬殊较大，吸附能力不同，应用时受到一定限制。

（2）间接型。此法常用来定量测定体液中的抗体。先将过量抗原包被于固相载体表面，然后加待测抗体作为第一抗体与抗原结合，再加入酶标第二抗体，最后加入底物，生成有色产物，终止反应。通过测反应液吸光率或目测反应液的颜色，计算第一抗体的量。酶标第二抗体是将第一抗体免疫另一种动物，经过纯化抗体后再与酶交联而成。此法的优点是只需制备一种酶标抗体，便可用于多种抗原-抗体系统中抗体的检测。

（3）双抗体夹心型。此法主要用于检测抗原。先将过量抗体包被于固相载体表面，加入待测抗原后，再加入酶标抗体，最后加入底物，生成有色产物，终止反应。通过测反应液的吸光率或目测反应液的颜色，计算待测抗原量。此法要求待测抗原必须具有两个结合位点，故不能用此法检测半抗原。

（4）固相抗体竞争型。用此法检测抗原时先要将过量特异性抗体包被于聚苯乙烯微量反应板的两个孔表面，洗涤后在 1 号孔中加入一定量酶标记抗原，在 2 号孔中加入一定量酶标记抗原及待测抗原混合液，两孔中的抗原均竞争性地与固相抗体结合。由于固相抗体结合位点有限，所以当待测抗原多时，酶标抗原与固相抗体结合量少，酶含量低则底物显色浅。因此，显色后用 1 号孔的吸光率减去 2 号孔的吸光率即可计算未知抗原的量。

在实验中还可利用待测抗原含量高与底物显色浅的反比关系绘制标准曲线。其做法是将未标记的一定量标准抗原进行一系列稀释，分别再与相同量的酶标记抗原混合，然后加至固相载体中，最后加底物显色，测定吸光率。以未标记标准抗原浓度为横坐标，以结合的酶活性（吸光率）为纵坐标绘制标准曲线（图 7-1），用于待测抗原的定量测定。

本实验采用聚苯乙烯微量反应板为固相载体，包被抗原，以间接型 ELISA 方法测定抗体量（效价）。

【材料】

1. 免疫：采用一定量的蛋白质，如甲胎蛋白、人血清清蛋白等免疫动物，制备抗血清或单克隆抗体。

2. 待测抗体：收集免疫后的血清、细胞融合组织培养液或含单克隆抗体的小鼠腹水等。

3. 设立阴性对照血清。

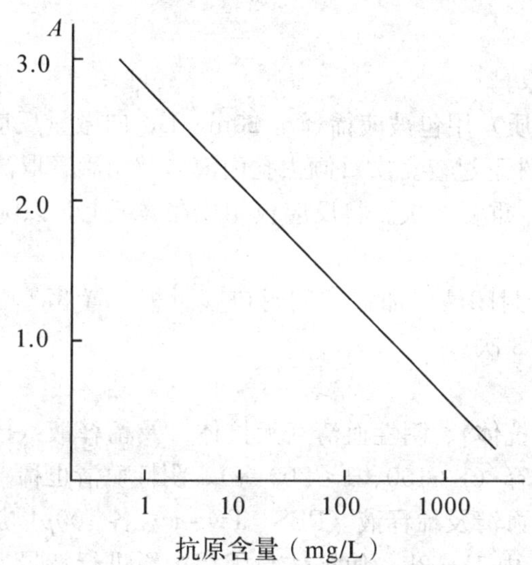

图 7-1　抗原浓度—吸光率标准曲线

4. 包被液（0.05mol/L pH9.6 碳酸盐缓冲液）：称取 Na_2CO_3 0.159g 及 $NaHCO_3$ 0.294g，加蒸馏水溶解后定容至 100mL。

5. 洗涤及稀释液［0.01mol/L pH7.4 磷酸盐－NaCl 缓冲液（PBS）内含 0.05% Tween－20］：称取 NaCl 8.0g，KH_2PO_4 0.2g，$Na_2HPO_4 \cdot 12H_2O$ 2.9g，KCl 0.2g，Tween－20 0.5mL，加蒸馏水溶解后定容至 1000mL。

6. 封闭溶液：取稀释液配制成 1%～2%的牛血清清蛋白（BSA）溶液。此液在临用前根据用量配制。因牛血清清蛋白较贵，也可用 0.5%～1%明胶（gelatin）代替。

7. 酶标记抗体：根据实验对象选择酶标记抗体或酶标记抗抗体（二抗）。市售商品有 HRP－兔抗人 IgG、HRP－兔抗鼠 IgG、HRP－羊抗鼠 IgG 等，使用时按说明书要求稀释。

8. 底物液：采用 3,3′,5,5′－四甲替联苯胺（3,3′,5,5′－tetramethylbenzidine，TMB）（此化合物不致癌）配制贮存液及应用液。

（1）0.1mol/L 磷酸盐缓冲液（PB，pH6.0）：称取 $Na_2HPO_4 \cdot 2H_2O$ 1.09g，$NaH_2PO_4 \cdot H_2O$ 6.05g，用蒸馏水溶解后定容至 500mL，置 4℃冰箱内贮存备用。

（2）TMB 贮存液：称取 TMB 60mg 溶于 10mL 二甲基亚砜（dimethyl sulfoxide，DMSO）中，置 4℃冰箱内贮存。

（3）TMB 应用液：取 0.1mol/L 磷酸盐缓冲液（pH6.0）10mL，TMB 贮存液 100μL，30% H_2O_2 15μL 混匀，临时配制。

9. 终止液：2mol/L H_2SO_4。

10. 聚苯乙烯微量反应板（40 孔或 96 孔），可调式微量吸液器（200μL），封口膜（Parafilm 膜），小烧杯，试管，37℃恒温箱，酶联免疫测定仪（微量分光光度计），滤纸等。

【方法】

1. 包被特异性抗原。

固体抗原（如蛋白质）用包被液稀释至 20mg/L，向微量反应板每孔加 100μL，微量反应板加盖置 4℃条件下过夜。次日倾去孔内液体，用滴管取洗涤液向每孔中加 3～4 滴，静置 3min 后倾去，重复 3 次。将反应板扣放在滤纸上，以除去液体。

2. 封闭。

每孔中加入 200μL 封闭液，加盖或用封口膜封板，置 37℃恒温箱内 60min，倾去孔内液体，按上法洗涤 3 次。

3. 加样。

加待测血清（内含抗体）、阴性血清（无抗体）及稀释液（PBS－Tween）。待测血清按倍比法用稀释液稀释（1∶100、1∶200 等），阴性血清也稀释成 1∶100。取不同稀释度的待测血清、阴性血清及稀释液（PBS－Tween）各 100μL 加至相应的孔中，加盖或封板，置 37℃恒温箱内 1h～2h，使抗体与固相抗原进行特异性结合，然后反复洗涤 3～4 次。

4. 加酶标抗体。

按说明书要求用稀释液稀释 HRP－抗体（抗抗体），每孔加 100μL，封板后置 37℃温育 1h，按上法至少洗涤 5 次，再用蒸馏水洗涤 2 次，扣在滤纸上吸干水分。

5. 显色。

每孔加入 TMB 应用液 100μL，将反应板置室温暗处 5min～30min。当反应液显示蓝色时立即终止反应。

6. 终止反应。

每孔加入 50μL 2mol/L H_2SO_4，反应孔由蓝变黄，稳定 3min～5min 即可进行比色测定。

7. 检测。

用酶标仪，以 PBS－Tween 孔为对照，在波长为 450nm 处测定各孔的吸光率（A_{450}），计算阳性血清与阴性血清 A_{450} 值之比（positive/negative，P/N）。当 P/N≥2.1 时，抗体为阳性；P/N＜ 2.1 且 P/N≥1.5 时，视为可疑；P/N＜ 1.5 时，抗体为阴性。用目测法以较阴性对照色深的最高稀释度作为抗体效价。

实验 8　猪脾（肝）脏细胞染色体 DNA 的提取与测定

【原理】

DNA 是细胞内的遗传物质。对真核细胞来说，DNA 主要集中在细胞核，因此提取 DNA 通常是选用细胞核含量比例大的生物组织作为提取的材料。小牛胸腺组织 DNA 含量丰富，其脱氧核糖核酸酶（DNase）活性较低，在提取制备的过程中，DNA 被降解的可能性相对较低，是制备 DNA 的良好材料，但其来源较困难。因脾脏或肝脏较易获得，本实验选用猪脾（肝）脏作为材料，用浓盐法制备 DNA。

细胞内的核酸通常与蛋白质形成复合物，即核糖核蛋白（RNP）和脱氧核糖核蛋白（DNP），这两种复合物在不同电解质溶液中的溶解度有较大差异。在低浓度 NaCl 溶液中，DNP 的溶解度随 NaCl 浓度的增加而逐渐降低，当 NaCl 浓度达到 0.14mol/L 时，DNP 溶解度约为在纯水中溶解度的 1%；当 NaCl 浓度继续升高时，DNP 的溶解度又逐渐增大，当 NaCl 浓度为 1.0mol/L 时，DNP 的溶解度约等于其在纯水中溶解度的两倍。但 RNP 则不一样，在 0.14mol/L NaCl 溶液中，DNP 溶解度很低，而 RNP 的溶解度仍相当大。因此在制备 DNA 时，可以利用 0.14mol/L 稀盐溶液使 DNP 与 RNP 分开。由于 DNP 在浓盐溶液中的溶解度比在稀盐溶液中大得多，所以首先采用浓盐溶液（如 1mol/L～2mol/L NaCl 溶液）抽提 DNP，再进一步将蛋白质等杂质除去。

常用去除蛋白质的方法有：

（1）氯仿法。用含有异戊醇的氯仿溶液振荡核蛋白溶液，使其乳化，然后离心。此时，蛋白质凝胶停留在水相和有机相之间，DNA 则溶于上层水相。

（2）苯酚法。用苯酚处理核蛋白溶液后，离心分层，DNA 溶于上层水相中或存在于中间残留物中，蛋白质变性后存留在酚层中。

苯酚能迅速使蛋白质变性，因而也抑制了核酸酶的活性，这有利于获得大分子核酸。此外，十二烷基硫酸钠（SDS）等去污剂也能使蛋白质变性，有利于除去蛋白质。

去除蛋白质后的核酸盐溶液具有不溶于有机溶剂的性质，在加入适当浓度的有机溶剂（如两倍体积乙醇或 0.5 倍体积异丙醇）时，DNA 会呈絮状沉淀析出。细胞内的大部分多糖在用乙醇或异戊醇分级沉淀时可以被除去。

在酸性溶液中，DNA 分子的脱氧核糖转化为 ω－羟－γ－酮基戊醛，它与二苯胺试剂作用生成蓝色化合物（λ_{max}＝ 595nm ）。DNA 在40μg～400μg范围内，吸光率与 DNA

浓度成正比，可用比色法测定。除 DNA 外，脱氧木糖、阿拉伯糖也有同样反应，其他多数糖类物质（包括核糖）一般无此反应。

【材料】

1. 新鲜或冰冻猪脾（肝）脏。

2. 0.1mol/L NaCl－0.05mol/L 柠檬酸钠混合液：称取 0.58g NaCl 和 1.47g 柠檬酸三钠，用蒸馏水溶解后稀释至 100mL。

3. DNA 标准溶液：称取适量小牛胸腺 DNA 钠盐（经定磷法确定其纯度），以 0.01mol/L NaOH 溶液溶解并配成 200mg/L 溶液（为便于溶解 DNA，可先用少量稀碱液溶解后再稀释至要求的浓度）。

4. DNA 制品溶液：估计制备的 DNA 样品的纯度，称取适量 DNA 钠盐制品用 NaOH 溶液（0.01mol/L）配成 DNA 浓度为 100mg/L～300mg/L 的溶液（若测定 RNA 制品中 DNA 的含量时，要求 RNA 制品液中 DNA 含量至少为 40mg/L）。

5. 10%(1.71mol/L) NaCl 溶液，氯仿－异戊醇混合液（24∶1，体积比），80%乙醇，95%乙醇，2%曲利本蓝（trypan blue）染色液。

6. 离心机，高速组织捣碎机，恒温水浴，试管，吸量管（2mL、5mL），722 型分光光度计等。

【方法】

1. 取新鲜或冰冻猪脾（肝）脏，称 20g，剔去结缔组织，用0.1mol/L NaCl－0.05mol/L 柠檬酸钠混合液冲洗以除去血水，在冰浴上剪成碎末。

2. 在组织碎末中加入 2 倍组织重的 0.1mol/L NaCl－0.05mol/L 柠檬酸钠混合液(40mL)，置高速组织捣碎机内破碎细胞膜（慢档，每次 5s，间隔 30s，共 3 次），获得组织匀浆液。

3. 将组织匀浆液以 3000r/min 离心 15min，弃去上清液，收集沉淀（细胞核随离心过程沉降而存在于沉淀中，一齐收集）。

4. 向沉淀加入 6 倍组织重的 10%(1.71mol/L) NaCl 溶液 120mL，充分搅匀，置冰箱内过夜。

5. 第二天将得到的半透明黏稠状液体连续注入预冷至 4℃的 11 倍体积（1320mL）蒸馏水中，轻轻摇匀，DNP 可呈絮状沉淀析出，置 4℃ 冰箱内数小时。

6. 利用虹吸方法吸出上清液，剩余含有沉淀的少量溶液经离心（3000r/min，10min）收集 DNP 沉淀。

7. 将 DNP 沉淀再溶于约 4 倍（80mL）原组织重的 10%NaCl 溶液中，轻轻搅拌加速溶解。

8. 加入 1/2 体积的氯仿－异戊醇混合液（24∶1，体积比）40mL，上下剧烈振荡离心管 10min，使组蛋白分离，以 3000r/min 离心 10min，吸出上面含有 DNA 和 DNP

的水层，弃去两层间的变性蛋白，回收下层有机相。

9. 上层水相再次加入 20mL 氯仿－异戊醇混合液，继续抽提去除蛋白质，再重复一次该过程。

10. 吸出上清液并将它连续注入两倍体积已预冷至 4℃的 95%乙醇中。

11. 用玻棒小心捞出纤维状 DNA 钠盐沉淀，溶于乙醇溶液后（像染色体 DNA 这样的大分子样品很难在短时间内溶解，纯的大分子 DNA 样品溶解过程需要较长时间），离心，沉淀再依次用 80%和 95%乙醇洗涤，最后用少量无水乙醇洗涤（不要压挤沉淀），将沉淀置真空干燥器内干燥，得到白色纤维状 DNA 钠盐。

【结果】

1. 用比色法测定 DNA 浓度。按表 8－1 的顺序进行测定。

表 8－1　DNA 含量测定加样顺序和比色测定

组　别	1	2	3	4	5	6
DNA 含量（μg）	0	40	80	160	240	320
DNA 标准溶液（mL）	0	0.2	0.4	0.8	1.2	1.6
蒸馏水（mL）	2.0	1.8	1.6	1.2	0.8	0.4
二苯胺试剂（mL）	4.0	4.0	4.0	4.0	4.0	4.0
混匀，60℃恒温水浴 1h，冷却后于 595nm 处比色						
A_{595}						

（1）标准曲线的制作。取 12 支试管，分成 6 组，按表 8－1 进行操作。

每组的吸光率取两管吸光率的平均值。以 DNA 浓度为横坐标，以吸光率为纵坐标，绘制标准曲线。

（2）样品测定。取 2 支试管各加入 2mL 待测液（内含 DNA 应在标准曲线的可测范围之内）和 4mL 二苯胺试剂，其余操作步骤同标准曲线的制作。

（3）样品 DNA 含量计算。根据测得的吸光率，从标准曲线上查出相当的 DNA 含量，按下式计算样品中 DNA 的百分含量：

$$\text{DNA 的百分含量}=\frac{\text{待测液中测得的 DNA 重（}\mu g\text{）}}{\text{待测液中的样品重（}\mu g\text{）}}\times 100\%$$

2. 用肉眼观察方法检测 DNA 的有或无。按表 8－2 进行滴定。置沸水浴中 10min，肉眼观察颜色变化。有显著蓝色出现的为含 DNA 的样品。此法简单快速，但不能获得 DNA 浓度的数据，只能判断 DNA 的有或无。

表 8−2 测定 DNA 有无的二苯胺法

	实验组	对照组
DNA 提取液（滴）	5	—
$HClO_4$（滴）	5	10
二苯胺（滴）	20	20

3. 测定 DNA 浓度的其他方法，参见本书其他有关部分。

实验 9　植物染色体 DNA 的提取

【原理】

在植物基因工程的研究中，需要提取较大分子质量的植物染色体 DNA。植物染色体 DNA 需要在破碎植物细胞壁和细胞膜的基础上再被抽提出来。先将新鲜的叶片在液氮中研磨，以机械力破碎细胞壁，然后加入十六烷三甲基溴化铵（hexadecyltrimethylammonium bromide，CTAB）分离缓冲液，使细胞膜破裂，同时将核酸与植物多糖等杂质分开。再经氯仿-异戊醇抽提，去除蛋白质，即可得到适合酶切的 DNA。

【材料】

1. CTAB 分离缓冲液：2%CTAB，1.4mol/L NaCl，20mmol/L 乙二胺四乙酸（EDTA），100mmol/L 三羟甲基氨基甲烷（Tris）-HCl（pH8.0），0.2%（体积百分比）巯基乙醇，共 100mL。称取 2g CTAB，8.18g NaCl，0.74g $EDTANa_2 \cdot 2H_2O$，加入 10mL 1mol/L 的 Tris-HCl（pH8.0），0.2mL 巯基乙醇，加水定容至 100mL。

2. 洗涤缓冲液：76%（体积百分比）乙醇，10mmol/L 乙酸铵，共 100mL。76mL 无水乙醇，0.077g 乙酸铵，加水至 100mL。

3. 新鲜的植物叶片，TE 缓冲液 [10mmol/L Tris-HCl（pH7.4），1mmol/L EDTA]，氯仿-异戊醇混合液（24∶1，体积比），液氮。

4. 研钵，恒温水浴（37℃～100℃），台式及座式高速离心机，各式离心管等。

【方法】

1. 将 10mL CTAB 分离缓冲液加入 30mL 的离心管中，置于 60℃水浴中预热。

2. 称取 1.0g～1.5g 新鲜植物叶片，置预冷的研钵内，倒入液氮，将叶片研碎，重复数次，直至叶片成为很细的粉末。用分析天平对叶片粉末称重。

3. 将叶片粉末直接加入预热的 CTAB 分离缓冲液中，轻轻转动离心管使之混匀，60℃保温 30min。

4. 加入等体积的氯仿-异戊醇混合液（24∶1），颠倒离心管以混匀管内液体，室温下以 4000r/min 离心 10min。

5. 用大口滴管吸取上层水相加入另一离心管中，加入 2/3 体积预冷的异丙醇，轻轻混匀，使核酸沉淀（有些情况下，在这一步会产生可以用玻璃棒搅起来的长链 DNA，或者是云雾状的沉淀。如果观察不到沉淀现象，样品则可以在室温下放置数小时甚至过夜）。

6. 收集核酸。如果有可见的丝状 DNA，可用玻璃棒搅起，转移至10mL～20mL的洗涤缓冲液中；如果 DNA 呈云雾状，可离心（2000r/min，1min～2min）并小心地倒去上清液，在松散的沉淀物上加 10mL～20mL 洗涤缓冲液，轻轻转动离心管使核酸悬浮；如果看不到 DNA 沉淀，可以更高转速离心，但这可能形成更坚实的沉淀，并且含有更多的杂质。通过高速离心获得的沉淀较难洗涤，加入洗涤缓冲液后，常需要用玻璃棒搅动，这时可能将长链 DNA 打断。

7. 洗涤至少 20min 后，以 4000r/min 离心 10min，或用玻璃棒搅出沉淀。

8. 小心倒去上清液，在室温下，让 DNA 沉淀在空气中干燥。

9. 将 DNA 沉淀溶于 1mL TE 缓冲液中。

10. 取 15μL～20μL DNA 溶液在 0.7%的琼脂糖凝胶上电泳，以 λDNA 和用 Hind Ⅲ酶切的 λDNA 作为分子质量标准，检查 DNA 的大小和品质。

【注】

提取过程中的机械力会使染色体 DNA 大分子断裂成小片段，为了保证 DNA 的完整性，各步操作均应较温和，避免剧烈震荡。这一点在所有提取细胞染色体 DNA 的程序中都应遵守。

实验10　细菌染色体DNA的提取

【原理】

细菌细胞具有坚硬的细胞壁。细菌细胞染色体DNA的提取一般来说较真核细胞更难。至今尚无一种通用的对各种细菌都适合的提取方法。这里介绍一种相对较为简便的适合大多数细菌染色体DNA提取的方法，即用裂解液（含去污剂SDS）将细胞壁破坏、裂解后，用乙醇将DNA沉淀下来。

【材料】

1. 标准菌株：大肠埃希氏菌（*Escherichia coli*，大肠杆菌）ATCC25922、阴沟肠杆菌（*Enterobacter cloacae*）。

2. 主要试剂：丙酮、Tris－HCl、EDTA、SDS、乙酸钠、NaCl、酚、氯仿、异戊醇、无水乙醇，0.6%琼脂糖液（用TBE或TAE电泳缓冲液配制），TBE或TAE电泳缓冲液等。

3. 细菌细胞裂解液：20g/L SDS，20mmol/L 乙酸钠（pH5.2），40mmol/L Tris（pH8.0），10mmol/L EDTA（pH8.0）。

4. 三角培养瓶，平皿，接种环，蒸汽压力消毒锅，摇床，温箱，滴头，离心管，电泳仪，电泳槽，冰箱，制冰机，紫外检测仪或凝胶分析仪等。

【方法】

除肺炎链球菌外，其他所有实验用菌种均用LB培养基培养。肺炎链球菌用血平板培养基（即在LB液体培养基中加入15g/L琼脂粉及10%脱纤维兔血）培养。将保存菌种接种于LB液体培养基，37℃，以150r/min振摇过夜；取1mL菌液，以12000r/min离心5min；弃上清液，将沉淀溶于200μL丙酮，振荡混匀，冰浴5min，以8000r/min离心2min；弃上清液，沉淀溶于500μL TE缓冲液，振荡混匀，以8000r/min离心5min；将沉淀重新悬浮于400μL裂解液，反复吹打混匀；冰浴5min，然后70℃～75℃温育20min；再加入100μL 5mol/L NaCl，以14000r/min离心10min；上清液加100μL酚－氯仿－异戊醇混合液（25∶24∶1，体积比），混匀后以8000r/min离心5min；上清液加2倍体积预冷无水乙醇，以14000r/min离心5min；DNA沉淀溶于500μL 70%乙醇，以10000r/min离心

1min~2min；DNA 沉淀溶于 30μL TE 缓冲液，置−20℃保存备用。

【结果】

细菌染色体 DNA 电泳检测用 0.6％琼脂糖凝胶电泳法，其方法参看本书有关部分。

实验 11　动物组织细胞总 RNA 的提取

（异硫氰酸胍/酚一氯仿一异戊醇法）

【原理】

RNA 是基因表达的中间产物，存在于细胞质与细胞核中。对 RNA 进行操作在分子生物学中占有重要地位。获得高纯度和完整的 RNA 是很多分子生物学实验所必需的，如 Northern 杂交、cDNA 合成及体外翻译等实验的成败，在很大程度上取决于 RNA 的质量。由于细胞内的大部分 RNA 是以核蛋白复合体的形式存在，所以在提取 RNA 时要利用高浓度的蛋白质变性剂迅速破坏细胞结构，使核蛋白与 RNA 分离，释放出 RNA。再通过酚、氯仿等有机溶剂处理、离心，使 RNA 与其他细胞组分分离，得到纯化的总 RNA。在提取的过程中要抑制内源和外源的核糖核酸酶（RNase）活性，保护 RNA 分子不被降解。因此提取必须在无 RNase 的环境中进行。可使用 RNase 抑制剂，如焦碳酸二乙酯（diethypyrocarbonate，DEPC）是 RNase 的强抑制剂，常用来抑制外源 RNase 活性。提取缓冲液中一般含 SDS、酚、氯仿、胍盐等蛋白质变性剂，它们也能抑制 RNase 活性，并有助于除去非核酸成分。

【材料】

1. 0.1%DEPC 水，100mL 无菌双蒸水，加入 100μL DEPC，剧烈振荡混匀，室温放置过夜，高压灭菌。用此 DEPC 水配制以下试剂。

2. 异硫氰酸胍（GIT）。

3. 0.75mol/L pH7.0 柠檬酸溶液：溶解 110.25g 柠檬酸三钠于 350mL 水中，用 HCL 调节 pH 至 7.0，加水到 500mL 定容，过滤灭菌或高压灭菌。

4. 10%（质量体积比）Sarkosyl 溶液：10g 十二烷基肌氨酸钠于 90mL 水中，65℃助溶，加水到 100mL 定容。

5. 4mol/L 异硫氰酸胍液：溶解 250g GIT 于 293mL 水中，加入 17.6mL 的 0.75mol/L pH7.0 柠檬酸溶液及 26.4mL 的 10%Sarkosyl 液，65℃磁力搅拌溶解，过滤灭菌。

6. 溶液 D：在 4mol/L 异硫氰酸胍液中加入 β一巯基乙醇至终浓度为 0.1mol/L（每 14mL 胍液中加入 100μL），临用前配制。

7. 2mol/L pH4.0 乙酸钠：溶解 136g 乙酸钠于 350mL 水中，用冰醋酸调节 pH 至 4.0（大约使用 55mL），加水定容至 500mL，过滤灭菌或高压灭菌。

8. 水饱和酚液。

9. 酚－氯仿－异戊醇：25∶24∶1，体积比。

10. 异丙醇。

11. 无水乙醇。

12. 5×TBE 电泳缓冲液：54g Tris 碱，27.5g 硼酸，20mL 0.5mol/L pH8.0 EDTA，加水至 1000mL。

13. 1%琼脂糖：1g 琼脂糖溶解于 100mL 1×TBE 电泳缓冲液。

14. 5×loading buffer。

15. 溴乙锭：终浓度为 0.5μg/mL。

16. Marker：DL2000。

17. 组织匀浆器，1.5mL 微量离心管，微量移液器及移液尖，离心机，制冰机，电泳仪及水平电泳槽，紫外观察灯，动物组织。

【方法】

1. 总 RNA 的提取。

取已准备好的动物肝脏组织匀浆液 0.5mL 放置于 1.5mL 微量离心管中，用微量移液器取 2mol/L pH4.0 醋酸钠 50μL，加入到微量离心管，颠倒混匀充分后，再加入酚－氯仿－异戊醇 0.5mL，旋涡振荡器混匀 10s，置于冰浴 20min。

将实验样品放置于微量离心机中以 10000r/min 离心 20min，离心后小心吸取上层水相（RNA）于另一个消毒微量离心管中，再加入等量异丙醇混匀，置于－20℃冰箱中 40min 保存，使 RNA 充分沉淀。

取出后置于微量离心机中以 10000r/min 离心 10min，弃上清液后将沉淀加入冰浴无水乙醇 1mL 混匀，再次以 10000r/min 离心 10min，将沉淀溶于 20μL DH_2O（含 DEPC）溶解待用。

2. 电泳鉴定。

1%琼脂糖凝胶电泳，电压为 5V/cm，电泳时间为 30min～40min，通过凝胶成像系统或紫外灯检测仪观察并分析电泳结果。

每 100mL 1%琼脂糖凝胶中加入 5μL 溴乙锭后制备凝胶板。电泳样品取提取液 20μL，加 5μL 上样缓冲液混匀，取 20μL 电泳上样品 65℃水浴 10min 后，再加入到上样孔中。

【注】

1. 新鲜的组织样品。

2. 所有操作步骤必须在无 RNase 的环境中进行。

3. 异硫氰酸胍液、DEPC、酚、溴乙锭等均有毒性，操作中应小心避免接触。

4. 紫外线对眼睛有害，观察时应戴上护目镜或防护面罩。

实验 12　酵母 RNA 的提取与测定

【原理】

RNA 在细胞内一般以单链形式存在，分子较 DNA 小。由于没有形成双链，其在细胞内的半衰期较短，尤其易受内源性 RNA 酶（RNase）的作用，导致其稳定性较 DNA 差，这一点在提取时需要特别注意。提取 RNA 的技术要求相应较高。RNA 的来源和种类很多。

实验室提取 RNA 一般用苯酚法、去污剂法和盐酸胍法，其中苯酚法是实验室最常用的。苯酚法是将组织匀浆用苯酚处理并离心后，RNA 即溶于上层被酚饱和的水相中，DNA 和蛋白质则留在酚层中；向水层加入乙醇后，RNA 即以白色絮状沉淀析出。此法能较好地除去 DNA 和蛋白质。

工业生产常用稀碱法和浓盐法提取 RNA，主要用作制备核苷酸的原料，工艺较为简单。浓盐法是用 10%左右的 NaCl 溶液于 90℃提取 3h～4h，再迅速冷却并离心提取液，用乙醇将上清液中的 RNA 沉淀出来。稀碱法使用稀碱裂解酵母细胞，再用酸中和，除去蛋白质和细胞后的上清液用乙醇沉淀 RNA，或调 pH2. 5，利用等电点将 RNA 沉淀。

酵母中 RNA 的含量高达 2. 67%～10. 0%，而 DNA 的含量仅为 0. 03%～0. 516%，这一优点使其成为提取 RNA 的最好原料。

RNA 含量的测定除可用紫外吸收法及定磷法外，也可用地衣酚法。地衣酚法的反应原理是：当 RNA 与浓盐酸共热时，即发生降解，形成的核糖转变成糠醛，糠醛与 3,5－二羟基甲苯（地衣酚，orcinol）反应，在 Fe^{3+} 或 Cu^{2+} 的催化下，生成鲜绿色复合物（在 670nm 处有最大吸收）。RNA 浓度处于 10mg/L～100mg/L，反应产物的吸光率与 RNA 浓度成正比。地衣酚法特异性差，凡戊糖均有此反应，DNA 和其他杂质也能与地衣酚反应产生类似颜色。其优点是方法简单。使用此法时需要先测 DNA 的含量再计算 RNA 含量。

【材料】

1. 干酵母粉。
2. 0. 2%NaOH 溶液，0. 05mol/L NaOH 溶液，乙酸，95%乙醇，无水乙醚。
3. 标准 RNA 母液（经定磷法测定其纯度）：准确称取 RNA 10. 0mg，用少量

0.05mol/L NaOH 溶液湿透，用玻棒研磨至呈糊状的混浊液，加入少量双蒸水混匀并调 pH7.0，再用双蒸水定容至 10mL，此溶液 RNA 的含量为 1g/L。

4. 标准 RNA 溶液：取标准 RNA 母液 1.0mL 置 10mL 容量瓶中，用双蒸水稀释至 10mL。此溶液 RNA 的含量为 100mg/L。

5. 样品溶液（控制 RNA 浓度为 10mg/L～100mg/L）：称量自制干燥 RNA 粗制品 10mg（估计其纯度约为 50%），按标准 RNA 溶液的配制方法配制 100mL。

6. 地衣酚－Cu^{2+} 试剂：将 100mg 地衣酚溶于 100mL 浓盐酸中，加入 100mg CuO，此试剂临用前配制。

7. 容量瓶（10mL），吸量管（2.0mL、5.0mL），量筒（10mL、50mL），沸水浴（水浴箱或电炉煮沸的水浴），离心机，布氏漏斗，抽滤瓶，石蕊试纸等。

【方法】

1. 酵母 RNA 的提取。

称 4g 干酵母粉置 100mL 烧杯中，加入 40mL 0.2%NaOH 溶液，沸水浴上加热 30min，搅拌，然后加入数滴乙酸溶液使提取液呈酸性（用石蕊试纸检查），以 4000r/min离心 10min～15min。取上清液，加入 30mL 95%乙醇，边加边搅拌。静置，待 RNA 沉淀完全后，用布氏滤斗抽滤。滤渣先用 10mL 95%乙醇洗涤 2 次，再用 10mL 无水乙醚洗涤 2 次，洗涤时可用细玻棒小心搅动沉淀，用布氏漏斗抽滤。沉淀在空气中干燥。称量所得 RNA 粗品的重量，按下式计算 RNA 的含量：

$$\text{干酵母粉中 RNA 的含量}=\frac{\text{RNA 重（g）}}{\text{干酵母粉重（g）}}\times 100\%$$

2. RNA 地衣酚显色测定。

（1）制作标准曲线。取 12 支干净并烘干的试管，按表 12－1 编号及加入试剂。各组平行做两份。加完试剂后，将试管置沸水浴中加热 25min，取出试管并使之冷却。以 0 号管作为对照，于 670nm 波长处测定吸光率（A_{670}）。取同组两管的吸光率的平均值作为该组的吸光率。以 RNA 浓度为横坐标，以吸光率为纵坐标作图，绘制标准曲线。

表 12－1 RNA 地衣酚显色测定

试管编组 / 试剂	0	1	2	3	4	5
标准 RNA 溶液（mL）	0	0.4	0.8	1.2	1.6	2.0
蒸馏水（mL）	2.0	1.6	1.2	0.8	0.4	0.0
地衣酚－Cu^{2+} 试剂（mL）	2.0	2.0	2.0	2.0	2.0	2.0

(2) 测定样品。取 2 支试管，各加入样品液 2.0mL，再加入地衣酚－Cu^{2+} 试剂 2.0mL。按前述方法进行测定。

3. 计算 RNA 含量。

根据测得的吸光率，从标准曲线上查出相当于该吸光率的 RNA 含量。按下式计算出样品中 RNA 的含量：

$$\text{样品中 RNA 的含量}=\frac{\text{待测液中测得的 RNA 含量（mg/L）}}{\text{待测液中样品的含量（mg/L）}}\times 100\%$$

【注】

1. 样品中蛋白质含量较高时，应先用 5%三氯乙酸溶液沉淀蛋白质后再测定。

2. RNA 地衣酚法特异性较差，如有 DNA 存在时，会对 RNA 测定产生干扰。在试剂中加入适量 $CuCl_2 \cdot 2H_2O$ 可减少 DNA 的干扰。某些己糖在持续加热后生成的羟甲基糠醛也能与地衣酚反应，产生显色复合物。此时可以利用 RNA 和 DNA 的显色复合物产生最大吸光率的波长不同，且在不同时间显示最大色度，以区分 RNA 和 DNA。反应 2min 后，DNA 于 600nm 处呈现最大光吸收；而 RNA 则在反应 15min 后，于 670nm 处呈现最大光吸收。

实验 13　定磷法测定核酸浓度

【原理】

在酸性环境中，定磷试剂中的钼酸铵以钼酸形式与样品中的无机磷酸反应生成磷钼酸。当有还原剂存在时，磷钼酸立即被还原生成蓝色的还原产物——钼蓝，其最大光吸收出现在波长 660nm 处。当无机磷含量为 1mg/L～25mg/L 时，反应液的吸光率与含磷量成正比。在还原剂中，以维生素 C（抗坏血酸）或 $SnCl_2$ 的反应最为灵敏。

样品核酸的总磷量，需先将它用硫酸或高氯酸消化成无机磷再行测定。总磷量减去未消化样品中测得的无机磷量，即得核酸含磷量，由此可计算出核酸含量。

$$(NH_4)_2MoO_4 + H_2SO_4 \longrightarrow H_2MoO_4 + (NH_4)_2SO_4$$

$$H_3PO_4 + 12H_2MoO_4 \longrightarrow H_3P(Mo_3O_{10})_4 + 12H_2O$$

$$H_3P(Mo_3O_{10})_4 \xrightarrow{\text{维生素C}} \underset{\text{钼蓝}}{Mo_2O_2 \cdot MoO_3}$$

【材料】

1. 标准磷溶液：将磷酸二氢钾（KH_2PO_4，分析纯）预先置 105℃烘箱内烘干至恒重，然后置干燥器内使之降至室温。精确称取恒重的磷酸二氢钾 0.2195g（含磷 50mg），用双蒸水溶解，定容至 50mL（含磷量为 1g/L）。将此标准磷溶液作为原液，冰箱贮存、备用。测定时取贮存液 1mL 定容至 100mL（含磷量为 10mg/L），作为稀释液。

2. 定磷试剂：3mol/L H_2SO_4－水－2.5％钼酸铵－10％维生素 C 混合液（1∶2∶1∶1，体积比）。定磷试剂均为分析纯，水用双蒸水或两次离子交换水。维生素 C 可以在冰箱中放置 1 个月。定磷试剂配制时按上述顺序加入各组分，当天配制当天使用。定磷试剂的正常颜色为浅黄色，如果定磷试剂呈棕黄色或深绿色，则不能使用。

3. 沉淀剂：1g 钼酸铵（分析纯），溶于 14mL 高氯酸中，加 386mL 水。

4. 5mol/L H_2SO_4。

5. 30％H_2O_2。

6. 分析天平，722 型分光光度计，恒温水浴，200℃恒温烘箱或万用电炉，移液管

（1mL、5mL），凯氏烧瓶，烧杯（50mL、450mL），容量瓶（50mL、100mL），培养皿，称量瓶（直径为 2cm、4cm），干燥器，试管（20mL），离心管，水浴箱，药勺等。

【方法】

1. 定磷标准曲线的制作。

取 12 支洗净、烘干的硬质玻璃试管，按表 13−1 加入标准磷溶液、水和定磷试剂，平行做两份，每管以 1min 的间隔加入定磷试剂，将试管内溶液摇匀，于 45℃恒温水浴保温 25min。取出试管冷却至室温，用 722 型分光光度计在波长 660nm 处测定吸光率（A_{660}）。

表 13−1　定磷测定标准曲线的制作

试剂 \ 管号	1	2	3	4	5	6
标准磷溶液（mL）	—	0.2	0.4	0.6	0.8	1.0
H_2O（mL）	3	2.8	2.6	2.4	2.2	2.0
磷量（μg）	—	2	4	6	8	10
定磷试剂（mL）	3	3	3	3	3	3
45℃恒温水浴保温 25min						
$A_{660(1)}$ $A_{660(2)}$						
$\overline{A}_{660}$						
$\overline{A}_{660}-A_{660空白}$						

以各管的含磷量（μg）为横坐标，以 660nm 处的吸光率（A_{660}）为纵坐标，绘制定磷标准曲线。

2. 总磷量的测定。

（1）RNA 样品溶液的配制。精确称取已恒重的 RNA 200mg 左右，以 NaOH 溶液（0.05mol/L~0.5mol/L）湿透，用玻璃棒研磨至似糨糊状的浊液后，用双蒸水定容至 100mL。配得的溶液含 RNA 约为 2000mg/L。

（2）样品的消化、总磷量和回收率的测定。取 5 只凯氏烧瓶，按表13−2进行操作。将消化液定容至 50mL 后，取 5 支试管继续操作。

表 13-2 样品的消化及总磷量和回收率的测定

烧瓶、试管编号 试剂、处理	0	1	2	3	4
RNA（mL）	—	1	1	—	—
标准磷溶液（mL）	—	—	—	1	1
H_2O（mL）	1	—	—	—	—
10mol/L H_2SO_4（mL）	2	2	2	2	2
168℃～200℃消化 60min，溶液呈黄褐色，冷却					
30%H_2O_2（滴）	2	2	2	2	2
168℃～200℃继续消化至溶液透明，冷却					
H_2O（mL）	1	1	1	1	1
沸水浴中加热 10min（分解焦磷酸），冷却					
用水定容（mL）	50	50	50	50	50
取定容后的溶液（mL）	3	3	3	0.3	0.3
H_2O（mL）	—	—	—	2.7	2.7
定磷试剂（mL）	3	3	3	3	3
45℃水浴中保温 25min，冷至室温，测 A_{660}					
A_{660}					
$\overline{A}_{660}$					
$\overline{A}_{660}-\overline{A}_{660空白}$					
计算总磷量（μg）					

注：样品管（1，2）和标准管（3，4）均以 0 管为空白对照。

按测得样品的吸光率从标准曲线上查出磷的微克数，再乘以稀释倍数即得样品的总磷量（以 1mL 溶液中磷的微克数计算较为方便）。照同样的方法可求得标准原液中磷的微克数，再除以原液中磷的已知微克数，即得回收率。计算所得的总磷量除以回收率就是样品中实际的总磷量。

$$\text{RNA 样品液总磷量（mg/L）}=\frac{\text{样品管查出的磷量}}{3}\times 50\div\text{回收率}$$

3. 无机磷的测定。

取 4 支离心试管编号，按表 13-3 操作。由标准曲线查出无机磷的克数，再乘以稀释倍数，即得样品的无机磷量。

表 13-3　无机磷测定

试管编号 试剂处理	1	2	3	4
RNA（mL）	—	—	2	2
H_2O（mL）	2	2	—	—
沉淀剂（mL）	4	4	4	4
以 3500r/min 离心 15min				
取上清液（mL）	3	3	3	3
定磷试剂（mL）	3	3	3	3
45℃恒温水浴中保温 25min，冷至室温，测 A_{660}				
A_{660}				
$\overline{A}_{660}$				
$\overline{A}_{660}-\overline{A}_{660空白}$				
计算无机磷量（μg）				

4. 核酸含量计算。

RNA 的含磷量为 9.5%，由此可以根据 RNA 的含磷量计算出核酸量，即 1μg RNA 磷（有机磷）相当于 10.5μg RNA。将测得的总磷量减去无机磷量即核酸磷量。若样品中含有 DNA 时，则核酸磷量还需减去 DNA 的含磷量，才得到 RNA 的含磷量。DNA 的含磷量平均为 9.9%。

$$\text{RNA 量（mg/L）}=（\text{总磷量}-\text{无机磷量}-\text{DNA 量}\times 9.9\%）\times 10.5$$

$$\text{样品液 RNA 含量}=\frac{\text{RNA 量（mg/L）}}{2000\text{（mg/L）}}\times 100\%$$

实验 14 质粒DNA的提取

【原理】

质粒 DNA 是细胞内独立存在的分子，为双链环状 DNA，无蛋白质，主要存在于原核细胞和植物细胞。质粒 DNA 在细胞内游离于染色体外，不与染色体 DNA 发生整合，并以多拷贝形式存在。由于质粒 DNA 能在细胞内独立复制，不依赖细胞分裂和染色体的控制，所以在分子生物学中被广泛利用来作为携带外源 DNA 的载体，即利用分子克隆技术把外源 DNA 片段或基因重组到质粒 DNA 分子上，然后通过转化宿主细胞，获得带有外源基因或 DNA 片段的克隆（无性繁殖系）。靠着宿主细胞的快速繁殖和质粒本身在细胞内的复制，可以获得大量拷贝的克隆的外源基因或 DNA 片段，还可以使外源基因在宿主细胞内表达出蛋白质。因此，根据质粒作为 DNA 载体的两个目的，可以将质粒载体分为两类：一类是单纯用来克隆和扩增外源 DNA 片段或基因的质粒 DNA 分子，称之为克隆载体（克隆质粒）；另一类是在克隆载体的基础上，在质粒 DNA 分子多克隆位点上游的适当位置装有蛋白质表达调控元件（一般是启动子结构）的质粒，称之为表达载体（表达质粒）。根据表达调控元件的性质（真核或原核），表达质粒又进一步分为真核表达质粒或原核表达质粒。

作为载体分子，在克隆中所用的质粒应当具有几个必要的条件：

（1）必须具有能在细胞内复制的复制起点，才能在宿主细胞内进行自主复制；

（2）必须具有可以与外源 DNA 连接的多种限制性核酸内切酶的单一的酶切位点，才能使外源 DNA 与载体分子被切割和连接，形成重组的质粒 DNA 分子；

（3）载体分子上应当具有可进行筛选的标记片段，如抗生素抗性基因、酶基因、营养缺陷基因等；

（4）质粒载体的分子不应过大，这样才能连接一定大小的外源 DNA 片段。

对克隆载体的要求是能够通过复制获得大量的外源 DNA 拷贝，因此这种载体应能在适当的宿主细胞内有更多的拷贝数；对表达载体来说，需要在多克隆插入位点的上游装备与宿主细胞相适应的启动子、前导序列、加尾信号、增强子等。有的表达载体还加有信号肽基因或融合蛋白基因片段，以利于表达检测或表达产物的提纯。

质粒 DNA 的提取是分子生物学的基本操作技术，是分子生物学技术的一个基础。制备质粒 DNA 分子有不同的目的。为了获得纯的质粒 DNA，以便进行分子克隆、蛋白质表达产物的提取和纯化或者用来转染/转化细胞时，需要将带有质粒的细菌进行大量培养，从中提取出较多的质粒 DNA 备用。而小量提取质粒 DNA 常常用在克隆的鉴定上，即在重组 DNA 分子转化或转染细胞以后，从转化的平板或转染的细胞培养板上挑取几个菌落或细胞克隆进行鉴定。将菌落或细胞克隆按质粒 DNA 提取方法提取，直接进行电泳或经过酶切来判断是否带有质粒以及质粒上是否有外源 DNA 分子插入。如有，证明重组成功；如无，则需再从更多的克隆提取质粒 DNA 进行鉴定。小量提取质粒 DNA 分子具有快速、简便的优点。一般一个人一次可同时做多个克隆的鉴定。小量质粒分子 DNA 的提取是初学者做分子生物学实验的第一步。大量的分子生物学研究是围绕着核酸分子展开的，掌握这项技术，对每一个从事分子生物学工作的人来说都是必需的。

【材料】

1. 溶液Ⅰ：50mmol/L 葡萄糖，25mmol/L Tris－HCl（pH8.0），10mmol/L EDTA（pH8.0）。溶液Ⅰ在配好后经过高压灭菌处理，然后加入 RNA 酶（RNase）至终浓度为 1mg/L 或更高（根据 RNA 量确定）。此液可放 4℃冰箱内保存。如果不加 RNA 酶，则在提取液中含有较多的 RNA，对电泳检测有影响。

2. 溶液Ⅱ：0.2mol/L NaOH，1％SDS。此液先配成 10mol/L NaOH 和 10％SDS 的贮存液，使用时临时配成工作液。

3. 溶液Ⅲ：3mol/L 乙酸钾，5mol/L 冰乙酸。取 5mol/L KCl 60mL，冰乙酸 11.5mL，双蒸水 28.5mL，混合后即为工作液。配好后进行高压灭菌处理，放 4℃冰箱内保存。

4. TE 缓冲液：10mmol/L Tris－HCl（pH8.0），1mmol/L EDTA。

5. 无水乙醇。

6. LB 培养液（培养大肠埃希氏菌用）：胰蛋白胨 10g，酵母浸膏 5g，NaCl 5g，加双蒸水 1000mL。高压灭菌处理，在 4℃或室温条件下保存。

7. 台式离心机（最大转速 16000r/min），漩涡振荡器，细菌培养摇床（可调温度和转速），制冰机，高压灭菌锅，移液器（200μL、20μL）、EP 管及管架（经高压灭菌），滴头（200μL、20μL）和装滴头的盒（经高压灭菌），卫生纸，装有碎冰的盒等。

【方法】

1. 有质粒的宿主菌的培养：用接种环在酒精灯火焰上烧红灭菌并冷却后，从细菌平板上挑取单个菌落，接种至装有 2mL～3mL LB 培养基的中试管中，37℃摇床振摇培养 12h；或者直接从保存的液体菌种中蘸取少量细菌，接种到中试管中，同样 37℃振荡培养 12h；或者用接种环直接从培养的细菌平板上刮取单个克隆，接种到装有 1.5mL TE 缓冲液的 Eppendorf 离心管中。

2. 从过夜培养的细菌液中取 1.5mL 装入 Eppendorf 离心管，用台式离心机以 12000r/min 离心 30s。如果是刮取的细菌克隆，则直接离心。

3. 倒去上清液，将离心管倒放在实验桌面的卫生纸上以控干离心管中的培养液。

4. 加入 100μL 溶液Ⅰ，用漩涡振荡器将沉淀充分悬浮，或用移液器吹吸的方式反复吹吸，使细菌沉淀充分悬浮。室温放置 5min。

5. 加入 200μL 溶液Ⅱ（临时配制），盖紧管盖后温和颠倒离心管 3～5 次，使管内液体充分混匀，冰浴 5min。

6. 加入 150μL 溶液Ⅲ，猛甩离心管 2 次，使管内液体混匀，冰浴 5min。

7. 以 12000r/min 离心 5min（室温或 4℃）。

8. 用移液器将上清液吸到另一 Eppendorf 离心管中，加入 2 倍体积的无水乙醇，上下颠倒离心管，使管内液体混匀。以 12000r/min 离心 10min（室温）。

9. 倒去上清液，将离心管倒放在桌面的卫生纸上，尽量控干（约 5min）。

10. 加入 15μL TE 缓冲液，在沉淀位置将沉淀溶解，以供电泳检测。

【附录】

质粒 DNA 经典提取法

经典的提取方法是在上述方法第 7 步之后，按以下步骤操作：

1. 将上清液吸入另一 Eppendorf 离心管，再加入 1/2 体积的 TE 缓冲液饱和的酚和 1/2 体积的氯仿，在室温条件下混匀 2min～3min。

2. 室温条件下用台式离心机以 8000r/min 离心 5min，小心地吸取上层水相加入另一 Eppendorf 离心管。后接上述第 8 步操作。

此方法用酚和氯仿去除了蛋白质等杂质，使得到的 DNA 样品较纯。但由于要使用有毒的有机溶液酚和氯仿，除非实验室内有较好的通风设备（如通风柜），否则不适于较多学生同时在一个实验室内操作。

【注】

1. 大肠埃希氏菌为原核生物，其染色体 DNA 与质粒 DNA 同在细胞质中。提取质粒 DNA 时，常会把染色体 DNA 一同提出，造成对质粒 DNA 的污染。这里介绍的小量提取方法采用的是碱裂解法。其原理是在碱性环境中，染色体 DNA 容易发生交联而不溶解，但小分子的质粒 DNA 仍保持溶解状态，通过离心可以将蛋白质、染色体 DNA 和质粒 DNA 初步分开。细胞中 RNA 被溶液Ⅰ中的 RNase 降解。

2. 小量制备质粒 DNA 的方法很多，而碱裂解法是最常用的也是普遍应用的方法。在具备通风条件的情况下，建议采用酚和氯仿抽提，效果会更好，尤其质粒 DNA 要做酶切分析时。如果只是检测有无质粒 DNA 分子，则可直接应用本实验的方法。

3. 实验的结果随各实验室所用的质粒和菌种不同而有所不同。为提高质粒 DNA 分子的提取量，可用 3mL 细菌培养液，这样获得质粒 DNA 的机会要大些。

实验 15　随机引物 PCR 测定细菌染色体 DNA 基因型

【原理】

传染性疾病是严重危害人类健康的一类疾病。人类在自然科学领域已经取得许多令人瞩目的成就，但在与传染性疾病的抗争中，仍没有完全掌握这类疾病发生的机理。在细菌性疾病方面，早期快速诊断和对菌株的鉴定是临床实验室一直努力的目标。对各种病原微生物建立快速的诊断和检测方法是采取有效治疗和应对措施的重要前提。常规的诊断方法是根据微生物的表型特征而进行的，例如根据微生物对不同染料的染色性、生化反应和血清学反应、抗原特性、药敏实验、菌落特征、是否携带噬菌体、是否表达细菌素以及菌体蛋白成分等综合指标进行判定，这些方法存在的一个共同问题是，许多情况下只能鉴定某一类病原微生物，属于特异性诊断方法。当对一个未知的病原微生物采用某一特定的检测方法进行检测而未能得到预期结果时，容易造成治疗上的延误，尤其在公共突发性生物事件急需尽快做出准确结论时，延误将带来较大的经济和生命的损失。病原微生物的生理、生化表型是由其所含的遗传物质决定的。表型的差异是遗传物质结构差异的体现。直接研究细菌染色体 DNA 分子的特点，比较各种细菌 DNA 组成和结构的差异与相似性，可从本质上阐明细菌间的差别及亲缘关系。近年来，基于反映微生物内在遗传进化关系的基因分型方法，如限制片段长度多态性（restriction fragment length polymorphism，RFLP）、脉冲场凝胶电泳（pulsed field gel electrophoresis，PFGE）和随机扩增多态性 DNA（random amplified polymorphic DNA，RAPD），建立一种相对通用的检测方法便成为可能。1990 年由 Williams 和 Welsh 等建立的 RAPD 基因分析技术因其具有无须预先了解被测基因组的相关分子生物学背景，实验相对简单、快捷，成本较低，有大量商品化的 RAPD 引物可供使用，可对任何生物的遗传变异进行基因分型，能自动进行基因型鉴定的特点，而被广泛应用于微生物菌种的分子分类与鉴定或动植物种系鉴定、微生物基因作图、遗传谱分析、分子流行病学调查等研究。但是这项技术也存在一定的缺点，需要进行相应的改进，即用组合的随机引物代替单一的引物，并适当提高退火温度，使得到的染色体 DNA 谱带（pattern 或 fingerprint，称之为 DNA 指纹图谱）具有清晰、差异显示明确和可重复性等特点。

【材料】

1. 标准菌株：大肠埃希氏菌（*Escherichia coli*）ATCC25922、阴沟肠杆菌（*Enterobacter cloacae*）。

2. 主要试剂：丙酮、Tris－HCl、EDTA、SDS、乙酸钠、NaCl、酚、氯仿、异戊醇、无水乙醇等。

3. RNase A。

4. Tsg DNA 聚合酶。

5. 10 倍浓度（10×）PCR 缓冲液：500mmol/L KCl，100mmol/L Tris－HCl（pH9.0，25℃），1.0%Triton X－100。

6. 25mmol/L $MgCl_2$。

7. dNTP 混合液：dATP、dGTP、dCTP、dTTP 各 2.5mmol/L。

8. DNA 的相对分子质量标准。

9. RAPD 引物：随机引物由上海 Sangon 生物工程有限公司设计并合成，每一引物为 10 个碱基组成的寡聚核苷酸，其编号及序列（5′－3′）如下：

S14　TCCGCTCTGG
S15　GGAGGGTGTT
S18　CCACAGCAGT
S66　GAACGGACTC
S74　TGCGTGCTTG
S88　TCACGTCCAC
S97　ACGACCGACA
S103　AGACGTCCAC
S110　CCTACGTCAG
S115　AATGGCGCAG

这些引物的 G+C 含量除 S14 为 70%外，其余均为 60%。

【方法】

1. 染色体 DNA 的提取。

染色体 DNA 的提取按本教材实验 14 的方法进行。

2. RAPD 反应体系及反应条件。

反应总体积为 25μL，其中含 2.5μL 10 倍浓度 PCR 缓冲液，2.5mmol/L $MgCl_2$，0.2mmol/L dNTP，2～3 条随机引物各 0.2μmol/L，25ng～50ng 基因组 DNA，Tsg DNA 聚合酶 2.5U，由消毒超纯水补足体积。反应程序为：94℃预变性 5min；94℃变性 40s，40℃退火 40s，72℃延伸 1min，进行 35 个循环；72℃延伸 10min。所有扩增反应均在 Model MyGene 25 Plus（杭州朗基科学仪器有限公司）上进行。

【结果】

1. RAPD 反应产物的检测。

取 9μL 扩增产物进行 15g/L（即 1.5%）琼脂糖凝胶（含 0.5mg/L 溴乙锭）电泳，电压为 140 V（10 V/cm），电泳时间为 60min～90min，用 DL2000 作 DNA 相对分子质量标准，并在 Model White/UV TMW－20 transilluminator 凝胶成像分析系统中进行成像分析。

2. M－RAPD 图谱分析。

利用凝胶图像分析软件 Gelworks 1d Intermediate 对所得 M－RAPD 图谱进行分析。不同细菌染色体 DNA 经随机引物扩增后呈现带谱差异。当使用的随机引物越多时，这种差异越能够显示出来。

实验 16 核酸（DNA）电泳

【原理】

DNA 的检测方法一般是利用其在 260nm 波长处的光吸收性质通过紫外分光光度计进行检测，更直观的方法是在琼脂糖中进行电泳检测。不同大小的 DNA 片段在电泳时由于迁移率的不同而被分开。同时，用溴乙锭（EB，一种致癌剂）做染料。溴乙锭可插入嘧啶碱基，使 DNA 在紫外光下显色，从而便于观察。利用同时电泳一个相对分子质量的标准（marker），可以推算出未知的 DNA 片段的大小。

【材料】

1. 电泳缓冲液（0.5 倍浓度 TBE 缓冲液）：0.045mol/L Tris－H_3BO_3（硼酸），0.001mol/L EDTA。一般先配制成 5 倍浓度的贮存液，使用时将贮存液稀释后使用。

2. 溴乙锭溶液：10g/L，用纯水配制，不需要消毒。

3. 上样缓冲液：0.25%溴酚蓝，0.25%二甲苯氰，40%蔗糖（用纯水配制）。

4. 电泳仪，电泳槽（带梳子），透明胶纸，防水纸（一次性手套可代替），移液器，滴头，紫外检测仪等。

【方法】

1. 用 TBE 缓冲液配制 0.8%的琼脂糖，微波炉加热使琼脂糖熔化，在温度降到 50℃～60℃时加入适量溴乙锭溶液（每 100mL 琼脂糖液加入 7μL～8μL）。

2. 将琼脂糖液倒入两端用胶带封固的胶板（梳子已安妥）至适当厚度。在室温或 4℃条件下冷却至凝固。

3. 小心地朝上拔出梳子，把胶板两端的胶带去除（小心不使凝胶滑落），将胶板放入电泳槽，在电泳槽中装入电泳缓冲液（0.5 倍浓度 TBE 缓冲液）至稍稍高于凝胶面。

4. 用移液器和滴头吸 2μL～3μL 上样缓冲液，点在一防水纸上，然后吸取 10μL 质粒 DNA 提取液，与上样缓冲液在纸上稍做混合（吹打），再吸入滴头，垂直、缓慢地点到加样孔里。

5. 用电源线将电泳槽与电泳仪连接（点样孔端为负极），打开电泳仪，使电压为 5V/cm，电泳 40min 左右。

6. 在紫外灯下或通过凝胶分析仪观察 DNA 的电泳结果。质粒 DNA 应该出现可见的条带。

【附录】

DNA/RNA 浓度和纯度的测定

（1）利用 DNA 和 RNA 对紫外线有最大吸收波长值的性质，可以测定 DNA 和 RNA 的浓度和纯度。双链 DNA（50mg/L）在 260nm 处的吸光率为 1。单链 RNA（40mg/L）在 260nm 处的吸光率为 1。

测定样品在 260nm 和 280nm 处的吸光率，如果 A_{260}/A_{280} 为 1.8～2.0，则核酸较纯；A_{260}/A_{280} 低于 1.6，则样品中含有蛋白质。此比值越低，样品的纯度越低。

（2）琼脂糖扩散法测定 DNA/RNA 的含量并计算出溶液的 DNA/RNA 浓度。用一平板，灌注电泳级琼脂糖凝胶（加溴乙锭溶液）。将待测 DNA 样品做不同的稀释后，在四周点入一定量的样品；在中间点入一定量已知浓度的标准 DNA 样品。在室温条件下扩散 20min 后，用手提紫外灯检测。与标准样品亮度最接近的稀释度就是该稀释度的 DNA 的浓度，可以据此推算出未做稀释的原来的 DNA 的浓度，再根据所含的体积可算出 DNA 的含量。

实验 17 DNA 的限制性核酸内切酶酶切分析

【原理】

限制性核酸内切酶（简称限制酶）是一类在原核生物中发现的能识别并切割双链 DNA 的特定序列的酶。使用限制性核酸内切酶是分子克隆成功的一个关键技术，限制性核酸内切酶也因此被称为工具酶。在分子克隆中使用的限制性核酸内切酶属于Ⅱ类限制性核酶内切酶，一般能识别 4～6 个核苷酸序列。它切割双链 DNA 后造成的切口（末端）可以是两条链对齐的平头末端，也可以是两条链不对齐的黏性末端，后者常常是一种回文结构。

限制性核酸内切酶需要在一定的温度条件下并在一定浓度的缓冲溶液（盐离子浓度）中方能发挥作用。不同的限制性核酸内切酶对这两者的要求有所不同。但大多数限制性核酸内切酶都要求 37℃环境，盐离子浓度则大致分成低盐、中盐和高盐三种。使用限制性核酸内切酶时，要采用与这种酶相应的温度和缓冲液，否则会影响酶的工作效率。

限制性核酸内切酶的单位是这样规定的：一个酶单位（U）是在该酶的最适工作温度和盐离子浓度下对 1μg 的 DNA 样品（通常是 λ 噬菌体 DNA 或其他一些国际上通用的 DNA 分子）消化 1h，能够将其完全消化的最小酶量。有了这样的量的概念，使用时就可以根据待消化的 DNA 量决定使用多少限制性核酸内切酶。

使用限制性核酸内切酶对 DNA 样品进行限制性消化，大致有以下目的：

1. 从一个 DNA 大分子获得较小的 DNA 片段，以便对切割产生的小片段进行分离、回收后再进行克隆或亚克隆（DNA 重组）。

2. 用设计有酶切位点的引物做 PCR，然后用相应的限制性核酸内切酶对 PCR 产物进行消化，得到有酶切位点的 PCR 片段，再进行克隆。

3. 在分子克隆研究中，当获得某一 DNA 片段的克隆后，在进行序列分析前，首先用不同的限制性核酸内切酶对克隆片段做酶切分析，初步了解该片段的酶谱。

4. 在对某一组织或细胞做染色体 DNA 文库的研究中，需要将其染色体 DNA 提取后用适当的限制性核酸内切酶消化，再对消化后获得的大小不等的 DNA 片段进行克隆，才能得到染色体文库。

5. 在对重组的克隆进行筛选时，必须挑出一定数量的重组子，提取它们的重组

DNA 进行限制性核酸内切酶酶切分析，以进一步验证重组、转化的结果。

6. 在对某一遗传性疾病进行分析时，要将患者 DNA 提取出来用某种限制性核酸内切酶消化。如果患者的 DNA 与正常对照相比，存在着长度多态性，则这一限制性核酸内切酶的限制性片段长度多态性就成为该病具有诊断意义的特征性手段。

7. 在基因组研究中，需要用不同的限制性核酸内切酶切割 DNA，做成不同的染色体文库。经过对克隆片段的测序分析，再将这些克隆的 DNA 片段的序列拼接成完整的染色体序列，完成基因组测序工作。

从以上这些目的看，限制性核酸内切酶的消化是 DNA 研究中非常重要的且必不可少的工作，因此掌握好限制性核酸内切酶消化的原理和方法对完成分子克隆的研究会有极大的帮助。

【材料】

1. 双蒸水，经高压灭菌后被分装到 Eppendorf 离心管中，－20℃保存备用。

2. 酶切反应的缓冲液由生产酶的公司在用户购买酶时向用户提供，一般不需使用者自行配制。

3. 离心机，移液器（20μL），滴头（10μL、20μL），Eppendorf 离心管，离心管架，冰盒，恒温水浴箱，冰箱，制冰机等。

【方法】

1. 按本书实验 14 的方法提取质粒 DNA（例如 pUC18 的 DNA）。

2. 电泳观察质粒 DNA，可据此对所提取的质粒 DNA 的品质做出估计。

3. 在 1.5mL Eppendorf 离心管中，按表 17－1 配制限制性核酸内切酶(如 EcoRⅠ)对质粒 pUC18 DNA 的消化系统，反应总体积为 20μL。

表 17－1　限制性核酸内切酶对 pUC18 DNA 的消化系统组成

组　分	体积（μL）
pUC18 DNA（1μg）	5
10 倍浓度酶切缓冲液	2
限制性核酸内切酶（EcoRⅠ，0.5U～2U）	1
高压灭菌双蒸水	12

操作时，用一盒子盛满碎冰，将装有待加组分的所有管子插在冰上，按序依次吸取各组分并配制消化系统。应将限制性核酸内切酶一直保存在－20℃冰箱中，等到加酶时再取出加样，加完后又立即放回－20℃冰箱。这样做的目的是使限制性核酸内切酶不致因在室温放置过久而丧失活性。加样中，每一组分使用一个新的滴头（tip），需要根据

所加的量调整加样器的刻度。每一组最好分别加到 Eppendorf 离心管内壁的不同位置。待所有成分加完后，将离心管盖严，在台式离心机上短暂离心以使管内成分混匀，放入 37℃水浴箱保温 1h，然后电泳检测酶消化的结果。一般 1h 可以将 DNA 消化完全。可在 1h 消化结束时加入 2μL EDTA（10mmol/L，pH7.4）中止反应，但也可不加。

大量消化 DNA 样品时，可先做小量消化的预实验。如果小量消化结果无误，即可按比例将各组分扩大，配制成更大的酶消化系统。

除了完全消化的方法外，限制性核酸内切酶消化 DNA 时还常常用不完全消化法。与完全消化法所不同的是，不完全消化得到的 DNA 片段更多，这种消化法常常用于特殊目的。如在构建染色体文库时，为了得到更多的可供克隆的 DNA 片段，以便测序后可以把序列完整地读出，或者保留部分酶切位点不被完全消化所破坏，就可以采用不完全消化法。假设一个线性 DNA 片段上有两个 EcoRⅠ 的识别位点，用 EcoRⅠ做完全消化时，将得到 A、B、C 三个小片段；使用不完全消化法消化时，将获得 5～6 个片段，即 A、A+B、B、B+C、C 和 A+B+C。A+B 和 B+C 片段的存在，使得 A 和 B、B 和 C 之间的序列能被顺利地读出，不致发生错误拼接。显然，不完全消化法这一技术在分子生物学中是有用的。

【注】

1. 以上介绍的是用一种限制性核酸内切酶对双链 DNA 的消化。当需要使用两种限制性核酸内切酶进行消化时，如果这两种酶要求同样盐浓度的缓冲液，则两种酶可以同时加入到一个 DNA 消化系统中进行消化。如果其中一种酶所要求的缓冲液盐浓度与另一种酶不同，则必须先用要求低盐浓度的限制性核酸内切酶进行消化，完成后再调整盐浓度得到高盐缓冲系统，再加入第二种限制性核酸内切酶进行消化。

2. 不同的限制性核酸内切酶对缓冲液中的盐浓度的要求各不相同。消化 DNA 时，需要注意使用的酶应当与缓冲液相适应，否则不易达到好的消化结果。

3. 限制性核酸内切酶的活性受镁离子（Mg^{2+}）浓度的影响，不同的限制性核酸内切酶对镁离子浓度的要求有所不同。分子生物学实验中一般把限制性核酸内切酶的缓冲液配制成高盐、中盐和低盐三种浓度，其中所含的镁离子浓度不同，这样可以满足不同限制性核酸内切酶的要求。

4. 酶制剂的缓冲液中都加有一定浓度的甘油，以保证含有酶的缓冲体系在低于 0℃时仍保持液态，避免凝固成固态，否则解冻时的化冻将破坏蛋白质（酶）的活性。但是较多（超过 5%，体积百分数）的甘油对酶的作用也会造成抑制，因此在限制性核酸内切酶的消化中，需要配制一个适当的反应系统，保证将酶液中的甘油浓度降低到 5%以下。

5. 影响酶消化的因素有 DNA 纯度、缓冲液、温度和酶的活力。不同公司生产的酶、不同批号的酶都可能存在一定差别。建议使用信誉度高的公司的产品，同时应避免反复冻融过程。

6. 如果提取 DNA 时没有去除蛋白质，或 DNA 样品中仍含有提取过程中所加的有机溶剂，这都会影响限制性核酸内切酶消化的结果。一种结果是限制性核酸内切酶不能消化 DNA，这通常表明 DNA 样品中的杂质太多；另一种结果是消化后 DNA 被完全降解成小分子，无法观察到条带，这多半是操作中污染了 DNA 外切酶，或所消化的 DNA 量不足，电泳分析时达不到肉眼的最低观察敏感度。

7. 限制性核酸内切酶作用的结果如何，必须用电泳来进行检测。有关 DNA 电泳的方法见本书的有关部分。

【附录】

限制性核酸内切酶

1. 限制性核酸内切酶的作用特点。

以下用两种不同的限制性核酸内切酶（切割后分别造成黏性末端和平头末端）的识别位点和它们在 λ 噬菌体 DNA 上的识别位点数来说明Ⅱ类限制性核酸内切酶的作用特点（表 17－2）。

表 17－2 两种Ⅱ类限制性核酸内切酶在 DNA 链上的识别序列及在 λDNA 上的识别位点数

限制性核酸内切酶	识别位点	λDNA 上的识别位点数
BamHⅠ	5’—G↓GATC C—3’ 3’—C CTAG↑G—5’	5
PuvⅡ	5’—CAG↓CTG—3’ 3’—GTC↑GAC—5’	15

2. 限制性核酸内切酶的反应条件。

限制性核酸内切酶反应系统总体积 20μL～100μL
待消化的 DNA 样品 0.1μg～10μg
限制性核酸内切酶的使用量 1U/μg（DNA）～5U/μg（DNA）
缓冲液*（Tris－HCl，pH7.5） 20mmol/L～50mmol/L
$MgCl_2$ 5mmol/L～10mmol/L
温度 多数在 37℃
保温时间 1h～2h

* 缓冲液由提供酶的公司或商家配制，其中除有 Tris－HCl（pH7.5）外，一般还含有牛血清清蛋白（BSA）、甘油，有时也含有 β－巯基乙醇。

3. 限制性核酸内切酶消化中常见的问题。

（1）DNA 切割不完全或没被消化，可能的原因有：

①限制性核酸内切酶失活或未满足酶反应的最佳条件（如温度、缓冲液不适合）；

②DNA 样品不纯；

③存在抑制酶活性的物质；

④DNA 被修饰或在非标准反应条件下出现了切割类似特异识别序列的情况（称之为酶的星号活力）；

⑤DNA 与酶混合不好；

⑥酶切后发生了自身退火环化现象。

(2) 酶切后没有 DNA 存在，可能的原因有：

①核酸酶污染；

②消化的 DNA 量不足或吸取有误。

针对以上情况，在 DNA 酶切消化中应做到以下几点：

①DNA 应尽量纯化。在用有机溶剂抽提后用乙醇沉淀和用 70% 乙醇洗都是必要的。

②所有成分加完后，短促离心，使反应系统的成分混合均匀。

③避免限制性核酸内切酶的反复冻融，每次使用都快拿、快冻。

④避免污染，养成良好的操作习惯。

实验 18　DNA 的琼脂糖凝胶电泳

【原理】

DNA 分子在碱性环境（pH8.3 缓冲液）中带负电荷，在外加电场作用下，向正极泳动。不同的 DNA 片段由于其电荷、分子质量及构型的不同，在电泳时的泳动速率就不同，从而可以分出不同的区带。电泳后经溴乙锭染色，在波长 254nm 紫外光照射下，DNA 显橙红色荧光。

琼脂糖凝胶电泳所需 DNA 样品量仅为 0.5μg～1μg，超薄型平板琼脂糖凝胶电泳所需 DNA 可低于 0.5μg。溴乙锭检测 DNA 的灵敏度很高，10ng 或更少的 DNA 即可检出。

DNA 在凝胶中的迁移距离（或迁移率）与它的大小（分子质量）的对数成反比。将未知 DNA 的迁移距离与已知分子大小的 DNA 标准物的电泳迁移距离进行比较，可计算出未知 DNA 片段的大小。

【材料】

1. 电泳缓冲液（5 倍浓度 TBE 缓冲液）：0.45mol/L Tris，0.45mol/L H_3BO_3，0.01mol/L EDTA，pH8.3。称取 10.88g Tris，5.52g H_3BO_3，0.74g EDTA · Na_2 · $2H_2O$，用蒸馏水溶解后定容至 200mL。使用时，用蒸馏水做1∶10稀释，称之为 TBE 稀释缓冲液（0.5 倍浓度 TBE 缓冲液）。

2. 溴乙锭（5g/L）贮存液：将溴乙锭溶于蒸馏水，配成 5g/L，置棕色瓶内，避光保存。

3. 上样缓冲液，40％蔗糖（或 Ficoll），0.25％溴酚蓝。

4. Eppendorf 离心管（1.5mL，经消毒），电泳槽，电泳仪，凝胶塑料托盘，电泳样品槽模板（梳子），三角瓶（100mL），小烧杯（50mL、100mL、250mL），橡皮膏，电热恒温箱，玻璃纸。

【方法】

1. DNA 的酶解。

一般 DNA 的用量为 0.5μg～1.0μg 即可获得条带清晰的电泳图谱。碱裂解法制备的质粒 DNA 20μL 可以做 2 条电泳分析。标准 λDNA 和 pBR322 根据购进商品的浓度加入 0.5μL~1.0μL。

表 18-1 DNA 酶解加样表 (单位：μL)

管号		1	2	3	4	5	6	7
自提质粒 DNA		10	10				10	10
λDNA (0.55g/L)						0.5		
pBR322 (0.44g/L)				1	1			
限制性核酸内切酶 (U/μL)								
EcoR Ⅰ	12		0.8		0.8		0.8	
Hind Ⅲ	10					0.5		
酶解缓冲液								
EcoR Ⅰ 酶解缓冲液			2.0		2.0		2.0	
Hind Ⅲ 酶解缓冲液						2.0		
用双蒸水将体积补至 20μL								

2. 1.0%琼脂糖凝胶板的制备。

(1) 称取 0.5g 琼脂糖，置小三角瓶中，加入 50mL TBE 稀释缓冲液，加热至琼脂糖完全熔化，取出三角瓶轻轻摇匀。

(2) 用封口膜（胶）将凝胶槽缺口封住，置水平玻板或工作台面上，将梳子安放在槽的凹槽内（距一端 0.5mm~1mm，距另一端 1.5cm）。

(3) 待琼脂糖胶液冷却至 65℃左右，加溴乙锭溶液并使其终浓度为 0.5mg/L。小心地将混合胶液倒入托盘内，使之缓慢地展开直至形成约 3mm 厚的胶层，静置 0.5h。

(4) 待琼脂糖胶液凝固后，双手均匀用力轻轻拔出梳子。

(5) 取下封边的膜（胶），将凝胶连同槽放入电泳槽平台，用 TBE 稀释缓冲液浸没过凝胶面 2mm~3mm。

3. 加样。

用微量加样器将样品液与上样缓冲液按 6∶1 混合后，分别加入胶板的加样孔内。每个加样孔容积约为 25μL，加样量不宜超过 20μL，避免样品过多而溢出，污染邻近样品。加样时，加样器头悬于加样孔上部，然后缓慢地将样品推进孔内，让其集中沉于孔底部。每种样品换一个滴头。

4. 电泳。

样品端连接负极，另一端连接正极，接通电源，开始电泳。在样品进胶前可用略高电压，以防止样品扩散；样品进胶后，应控制电压不高于5V/cm。约 40min 后，停止电泳。

5. 观察和拍照。

小心地取出凝胶槽，将胶板推至预先浸湿并铺在紫外灯观察台上的玻璃纸上，在波长 254nm 紫外灯下进行观察。DNA 存在的位置呈现橘红色荧光，肉眼可观察到清晰的条带，荧光在 4h~6h 后减弱。观察后，可拍照记录下电泳图谱。观察时应戴上防护眼镜或有机玻璃防护面罩，避免紫外光对眼睛的伤害。

拍照时，照相机加上近摄接圈和红色滤光镜头，用全色胶卷，5.6 光圈，曝光时间根据条带荧光的强弱而定，为 10s~60s。将电泳图谱底片适当放大洗印照片。

6. 制作测定相对分子质量标准曲线。

在放大的电泳照片上用卡尺测量出 λDNA HindⅢ酶解各片段的迁移距离（cm），以 DNA 各酶解片段的相对分子质量为纵坐标，以迁移距离为横坐标，在半对数坐标纸上连接各点绘制曲线，即为 DNA 相对分子质量的标准曲线。

λDNA HindⅢ酶解和 λDNA EcoRⅠ酶解各片段大小见表 18－2、表18－3。

表 18－2　λDNA 的 HindⅢ酶解片段

片段	碱基对数目（kb）	相对分子质量（$\times 10^6$）
1	23.130	15.0
2	9.419	6.12
3	6.557	4.26
4	4.371	2.84
5	2.322	1.51
6	2.028	1.32
7	0.564	0.37
8	0.125	0.08

表 18－3　λDNA 的 EcoRⅠ酶解片段

片段	碱基对数目（kb）	相对分子质量（$\times 10^6$）
1	21.226	13.7
2	7.421	4.74
3	5.804	3.73
4	5.643	3.48
5	4.878	3.02
6	3.530	2.13

7. 质粒 DNA 大小的测定。

将自提质粒 DNA 的 EcoRⅠ酶解和非酶解电泳图谱与标准 pBR322 DNA 的EcoRⅠ酶解和非酶解电泳图谱进行比较，测量出酶解后的自提和标准质粒线状 DNA 条带的迁移距离；在上述标准曲线上，查出相应的相对分子质量，两者加以比较。根据以上这些实验结果，试对自提质粒 DNA 的纯度进行分析。

(1) 制胶时，若没有现成的凝胶托盘，也可直接在大小合适的玻璃板上制胶。用透明胶将玻板四周围起来，形成一个框，将玻板置于水平板上，取两个文具夹分别夹住样品槽模板两端，并以夹子为支架将之垂直立于玻板距一端 2cm 处，上下调节样品槽模板的位置，使样品槽模板各齿的下端与玻板表面保持 0.5mm～1mm 的间隙。也可在样品槽模板下压 2 层普通滤纸以保持一定的间隙，一般能允许 2 层滤纸通过的间隙即较合适。

(2) 溴乙锭染色液亦可在灌胶前加入凝胶内，终浓度达到 0.5mg/L。电泳后电泳缓冲液即含有溴乙锭。

【注】

1. 溴乙锭是诱变剂，配制和使用溴乙锭染色液时，应戴乳胶手套，并且不要将该溶液洒在桌面或地面上。凡是玷污过溴乙锭的器皿或物品，必须经专门处理后，才能进行清洗或弃去。

2. 为了使 DNA 完全酶解，需要加入适量、足够的酶液。酶液太少，反应不完全；酶液太多，则造成浪费。由于每次购进的酶的浓度不可能相同，购进的 λDNA 和 pBR322 的浓度也不一样，因此酶和 DNA 加入的体积不能固定，加样表中的量只能作为一个参考，应该通过预实验来确定合适的酶量。

3. DNA 酶解过程中使用的器具都应干净并经消毒。配制试剂需用灭菌的双蒸水。实验过程中还要防止限制性内切酶被污染。

4. 加样量的多少决定于加样孔的最大容积，可以采用大小不同的样品槽模板以形成容积不同的加样孔，加入样品的体积应略少于加样孔的容积。为此，对于较稀的样品液应设法调整其浓度或加以浓缩。

5. λDNA 经 HindⅢ酶切并电泳后应有 8 条带，但实际上只能看见 6 条带，分子质量小的 2 条带由于其荧光很弱，肉眼往往看不见。

实验 19　从凝胶中回收目的 DNA 片段

【原理】

目的 DNA 片段的回收是指将目的 DNA 从一个含有不同大小的 DNA 片段的混合物中分离、纯化的过程。DNA 样品经过限制性核酸内切酶消化和琼脂糖凝胶电泳分离后，再从凝胶中将所要的目的片段提取出来。因为此时目的 DNA 片段已经与其他 DNA 片段分开，所以需要做的就是把目的 DNA 片段从凝胶内回收下来。

迄今为止，回收 DNA 片段的方法在分子生物学技术中种类最多而效率较低，这从一个侧面说明了回收 DNA 片段的难度较大。除了用凝胶电泳和胶回收方法将待分离、纯化的 DNA 片段回收出来以外，也有其他的分离方法，如层析法、沉淀法。凝胶电泳和胶回收方法是最常采用的方法。从凝胶中回收 DNA 片段的各种方法的回收效率不尽相同，并随回收片段的大小而有所差异。

目的 DNA 片段的胶回收方法大致可以分成两类：一类是用电泳方法使 DNA 片段从凝胶中迁移出来，进入缓冲液，再进行纯化、浓缩；另一类是用加热的办法使凝胶熔化或采用其他方法破坏凝胶的固体性质，然后再从中分离 DNA。无论采用哪种方法，都会受到琼脂糖中一些对酶有抑制作用的物质的污染。琼脂糖是从琼脂中提取出来的，常常混有硫酸盐多糖。硫酸盐多糖对多种酶的活性具有抑制作用，这些酶包括限制性核酸内切酶、DNA 连接酶、激酶和 DNA 聚合酶等。因此，回收的 DNA 如果需要做进一步的操作，比如酶切、连接、标记等等，就必须在回收的操作中尽量减少琼脂糖中硫酸盐多糖和其他有机和无机类物质的污染，这是选择回收方法和进行操作需要注意的原则。采用乙醇沉淀和 70％乙醇洗涤是减少污染的有效办法，不能省略。

由于从凝胶中回收目的 DNA 片段的回收效率与 DNA 片段的大小有关，一般来讲，片段越大，回收的效率越低；不同的回收方法对 DNA 大片段的回收效率也不尽相同，因此选择回收方法时还需要考虑 DNA 片段的大小。当然，如果 DNA 片段本身较少，回收效率肯定也不会高。

低熔点琼脂糖凝胶电泳破碎法回收 DAN 片段的原理：低熔点琼脂糖凝胶是在琼脂糖的主链上经羟乙基修饰获得的，它的熔化温度降为 65℃，而这个温度低于大多数双链 DNA 分子的变性温度。因此，DNA 在低熔点琼脂糖凝胶中电泳分离后，可以把含有目的 DNA 片段的凝胶切下来，装入离心管，在 65℃水浴中熔化后，再对溶液中所含的 DNA 片段进行纯化。

透析袋电泳法回收琼脂糖凝胶中的DNA片段的原理：与常规琼脂糖凝胶电泳原理相同。将含有目的DNA片段的凝胶切下来，装入透析袋，同时也装入电泳缓冲液，再按常规电泳方法电泳，让DNA在透析袋内走出凝胶块，再纯化缓冲液中的目的DNA片段。

Ⅰ 低熔点琼脂糖凝胶电泳破碎法回收DNA片段

【材料】

1. 低熔点琼脂糖（市售）按所需浓度用TBE缓冲液配制，煮沸熔化，冷却至50℃左右时加入溴乙锭，倒于电泳槽内所要分离的DNA条带前（已用手术刀切去此处的常规凝胶块），凝固后使用。

2. 电泳缓冲液（0.5倍浓度TBE缓冲液）：45mmol/L Tris－H_3BO_3，1mmol/L EDTA。

3. 溴乙锭溶液：10g/L，用纯水配制，置4℃保存。

4. 上样缓冲液Ⅰ：0.25％溴酚蓝，0.25％二甲苯氰，40％蔗糖（用纯水配制）。

5. TE缓冲液：10mmol/L Tris－HCl（pH7.4），1mmol/L EDTA。

6. Tris饱和的酚（pH8.0），氯仿，无水乙醇和70％乙醇（置－20℃保存）。

7. 电泳仪，电泳槽及配件（梳子、接线），台式离心机（最大转速16000r/min），紫外检测仪（长波340nm，短波260nm），手术刀，移液器（10μL，200μL，1000μL），Eppendorf离心管（1.5mL），滴头，三角瓶，4℃冰箱和冰柜，微波炉，恒温水浴箱（可煮沸的）。

【方法】

1. 按常规方法配制琼脂糖凝胶，灌胶。待电泳槽中的凝胶凝固后用手术刀在加样孔前面适当距离处切除一定大小的胶块，用相应浓度的低熔点琼脂糖凝胶熔化后填充。可将胶板置室温或4℃条件下凝固。

2. DNA样品上样，4℃条件下电泳。待目的DNA片段进入低熔点琼脂糖凝胶时停止电泳。

3. 在长波紫外灯下，用手术刀片切下带有目的DNA片段的低熔点琼脂糖凝胶块，移入Eppendorf离心管内。

4. 加入5倍凝胶块体积的TE缓冲液，65℃水浴5min，使离心管内的低熔点琼脂糖凝胶完全熔化。

5. 让离心管内的溶液缓慢冷却到室温。加入等体积的酚（pH8.0）－氯仿混合液（1∶1，体积比）。

6. 充分混匀（强烈震荡）离心管内的溶液后，室温下以8000r/min离心10min。

7. 小心吸出上层水相，装入干净的Eppendorf离心管内，加入1/10体积的3mol/L

乙酸钠（pH5.2），2 倍体积的冷无水乙醇，混匀。−20℃放置 2h。以 12000r/min 离心 10min。

8. 倒去离心管内的溶液，沿管壁另一侧加入适量 70% 的冷乙醇，12000r/min 离心 2min。

9. 倒去离心管内的乙醇，将离心管倒立在桌面上，控干（约 10min）。也可采用真空干燥或在 37℃温箱放置 5min 以干燥 DNA 样品。

10. 加入适当体积的 TE 缓冲溶液，溶解 DNA 沉淀，−20℃保存备用。

Ⅱ　透析袋电泳洗脱法回收目的 DNA 片段

【材料】

1. 琼脂糖凝胶，按常规 DNA 电泳方法用 0.5 倍浓度 TBE 缓冲液配制。
2. 电泳缓冲液（0.5 倍浓度 TBE 缓冲液）：5mmol/L Tris−H_3BO_3，1mmol/L EDTA。
3. 溴乙锭溶液：10g/L，用纯水配制。
4. 上样缓冲液Ⅰ：0.25%溴酚蓝，0.25%二甲苯氰，40%蔗糖（用纯水配制）。
5. TE 缓冲液：10mmol/L Tris−HCl（pH7.4），1mmol/L EDTA。
6. Tris 饱和的酚（pH8.0），氯仿，无水乙醇和 70%乙醇（置−20℃保存）。
7. 电泳仪，电泳槽及配件（梳子、接线），台式离心机（最大转速 16000r/min），紫外检测仪（长波 340nm，短波 260nm），手术刀，移液器（10μL，200μL，1000μL），Eppendorf 离心管（1.5mL），滴头，三角瓶，微波炉，冰箱等。

【方法】

1. 透析袋的处理。剪下适当长度的透析袋，浸于 2%碳酸氢钠及 1mmol/L EDTA 的溶液中煮沸 10min，按以下顺序各冲洗 2 遍：①双蒸水；②乙醇；③EDTA（1mmol/L，pH8.0）。然后将透析袋置于 EDTA（1mmol/L，pH8.0）中，完全浸没，置 4℃保存。

2. 在长波紫外灯下，用手术刀片切下带有目的 DNA 片段的琼脂糖凝胶块，移入装满 0.5 倍浓度 TBE 缓冲液的透析袋内（先将袋的一端用夹子夹牢，装入缓冲液，再移入凝胶），排掉部分缓冲液，同时排除气泡后用夹子夹紧另一端。

3. 将透析袋置于电泳槽中，浸在 0.5 倍浓度 TBE 缓冲液内，凝胶块的纵长应该与电场方向垂直。通电电泳，让凝胶中的 DNA 片段迁移出凝胶，进入透析袋内的缓冲液中（可用紫外灯监测）。

4. 如在凝胶中已看不到 DNA 的荧光，而袋的内侧发出大量荧光时，中止电泳。把电极反接通电 1min，使 DNA 与袋解离。

5. 打开透析袋，吸出袋内的缓冲液，装入 Eppendorf 离心管。再用少量 TBE 缓冲液冲洗袋的内壁。将冲洗的缓冲液吸出，装入 Eppendorf 离心管。将两次缓冲液合并。

6. 以 3000r/min 离心 2min，去除凝胶沉淀。

7. 上清液移入一新的 Eppendorf 离心管，用酚－氯仿（1∶1，体积比）抽提 2 次。

8. 上清液装入一新的 Eppendorf 离心管，加入 1/10 体积的 3mol/L 乙酸钠(pH5.2)，2 倍体积的冷无水乙醇，混匀。

9. －20℃放置 2h。以 12000r/min 离心 10min。

10. 倒去离心管内的溶液，沿管壁另一侧加入适量 70％的冷乙醇，以 12000r/min 离心 2min。

11. 倒去离心管内的乙醇，将离心管倒立在桌面上，控干（约 10min）。也可采用真空干燥或在 37℃温箱放置 5min 干燥 DNA 样品。

12. 加入适当体积的 TE 缓冲液，溶解 DNA 沉淀，－20℃保存备用。

Ⅲ 微电泳系统电泳法（或回收电泳槽电泳法）回收 DNA 片断

【材料】

1. 微电泳系统或回收电泳槽及电泳仪。
2. 0.5 倍浓度 TBE 电泳缓冲液：45mmol/L Tris－H_3BO_3，1mmol/L EDTA。
3. 无水乙醇。
4. 手术刀片等。

【方法】

将带有 DNA 条带的凝胶切下来后，放入一个微量离心管内，将此管的下部剪（削或切）掉，再将其插到另一离心管内，使两个离心管内部连通。注入一定量的缓冲液后，分别在上管和下管内插入电极（装有凝胶条的上置离心管接负极，下置离心管接正极）固定好后通电进行电泳，使上管内凝胶中的 DNA 经过电泳进入下管的缓冲液中，再用 2 倍体积的无水乙醇从缓冲液中沉淀出 DNA。

此方法也是利用 DNA 回收电泳槽的基本操作方法。

Ⅳ 膜回收法回收 DNA 片段

【材料】

1. DEAE 纤维素纸片。
2. STE 洗脱液：1mol/L NaCl，10mmol/L Tris－HCl，1mmol/L EDTA。
3. DNA 电泳需要的电泳系统。
4. 手提紫外灯检测仪，镊子，手套等。

【方法】

DNA 经电泳后，将 DEAE 纤维素纸片插入琼脂糖凝胶中，其位置正好在要回收的 DNA 条带的前方，使 DNA 向纸片方向泳动并被吸附到纸片上，经手提紫外灯检测仪检测确实后，把纸片取出，再用 STE 洗脱液洗脱上面所吸附的 DNA。必要时用无水乙醇沉淀 DNA。

Ⅴ 试剂盒回收 DNA 片段

【材料】

DNA 纯化试剂盒，为一个装在离心管内的树脂层析柱。

【方法】

在低熔点琼脂糖凝胶熔化（加热熔化或用碘化钠试剂溶解）以后，可将含有 DNA 的溶液上柱、离心。DNA 吸附在树脂上，而其他物质则由于离心进入柱下的离心管空腔。随后加入低盐溶液或高压灭菌水并离心，可以使 DNA 洗脱下来。这种纯化方法不仅用在 DNA 片段的凝胶电泳回收，而且还广泛用在 PCR 产物的回收和质粒 DNA 的提取、纯化过程中。

【注】

1. 本实验介绍的回收方法只是常见的几种。不同实验室有自己所爱好或擅长的回收方法，可以根据自己的条件，建立适合自己的方法。

2. 回收DNA片段是整个分子克隆技术中对结果影响较大而效果不够稳定的技术，对不同大小DNA片段的回收效率也不相同，需要有经验的技术人员进行熟练的操作。为使技术简单化，避免受人的因素和DNA大小的影响，目前仍在研究更好的回收方法，以提高回收效率。

实验 20　质粒 DNA 与目的 DNA 片段的连接

【原理】

载体质粒 DNA 与目的 DNA 片段的连接就是通常所说的 DNA 重组过程。这个过程是在 DNA 连接酶的作用下完成的。当目的 DNA 片段和载体 DNA 双方的末端都匹配（末端都是平头末端或是能匹配的黏性末端。后者可用同一种限制性核酸内切酶切割产生，或者用能产生相同的黏性末端的两种限制性核酸内切酶切割产生）时，可以直接进行连接。如果不是这样，就需要首先将末端做些改造或修饰，例如先连接上短的 DNA 接头（又称为适应子，adaptor），或用同聚物加尾的办法（即两个待重组 DNA 片段，其中一个 DNA 的末端加上 poly G，另一个 DNA 的末端则加上 poly C）使待连接的 DNA 片段能够匹配，或者将黏性末端切成平头末端，或者将黏性末端填补成平头末端等等。只有末端完全匹配的两个 DNA 才能进行连接。

连接是在 DNA 连接酶的作用下完成的。DNA 重组技术中所用的连接酶有两种：一种是大肠埃希氏菌 DNA 连接酶，另一种是 T_4 噬菌体 DNA 连接酶。后者应用更多一些。这两种连接酶都要求 pH7.4～8.0 的碱性环境，需要镁离子（Mg^{2+}）和 ATP，而对温度的要求并不严格，在室温或 37℃条件下连接酶都具有活力，但一般都采用低于室温的工作条件，例如可以是 12℃、16℃或者 4℃，这样可以增加连接的分子数，提高连接效率。

连接时目的 DNA 片段与载体 DNA 的用量对连接效率有很大的影响。大多数实验室的验证证明，目的 DNA 片段与载体 DNA 的摩尔数之比在 5∶1 以上时，可以得到较好的连接结果。实际连接时，需要测定所连接的目的 DNA 和载体 DNA 的含量（分光光度测定法或在琼脂糖平板上点样，与已知的 DNA 样品比较后得出）。

影响连接效率的因素很多，除了 DNA 末端的性质（平头末端、黏性末端）外，目的 DNA 片段的大小、质粒本身的属性对连接效率及连接后的转化结果也有影响。一般来讲，与质粒 DNA 连接的目的 DNA 片段不宜太大，大于 10kb 的 DNA 分子的连接效率和转化、拷贝数等都低于较小的分子。平头末端的连接效率也要低于黏性末端的连接效率。

DNA 连接反应，就是在断口处重新形成 3′—5′磷酸二酯键，这是 DNA 链的骨架。DNA 分子是靠热运动相互碰撞而发生连接反应的。同一个 DNA 分子的两个断端，如果由一种限制性核酸内切酶切割产生，在连接酶的作用下不仅会发生两个或多个分子之间的连接，从而产生多拷贝相连，而且会发生同一个分子内的两个端点互相连接，形成环状分子的现象。这些都会造成转化背景复杂化，也会降低阳性克隆数，除了少数情况下（如想获得反义 RNA 的多拷贝插入）有利外，大多数情况下是需要避免的。用碱性磷酸酶处理载体 DNA 的末端，可以使载体 DNA 的 5′端脱磷酸，生成羟基(—OH)，这样可以有效地降低自身环化的发生。

目的 DNA 片段插入到载体 DNA 上的连接，存在几种不同的方式：

（1）在目的 DNA 片段与载体 DNA 都是用同一种限制性核酸内切酶切割获得的情况下，目的 DNA 片段有两种插入方式，一种是通常所说的正向连接方式，另一种是反向连接方式。如果克隆的目的单纯是得到目的 DNA 片段的大量扩增拷贝，则正向连接和反向连接都能达到这一目的，可以不必考虑连接的方向问题。如果克隆的目的是希望得到基因的表达产物，则必须考虑连接的方式，只有正向连接（即把真核基因的 cDNA 或原核基因的 5′端插入载体 DNA 的启动子序列之后）时，才有表达的可能。反向连接时只能得到反义 RNA。

（2）当目的 DNA 片段与载体 DNA 是用两种具有不同的识别序列的限制性核酸内切酶切割获得时，只有一种连接方式，此时的连接常常被称为定向克隆。这两种限制性核酸内切酶可以是两种造成黏性末端的酶，或者是两种造成平头末端的酶，也可以一种造成黏性末端，而另一种造成平头末端。

【材料】

1. TE 缓冲液：10mmol/L Tris－HCl（pH8.0），1mmol/L EDTA。

2. 移液器（10μL），Eppendorf 离心管（1.5mL），滴头（20μL），低温恒温水浴箱（可调温到室温以下，如 4℃、12℃或 16℃），冰箱，制冰机，台式离心机等。

【方法】

1. 取 2μL 含 100ng～200ng 的线性载体 DNA（如果末端为同一末端，应先进行脱磷酸处理）装入 Eppendorf 离心管。
2. 取 2 倍摩尔数的目的 DNA 片段（4μL）与载体 DNA 混合。
3. 45℃孵育 5min，置冰浴上，进行下一步操作。
4. 加 10 倍浓度连接缓冲液 2μL，混匀。
5. 加 T_4 DNA 连接酶 2μL（5U/μL）。
6. 用 TE 缓冲液（pH8.0）补足 20μL，12℃保温 10h～12h，或 16℃放置过夜。
7. 取 2μL 做细菌转化实验，其余置 4℃保存。

【注】

1. 连接反应的操作方法，有人喜欢将载体 DNA 与目的 DNA 混合后，经乙醇沉淀和 70%乙醇漂洗后进行干燥处理，再溶于一定体积的 TE 缓冲液中。

2. 连接反应的体积应尽量保持在 20μL 以内，10μL 或 15μL 也是可行的。这是因为在小体积里，分子碰撞的几率才大。

3. 平端连接时，T_4 DNA 连接酶的用量要大一些，还需要加一些 ATP，以促进反应的进行。

【附录】

载体 DNA 的脱磷酸处理

载体 DNA 经过一种限制性核酸内切酶切割后，如果要与同一种酶切割的目的 DNA 连接，一般需要用碱性磷酸酶脱去载体两个末端的 5′磷酸基团，以避免连接时出现载体分子自身连接环化，降低非正常重组的背景。碱性磷酸酶多用小肠碱性磷酸酶（CIP）。

DNA 脱磷酸处理反应系统的组成如表 20－1 所示。

表 20－1　DNA 脱磷酸处理反应系统的组成

组　分	含　量
载体 DNA（经限制性核酸内切酶切割并纯化）	200μL（20μg）
10 倍浓度碱性磷酸酶缓冲液	40μL
碱性磷酸酶（CIP）	20U
加双蒸水	至总体积 400μL

DNA 脱磷酸处理的过程：37℃保温 1h。加 EDTA 至终浓度为 5mmol/L 以中止反应。分别用等体积的酚－氯仿抽提 1 次，氯仿－异戊醇抽提 1 次（混合后以 8000r/min 离心，再吸取上层水相，装入一新的 Eppendorf 离心管）；加 1/10 体积的乙酸钠（3mol/L，pH5.2）和 2 倍体积的冷无水乙醇，－20℃冻存 2h，以 12000r/min 离心沉淀 DNA；冷的 70%乙醇洗 1 次（沿另一侧管壁加入 70%乙醇后立即离心）。在桌面上将离心管倒置 10min 控干，按连接时所需的浓度要求加双蒸水溶解 DNA，分装并置－20℃冻存备用。

实验 21 重组质粒 DNA 转化原核细胞

【原理】

遗传学中转化的含义是使细胞获得一种新的可遗传的表型性状。分子克隆中用人工的方法将重组质粒 DNA 导入大肠埃希氏菌细胞，使携带有重组质粒的大肠埃希氏菌获得在抗生素平板上生长的能力，从而与不携带质粒的细菌区分开来。这个过程让原来不具有抗生素抗性的细胞获得了抗生素抗性，其遗传性质发生了改变，因而这一过程被称为转化。

分子克隆中对原核细胞的转化方法通常有两种：一种是用物理的方法，即通过对特制的小室两极产生瞬时高压，使溶液中的细胞表面被电击后产生极细小的孔缝，溶液中的 DNA 分子即借助于细胞壁上产生的孔缝和孔缝产生时短时的细胞内外压差进入细胞；另一种方法是用低温（0℃）和氯化钙（$CaCl_2$）低渗溶液的理化处理使细胞处于感受态（即容易接受外源 DNA 的状态），此时细菌细胞膨胀，而重组的 DNA 分子形成羟基－钙磷酸复合物黏附于细菌细胞的表面，在 42℃热处理时，受到热激的细胞可吸收黏附于表面的 DNA 分子，再经丰富培养基的培养，细胞形态复原，进入增殖分裂期。此时如果将细胞分散，就可以在含选择培养基的琼脂平板上形成单个的细菌克隆。

由于物理方法受到仪器的限制（需要配备电穿孔仪），因而实验室更常用的是感受态细胞的理化转化方法。这种方法最关键的是感受态细胞的制备。此外，用于转化的 DNA 的用量也是决定转化成功与否和转化效率高低的一个重要因素。

【材料】

1. LB 培养液（培养大肠埃希氏菌用）：胰蛋白胨 10g，酵母浸膏 5g，NaCl 5g，加双蒸水 1000mL。高压灭菌，4℃或室温保存。

2. LB 琼脂培养板：在 1000mL LB 培养液中加 15g 琼脂粉，高压灭菌，待冷却至 55℃ 左右时，倒入直径为 90mm 的培养平板，室温放置约 30min 待琼脂凝固后使用。如果需要加入抗生素，则在 55℃铺板前加入，摇匀后铺板。可用袋密封培养板后 4℃保存。保存时需将培养板倒置。

3. 选择性琼脂培养板：转化实验实际上与筛选过程是联系在一起的。因此，在 LB 琼脂培养板中需要根据所转化的重组质粒的性质加入不同的物质，以达到筛选的目的。常用的选择性琼脂培养板如抗生素平板（根据质粒 DNA 上所带的抗生素抗性基因加入不同的抗生素）和β−半乳糖苷酶系统筛选平板［加入 X−gal 和诱导物异丙−β−*D*−硫代半乳糖苷（IPTG），配制方法见实验 22］。

4. SOB 培养液：在 950mL 去离子水中加入胰蛋白胨 20g，酵母浸膏 5g，NaCl 0.5g，250mmol/L KCl 10mL，用 5mol/L NaOH 调 pH 至 7.0，加去离子水到 1000mL。高压灭菌，贮存备用。临使用前，加灭菌的 2mol/L $MgCl_2$ 5mL。

5. 0.1mol/L $CaCl_2$。

6. 冷冻离心机，恒温培养摇床，水浴箱，培养箱，高压消毒锅，制冰机，分光光度计，冰箱（−70℃和−20℃），移液器（20μL、1000μL），Eppendorf离心管，滴头（20μL、1000μL），酒精灯，细菌培养平板，涂板用的弯玻棒（用玻棒烧制）。

【方法】

1. 选择适当的与载体相适应的宿主细胞，将保存的宿主细胞在琼脂平板上画线，37℃培养过夜。

2. 挑选单个细胞菌落，接种到 20mL LB 培养基中，37℃培养过夜。

3. 取一定量的培养细菌，按 1∶100 的比例接种至一新的 20mL LB 培养基，37℃强烈振荡（200r/min）培养 3h，至细菌到达对数生长期。细菌在 550nm～600nm 处的吸光率为 0.3 左右。

4. 培养物置冰浴 10min（注意：从此步开始，以下操作全在低温下进行）。

5. 装入冷的（置−20℃冰箱内一定时间，使用时取出）离心管，于 4℃以 6000r/min离心 10min。

6. 倒去上清液，倒置离心管，使残留的培养基流尽。加入 10mL 预冷的 0.1mol/L $CaCl_2$，用冷的吸管轻轻吹打，使细胞悬浮，冰浴 10min。

7. 于 4℃以 6000r/min 离心 10min，弃上清液。用培养液 1/10 体积的冷 0.1mol/L $CaCl_2$悬浮细胞，加适量冷的甘油（使终体积百分浓度不超过 10%）。

8. 在低温条件下按 200μL 一管进行分装（最好将分装管快速地用液氮冻住，待全部分装完成后再移入−70℃冰箱，可长期保存）。

9. 将 200μL 感受态细菌与 DNA 液在冰浴上混合。用于转化的 DNA 液含 DNA 20ng～40ng，体积为 10μL。混合要温和，冰浴 30min。另设阳性转化对照（只含闭环质粒 DNA）和阴性转化对照（不含 DNA 样品）。

10. 42℃处理 90s，立即放入冰水浴，冷却 2min。加预热到 37℃的 SOB 培养基 800μL，37℃振荡培养 1h。

11. 取不同量的 DNA SOB 转化培养液，铺于 LB 琼脂平板上，培养板应含适量的抗生素。将培养板在室温条件下放置 20min 后，移入 37℃恒温箱倒置培养过夜。

12. 次日观察和记录克隆生长情况。一般转化效率为 1μg DNA 含 10^5～10^6 个重组克隆。如果菌落生长过多，应减少铺板的量；如果出菌过少，可增大铺板量。

【注】

1. 如果是建立文库，在出菌正常的情况下，次日应当将剩余的连接的DNA尽快铺板，以得到含更多菌落（克隆）的基因文库或cDNA文库。如果是进行单个外源DNA片段的克隆，则可以不太考虑转化时效率的高低，只要有转化克隆出现并经鉴定为重组DNA分子即可。

2. 感受态细菌越新鲜，转化效率越高。感受态细菌可以按上述方法自己制备，也可以购买。许多生物制品公司都备有感受态细菌出售。

3. 用以转化的宿主菌应当与质粒相适应。不同的质粒-宿主细胞系统的转化效率存在差异。

4. 提高转化效率的方法可以在Ca^{2+}的基础上，用其他二价阳离子及二甲亚砜（DMSO）等处理细菌细胞。

实验 22　大肠埃希氏菌感受态细胞的制备及转化

【原理】

转化（transformation）是将异源 DNA 分子引入另一细胞品系，使受体细胞获得新的遗传性状的一种手段，是微生物遗传、基因工程等研究领域的基本实验技术。

转化过程所用的受体细胞一般是限制-修饰系统缺陷的变异株，即不含限制性核酸内切酶和甲基化酶的突变株，常用 R^-M^- 符号表示。受体细胞经过一些特殊方法（如：电击法，$CaCl_2$、RuCl 等化学试剂法）的处理后，细胞膜的通透性发生变化，成为容许外源 DNA 分子通过的感受态细胞。在一定条件下，将外源 DNA 分子与感受态细胞混合保温，外源 DNA 分子进入受体细胞，并通过复制、表达实现遗传信息的转移，使受体细胞出现新的遗传性状。经在选择性培养基中培养即可筛选出带有异源 DNA 分子的受体细胞。

以大肠埃希氏菌 DH5α 菌株为受体细胞，用 $CaCl_2$ 处理受体菌使其处于感受态，然后与质粒 pBR322 共同保温，实现转化。pBR322 携带有抗氨苄西林和抗四环素的基因，使接受了该质粒的受体菌具有抗氨苄西林和抗四环素的特性，分别用 A^r 和 T^r 表示。将转化后的受体细胞经过适当稀释，在含氨苄西林和四环素的平板培养基上培养，只有转化体才能存活，而未受转化的受体细胞则因无抵抗氨苄西林和四环素的能力而死亡。

转化体经过纯化、扩增后，可将转入的质粒 DNA 分离、提取出来，进行重复转化、电泳、电镜观察及做限制性核酸内切酶解图谱等实验鉴定。

为提高转化率，实验中要注意以下几个因素：

1. 细胞生长状态和密度。

（1）不要用已经过多次转接，或贮存在 4℃条件下的培养菌液。

（2）细胞生长密度以 1mL 培养液中的细胞数在 5×10^7 个左右为佳（通过测定培养液的 A_{600} 确定），密度不足或过高均会使转化率下降。

2. 用于转化的质粒 DNA 的纯度和浓度。

用于转化的质粒 DNA 应是共价闭环 DNA，转化率与外源 DNA 的浓度在一定范围内成正比。加入的外源 DNA 的量过多或体积过大会使转化率下降。

3. 试剂的品质。

所用的试剂（如 $CaCl_2$）应是高品质的，最好分装并保存于干燥的暗处。

4. 防止杂菌和其他外源DNA的污染。

所用器皿（如离心管、分装用的Eppendorf管等）一定要干净，最好是新的，并保持在低温条件下。在整个实验过程中都要注意无菌操作，少量其他试剂或DNA的污染都会影响转化率，或导致转进杂DNA。

【材料】

1. 受体菌大肠埃希氏菌DH5α：R^-M^-，A^r，T^r。

2. 质粒pBR322 DNA。

3. LB培养基，氨苄西林、四环素贮存液。

(1) 含抗生素的LB平板培养基：将配好的LB固体培养基高压灭菌后，冷却至60℃左右，加入氨苄西林和四环素贮存液，使这两种抗生素的终浓度分别为50μg/L和12.5μg/L，摇匀后铺板。

(2) 0.1mol/L $CaCl_2$ 溶液：每100mL溶液含 $CaCl_2$（分析纯）1.10g，用双蒸水配制，高压灭菌。

4. 恒温摇床，电热恒温培养箱，无菌操作超净台，电热恒温水浴，分光光度计，离心机，离心管，移液器，Eppendorf管等。

【方法】

1. 制备感受态细胞。

(1) 从新活化的大肠埃希氏菌DH5α平板上挑取一单菌落，接种于5mL LB液体培养基中，37℃振荡培养，至培养液 A_{600} 为0.3～0.4时停止培养。

(2) 将培养液转入离心管，冰浴上冷却片刻后，于0℃～4℃，以6000r/min离心10min。

(3) 倒净上清液，用10mL冰冷的0.1mol/L $CaCl_2$ 溶液悬浮细胞，冰上放置15min～30min。

(4) 于0℃～4℃，以4000r/min离心10min。

(5) 弃上清液，加入2mL冰冷的0.1mol/L $CaCl_2$ 溶液，悬浮细胞，冰上放置片刻。所得悬浮液即为感受态细胞悬浮液。

(6) 制备好的感受态细胞悬浮液可在冰上放置，应在24h内用于转化实验。如暂时不用，可加入15%灭菌甘油，混匀后，分装于0.5mL Eppendorf管，每管装入100μL～200μL感受态细胞悬浮液，于−70℃条件下保存半年至一年。

2. 转化。

(1) 取200μL感受态细胞悬浮液，摇匀，加入质粒pBR322（含量不超过50ng，体积不超过10μL），此管为实验组。

受体菌对照组样品的组成为200μL感受态细胞悬浮液加10μL无菌双蒸水。

质粒DNA对照组样品的组成为200μL 0.1mol/L $CaCl_2$ 溶液加10μL pBR322溶液。

（2）将以上各样品轻轻摇匀，冰上放置 30min 后，于 42℃水浴中保温 2min，迅速在冰上冷却 3min～5min。

（3）于各管中分别加入 800μL LB 液体培养基，混匀，振荡培养 30min 使受体菌恢复正常生长状态，使转化体产生抗药性（A^r，T^r）。

3. 感受态细胞的稀释及平板培养。

（1）将上述转化液摇匀后，做 1∶10 和 1∶100 稀释。分别取稀释液 0.1mL～0.2mL 接种于两种（含抗生素的和不含抗生素的）LB 平板培养基上，涂匀。操作在无菌超净台中进行。

（2）菌液完全被培养基吸收后，倒置培养皿，于 37℃恒温培养箱内培养 12h，待菌落生长良好而又未相互重叠时停止培养，每组平行做两份。

4. 检查转化体和计算转化率。

统计每个培养皿中的菌落数，各实验组平皿内菌落生长情况应如表22－1所示。

表 22－1 转化实验中各实验组菌落生长情况

	不含抗生素培养基	含抗生素培养基
受体菌对照组	大量菌落生长	无菌落生长
质粒 DNA 对照组	无菌落生长	无菌落生长
转化实验组	大量菌落生长	有菌落生长

转化实验组在含抗生素培养基的平皿长出的菌落即为转化体，根据菌落数计算出转化总数和转化率，计算公式如下：

$$\text{转化体总数}=\text{菌落数}\times\text{稀释倍数}\times\frac{\text{转化反应原液总体积}}{\text{接种菌液体积}}$$

$$\text{转化频率}=\frac{\text{转化体总数}}{\text{质粒 DNA 加入量}}$$

实验 23 重组克隆筛选

【原理】

转化后在 LB 琼脂平板上长出的菌落需要经过筛选和鉴定。筛选过程一般与转化分不开，是指转化的重组 DNA 分子是靠在选择性平板上能否生长出带有重组子的菌落（克隆）来判断的。换句话说，在选择性培养基平板上生长出菌落，可以看做是转化和筛选两个过程初步成功的标志。当然，仅仅是初步的成功还是不够严格的。分子克隆技术要求对选择性培养基平板上生长的菌落做更完全的鉴定。筛选和鉴定可采用根据不同原理所建立的不同方法。

1. 重组克隆的筛选方法。

(1) 抗生素平板筛选。用作分子克隆的质粒 DNA 分子一般都带有抗生素抗性基因，如氨苄西林抗性基因（amp^r）、四环素抗性基因（tet^r）、卡那霉素抗性基因（kan^r）、新霉素抗性基因（neo^r）等。目前经过改造的质粒 DNA 大多数只带 1 个抗生素抗性基因，而且多克隆插入位点也构建在抗性基因的外侧。这样，外源 DNA 片段的插入重组并不破坏抗性基因的活性，因而带有重组的质粒 DNA 分子的细菌仍能够在含有抗生素的培养平板上生长。但是，质粒 DNA 自身连接环化形成的 DNA 由于其抗生素基因保存完整，也能感染宿主菌并在含抗生素的选择性平板上生长。因此，利用抗生素平板做筛选只是将不带有质粒 DNA 的宿主菌和带有质粒 DNA 的宿主菌区分开，不能将带重组质粒的细菌与带非重组质粒的细菌区分开。后两种菌落的筛选需要其他的方法。

(2) β-半乳糖苷酶系统筛选。常用质粒载体中，pUC 系列受到许多实验室的推崇。这个系列的质粒 DNA 分子的突出优点是分子小，在宿主菌中的拷贝数多，能够插入相对较大的外源性 DNA 片段。除此之外，pUC 系列的选择系统（蓝白菌落）比较直观、方便，也是一个优点。pUC 系列质粒带有大肠埃希氏菌的 β-半乳糖苷酶基因（*lacZ*）的调控序列和 N 端 146 个氨基酸（α-肽）的读码框架，序列中插有一个多克隆位点，但并不破坏读码序列。当编码少数几个氨基酸的序列插入氨基端时，不会影响 β-半乳糖苷酶基因的读码和功能。pUC 系列质粒使用时需要与相应的宿主菌配合。这些宿主菌是经过改造的可以编码 β-半乳糖苷酶 C 端部分序列的大肠埃希氏菌。当 pUC 系列的质粒进入这样的宿主菌时，宿主表达的 β-半乳糖苷酶 C 端与 pUC 系列的质粒表达的 β-半乳糖苷酶 N 端实现互补，形成具有酶活性的蛋白质即 β-半乳糖苷酶，这种互补被称为 α-互补。产生 α-互补的细菌（Lac^+）在含有底物 X-gal 的平板上生长为蓝色，这是因为β－半乳糖苷酶分解了X－gal的缘故。同时，β－半乳糖苷酶的表达要经IPTG的诱导。当在多克隆位点插入DNA片段时，造成质粒DNA上的*lacZ*基因片段失活，不能实现α－互补，因而这种转化菌也就不能分解X－gal，即带有DNA插入的重组质粒的细菌克隆在选择性平板上生长为白色菌落。

（3）插入失活性筛选。有一类载体是利用插入失活进行筛选。在这些载体的筛选标志基因的上游构建了负的调控基因序列，在这一序列内设计了克隆位点。在正常情况下，负调控基因的表达产物抑制了筛选标志基因的表达；而当外源性DNA插入克隆位点时，负调控基因失活，其下游的筛选标志基因得以表达，其表达产物为筛选标志物，在选择性培养基上获得了这种重组质粒的细胞才能够生长。

（4）菌落杂交筛选法。杂交筛选是分子克隆技术中广泛应用的筛选方法，一般来讲，更适合于对一个文库（基因文库或cDNA文库）的筛选。这是因为文库的筛选是从一个背景复杂、数量庞大的混合物中挑出条件适合的候补者，杂交筛选方法正具备了这种优点，而其他筛选方法则显然难以快速地实现这一目标。此外，杂交筛选法还具有通用性好的优点，对任意插入片段的筛选都可采用，只不过在诸如PCR产物克隆这样的筛选中，其他筛选方法比杂交筛选法更简便，不需要用那么繁杂的技术。

菌落杂交筛选法的过程和原理是，先将转化物铺板，待菌落生长12h后（菌落不宜生长过久，不宜发生菌落间的融合），将转化菌落吸印到硝酸纤维素膜上，经变性处理后，与放射性核素或非放射性核素标记的探针进行杂交。将得到的阳性信号与平板上的菌落进行比对，从而挑出阳性菌落。

2. 重组克隆的鉴定方法。

各种筛选方法获得的菌落（细菌克隆），都要经过进一步的鉴定，才能确定重组DNA是否成功。鉴定方法有多种，可以根据实验的不同进行选择。

（1）酶切分析。这是最简单、便捷的方法，但又根据重组时连接方式的不同而有不同的酶切方式。

①如果外源DNA与载体是用同一种限制性核酸内切酶消化，然后再连接重组的，只需培养、筛选克隆菌落，提取质粒DNA，用相同的酶做单酶切，然后进行电泳分析，观察电泳图谱。在电泳图谱中，除了载体DNA条带以外，有无插入的目的基因片段，该片段大小是否与克隆连接前相一致。若一致，初步说明重组成功。

②如果外源DNA片段与载体是两种不同的限制性核酸内切酶消化得到，但切点可以连接。比如，有相同的黏性末端互补序列，或者产生的都是平头末端。这两种情况都不能用原来消化时所用的任何一种限制性核酸内切酶来获得插入片段，而必须选择其他的酶。办法是根据载体多克隆位点的序列，找出适当的可以把插入的外源DNA片段切下来的酶。这通常需要另外的两种酶才能做到。如果只选择一种酶，则不能把外源DNA插入片段完整切割下来，而只能通过观察重组质粒DNA与单纯载体DNA的电泳条带大小上是否存在差异进行判断。

③如果外源DNA片段是用两种限制性核酸内切酶消化，而载体也是用相同的两种限制性核酸内切酶消化获得的，这种情况下的连接是定向连接。需要做酶切分析时，只要用同样的两种酶去消化，就能将插入片段与载体分离。电泳分析与上述第①类情

况相同。

④如果外源DNA片段是用两种限制性核酸内切酶消化，而载体也是用两种限制性核酸内切酶消化获得的，但其中只要有一种酶与消化外源DNA的酶不同，虽然这种情况的连接也是定向连接，但已不能再用原来的酶将外源DNA片段切下，需要另外根据多克隆位点的序列找到合适的酶。

(2) 印迹杂交。酶切分析法只能作为初步鉴定方法。要想知道插入的外源DNA片段是否就是所要的目的DNA片段，比较可靠的方法是做Southern印迹杂交。其过程是将消化得到的DNA片段经过电泳，转印到尼龙膜或硝酸纤维素膜上，变性为单链后与放射性核素或非放射性核素标记的探针进行杂交。由于探针具有特异性，出现杂交信号的阳性结果说明克隆的DNA片段有较大的可能性就是目的DNA片段。杂交鉴定方法需要制备特异性探针并进行标记。

(3) PCR鉴定。筛选得到的细菌克隆经提取质粒DNA后，可以作为模板做PCR检测鉴定。它是用目的DNA片段的特异性引物，以待鉴定的细菌菌落中的质粒DNA为模板，进行体外扩增DNA实验。改进的PCR鉴定技术还可以做到不必先提取质粒DNA，而是直接将细菌菌落裂解后做PCR。PCR的结果判定需要做电泳检测。出现特异性扩增条带且条带大小与预期相符，可初步认为所选的细菌克隆带有携带目的DNA片段的重组质粒。

(4) 序列测定。一个目的DNA片段克隆成功的最终鉴定，最有说服力的方法是序列分析。序列分析也被称为测序。由于测序的费用目前仍然较大，因此不可能对较多数量的重组质粒进行测序鉴定，此项分析只能在筛选完成之后，对筛选出来的少数几个质粒DNA进行最后的鉴定分析。序列分析可以用克隆时外源目的DNA片段上的序列作为引物，更常见的是用质粒上的序列作为引物，这种引物是构建质粒时有意装上的，对任意的插入片段都适用，而且是特别供测序用的，称之为通用引物。序列分析除可以直接获得插入片段的序列信息，从而对那些需要做表达的基因片段能否表达做出初步判断和分析外，还可以知道重组时的连接方向。正向连接是为了获得基因的表达产物，而反向连接是为了得到反义RNA。连接方向不同，则结果完全相反，但它们却都是同一个DNA片段的重组产物。因此，仅仅克隆成功还不够，还需要按一定的方向克隆才有意义。序列分析就是鉴定这类克隆方向问题的不可缺少的手段。

(5) 免疫分析。有时，克隆一个外源性目的DNA片段是为了使这个DNA片段有表达产物。这种情况可以用免疫学技术进行鉴定，如Western印迹免疫检测，用噬菌体作载体做cDNA文库时的噬菌斑印迹免疫检测，都属于免疫分析。免疫分析遵循免疫学方法的原理，利用抗原与抗体之间的特异性反应，结合酶学或其他显示系统使出现阳性反应的克隆得以筛选和鉴定出来。免疫分析方法兼有筛选和鉴定的作用，在对cDNA文库进行分析时可将这两个步骤一次完成。免疫分析适合需要进行表达分析的外源DNA或基因片段的克隆。

Ⅰ 平板筛选

【材料】

1. 选择性琼脂培养板：LB 琼脂培养基（胰蛋白胨 10g，酵母浸膏 5g，NaCl 5g，琼脂粉 15g，加双蒸水 1000mL）高压灭菌后冷却至 55℃时，根据载体的不同加入不同抗生素和其他选择性筛选药品（见表 23－1），如 β－半乳糖苷酶显色系统 X－gal 和 IPTG，摇匀后铺板（用直径为 90mm 的平皿，加 20mL 培养基），静置，待琼脂凝固后涂板。将涂板后的平皿倒置在 37℃恒温箱中培养。贮存平板时，将其装入密封塑料袋内，放 4℃冰柜内保存。

表 23－1 选择性培养基中常用的抗生素或其他药品

	贮存液（－20℃保存）	工作液
氨苄西林	50g/L（用水配制，除菌过滤）	20mg/L～60mg/L
氯霉素	34g/L（用乙醇配制，除菌过滤）	25mg/L～170mg/L
四环素	5g/L（用乙醇配制，除菌过滤）	10mg/L～50mg/L
卡那霉素	10g/L（用水配制，除菌过滤）	10mg/L～50mg/L
X－gal	20g/L（用二甲基甲酰胺配制，不必除菌过滤）	
IPTG	200g/L（用水配制，除菌过滤）	

2. 二甲基甲酰胺（dimethylformamide）。
3. 恒温培养箱，高压消毒锅，涂板用的弯玻棒（用玻棒烧制），酒精灯，移液器（20μL、200μL），滴头（20μL、200μL），细菌培养平板（直径为 90mm）。

【方法】

1. 根据抗生素抗性标记直接选择重组载体。

将转化的细菌细胞铺在含抗生素的选择性培养基上，37℃培养过夜，12h 内生长出来的菌落中，即可能含有重组的质粒 DNA。对该菌落可进一步用其他的方法进行鉴定。

2. β－半乳糖苷酶显色反应选择法。

细菌细胞经 pUC 系列质粒重组的 DNA 分子转化后，铺在加有 X－gal 和乳糖诱导物 IPTG 的 LB 琼脂培养基平板上，37℃培养过夜，12h 内生长出菌落。带有未重组的质粒的宿主菌由于 α－互补作用形成有功能的半乳糖苷酶，能够将培养基中无色的X－gal切割成半乳糖和深蓝色底物5－溴－4－氯－靛蓝（5－bromo－4－chloro－indigo），使菌落呈现蓝色。而带有pUC重组质粒载体的宿主菌，由于在pUC DNA上的*lacZ*的α序列中插入了外源DNA，造成读码框架失去活性，因而不能分解X－gal，产生的菌落为白色。根据β－半乳糖苷酶的显色反应，可以筛选出含有外源DNA插入序列的重组子。

Ⅱ 酶切分析及凝胶电泳检测鉴定

【材料】

1. 溶液Ⅰ：50mmol/L葡萄糖，25mmol/L Tris－HCl（pH8.0），10mmol/L EDTA（pH8.0）。溶液Ⅰ在配好后经过高压灭菌处理，然后加入RNase至终浓度为1mg/L或更高（根据RNA量确定）。此液可放4℃冰箱保存。如果不加RNase，则在提取液中含有较多的RNA，对电泳检测有影响。

2. 溶液Ⅱ：0.2mol/L NaOH，1％SDS。此液先配成10mol/L NaOH和10％SDS的贮存液，临用时再配成工作液。此液不需高压灭菌处理。

3. 溶液Ⅲ：3mol/L乙酸钾，5mol/L冰乙酸。取5mol/L KCl 60mL，冰乙酸11.5mL，双蒸水28.5mL，混合后即为工作液。配好后高压灭菌处理，4℃保存。

4. TE缓冲液：10mmol/L Tris－HCl（pH8.0），1mmol/L EDTA。

5. 溴乙锭。

6. 电泳缓冲液（TBE缓冲液）。

7. 电泳样品上样缓冲液。

8. 无水乙醇。

9. LB液体培养基（培养大肠埃希氏菌用）：胰蛋白胨10g，酵母浸膏5g，NaCl 5g，加双蒸水1000mL。高压灭菌处理，4℃或室温保存。

10. 双蒸水，高压灭菌后分装到Eppendorf离心管中，－20℃保存备用。

11. 台式离心机（最大转速为16000r/min），漩涡振荡器，细菌培养摇床（可调温度和转速），制冰机，高压灭菌锅，恒温水浴箱，冰箱，电泳仪，电泳槽，移液器（200μL和20μL），Eppendorf离心管及管架（经高压灭菌），滴头（200μL和20μL）和装滴头的盒（经高压灭菌），卫生纸，装有碎冰的盒等。

【方法】

1. 质粒DNA的快速提取及鉴定。

从转化平板挑选若干个菌落，转种于含适当抗生素的LB培养管中，对照平板挑1～2个菌落培养于不含抗生素的LB培养管，37℃振摇过夜，对细菌培养液编号，一部分用于保种，另一部分用小量法提取质粒DNA。取提取液的1/2点样并电泳，初步观察重组质粒和对照质粒的DNA大小差异。

2. 重组质粒的酶切分析。

根据电泳检测结果挑选片段有差异的重组质粒 DNA，用适当限制性核酸内切酶进行酶切，再用琼脂糖凝胶电泳检测，观察插入片段的大小。

实验 24 蛋白质的沉淀和变性反应

【原理】

在水溶液中，蛋白质分子的表面由于形成水化层和双电层而使蛋白质成为稳定的胶体颗粒。在一定的物理、化学因素影响下，蛋白质颗粒失去电荷，脱水，甚至变性，可以使蛋白质以固态形式从溶液中析出，这个过程被称为蛋白质的沉淀反应。蛋白质的沉淀反应可分为以下两种：

（1）可逆性沉淀反应。蛋白质虽已沉淀析出，但是它的分子内部结构并未发生显著变化，蛋白质仍然保持原有的性质，在沉淀因素除去后，蛋白质能够再溶于原来的溶剂中。例如，盐析作用，以及在低温下，乙醇、丙酮对蛋白质的短时间作用，利用等电点的沉淀等，都属于可逆性沉淀反应。

（2）不可逆沉淀反应。在发生沉淀反应的同时，蛋白质分子内部结构和空间构型遭到破坏，使蛋白质失去原来的天然性质，蛋白质发生了变性。变性的蛋白质在沉淀因素去除后不能再溶解于原来溶剂中。重金属盐、植物碱试剂、过酸、过碱、加热、震荡、超声波、有机溶剂等都能使蛋白质发生不可逆沉淀反应。

【材料】

1. 蛋白质溶液：取 5 只鸡蛋或鸭蛋的蛋清，用蒸馏水稀释至 100mL，搅拌均匀后用 4～8 层纱布过滤。此蛋白质溶液需新鲜配制。

2. 蛋白质－NaCl 溶液：取 20mL 蛋清，加蒸馏水 200mL 和饱和 NaCl 溶液 100mL，充分搅匀，再用纱布滤去不溶物（加入 NaCl 的目的是溶解球蛋白）。

3. $(NH_4)_2SO_4$ 粉末，饱和 $(NH_4)_2SO_4$ 溶液，3％$AgNO_3$，0.5％乙酸铅，10％三氯乙酸，5％磺基水杨酸，0.1％$CuSO_4$，饱和 H_2SO_4 溶液，0.1％乙酸，饱和 NaCl 溶液，10％NaOH 等。

4. 试管，试管架，小玻璃漏斗，滤纸，玻璃纸，玻璃棒，线绳，500mL 烧杯，10mL 量筒。

【方法】

1. 蛋白质的可逆性沉淀反应——盐析。

用大量中性盐使蛋白质从溶液中沉淀析出的过程被称为蛋白质的盐析作用。蛋白质是亲水性胶体，在高浓度的中性盐影响下，蛋白质分子被盐脱去水化层，同时所带的电荷被中和，胶体稳定性遭受破坏而沉淀析出。析出的蛋白质仍保持其天然蛋白质的性质。减低盐的浓度时，蛋白质还能再溶解。

沉淀不同的蛋白质所需中性盐的浓度不同，而使用的盐类不同时，反应也有差异。例如，向含有清蛋白和球蛋白的鸡蛋清溶液中加 $MgSO_4$ 或 NaCl 至饱和，则球蛋白沉淀析出；加 $(NH_4)_2SO_4$ 至饱和，则清蛋白沉淀析出。在等电点时，清蛋白可被饱和 $MgSO_4$、饱和 NaCl 或半饱和 $(NH_4)_2SO_4$ 溶液沉淀析出，该法被称为蛋白质的分级盐析。

取一支试管加入 1.5mL 蛋白质－NaCl 溶液和 1.5mL 饱和 $(NH_4)_2SO_4$ 溶液，混匀，静置约 10min，球蛋白沉淀析出。将其过滤后，向滤液中加入 $(NH_4)_2SO_4$ 粉末，边加边用玻璃棒搅拌，直至粉末不再溶解，达到饱和为止。析出的沉淀为清蛋白。静置后，倒去上部清液，收集清蛋白沉淀。取出部分沉淀加水稀释，观察它是否溶解。

2. 蛋白质的不可逆沉淀反应。

(1) 重金属盐沉淀蛋白质。

重金属盐易与蛋白质结合成稳定的沉淀而析出。蛋白质在水溶液中是两性电解质，在碱性溶液中（对蛋白质的等电点而言），蛋白质分子带负电荷，能与带正电荷的金属离子结合成蛋白质盐。在有机体内，蛋白质常以其可溶性的钠盐或钾盐的形式存在，当加入汞、铅、铜、银等重金属的盐时，蛋白质形成不溶性的盐类而沉淀，且沉淀不再溶解于水中，这说明蛋白质发生了变性。

重金属盐沉淀蛋白质的反应通常很完全，临床上对重金属盐食物性中毒的患者一般可采用加入蛋白质的方法来解除中毒。

取 3 支试管，各加入约 1mL 蛋白质溶液，分别加入 3% $AgNO_3$ 3～4 滴，0.5%乙酸铅 1～3 滴和 0.1% $CuSO_4$ 3～4 滴，观察沉淀的生成。向第 2 支和第 3 支试管中再分别加入过量的乙酸铅和饱和 H_2SO_4 溶液，观察沉淀的再溶解。

(2) 有机酸沉淀蛋白质。

有机酸能使蛋白质沉淀，其中以三氯乙酸和磺基水杨酸最有效，它们能将血清等生物体液中的蛋白质完全除去。

取 2 支试管，各加入蛋白质溶液约 0.5mL，然后分别滴加 10%三氯乙酸和 50%磺基水杨酸溶液各数滴，观察蛋白质沉淀。

(3) 无机酸沉淀蛋白质。

浓无机酸（除 H_3PO_4 外）都能使蛋白质发生不可逆的沉淀反应，这种沉淀作用可能是蛋白质颗粒脱水的结果。过量的无机酸（除 HNO_3 外）可使沉淀出的蛋白质重新溶解。在临床诊断的检验中，就常利用 HNO_3 沉淀蛋白质的反应，检查尿中蛋白质的存在。

(4) 加热沉淀蛋白质。

几乎所有的蛋白质都因加热变性而凝固，成为不可逆的不溶状态。盐类和 H^+ 浓度对蛋白质加热凝固有重要影响。少量盐类促进蛋白质的加热凝固。当蛋白质处于等电点时，加热凝固最完全且最迅速。在酸性或碱性溶液中，蛋白质分子带有正电荷或负电荷，虽然加热，但蛋白质也不会凝固；若同时有足量的中性盐存在，则蛋白质可因加热而凝固。

取 5 支试管，编号，按表 24－1 加入有关试剂。

表 24－1　蛋白质沉淀和变性反应加样表　(单位：滴)

试剂 / 管号	蛋白质溶液	0.1%乙酸	10%乙酸	饱和 NaCl	10%NaOH	蒸馏水
1	10	—	—	—	—	7
2	10	5	—	—	—	2
3	10	—	5	—	—	2
4	10	—	5	2	—	—
5	10	—	—	—	2	5

将各管混匀，观察并记录各管现象；然后将各管放入沸水浴中加热 10min，观察并比较各管的沉淀情况。将第 3、4、5 管分别用 10%NaOH 或 10%乙酸中和，观察结果并解释发生的现象；将第 3、4、5 号管分别加入过量的酸或碱，观察发生的现象；再用过量的酸或碱中和第 3、5 号管，沸水浴加热 10min，观察沉淀变化，检查这种沉淀是否溶于过量的酸或碱。

实验 25 血清蛋白乙酸纤维素膜电泳

【原理】

血清中含有清蛋白、α－球蛋白、β－球蛋白、γ－球蛋白和各种脂蛋白等。各种不同的蛋白质由于氨基酸组分、立体构象、分子质量、等电点及分子形状的不同，在电场中迁移时泳动的速度有所不同。分子质量小、等电点低、在相同碱性 pH 缓冲体系中带负电荷多的蛋白质颗粒在电场中迁移速度较快。以乙酸纤维素薄膜为支持物，将正常人血清在 pH8.6 的缓冲体系中电泳 1h 左右，可以使血清蛋白得到分离，经染色后，可显示出 5 条血清蛋白区带。在血清蛋白中，以清蛋白泳动最快，其余依次为 α_1－、α_2－、β－及 γ－球蛋白。这些区带经洗脱后可用分光光度法定量，也可直接进行光吸收扫描自动绘出区带吸收峰及相对百分比。血清蛋白乙酸纤维素膜电泳法简单、快速，是临床上常用的检验方法，如可以利用血清蛋白间相对百分比的改变或异常区带的出现作为鉴别诊断的依据。由于血清蛋白乙酸纤维素膜电泳具有操作简单、快速、分辨率高及重复性好等优点，它已成为临床生化检验的常规操作之一，还可用于分离脂蛋白、血红蛋白，以及同工酶的分离、测定。

【材料】

1. 测试材料：未溶血的人血清。

2. 电泳缓冲液（pH8.6，0.07mol/L，离子强度为 0.06）：称取 1.66g 巴比妥和 12.76g 巴比妥钠，置三角瓶中，加双蒸水约 600mL，稍加热溶解，冷却后用双蒸水定容至 1000mL。4℃保存备用。

3. 血清蛋白染色。

(1) 0.5%氨基黑 10B 染色液：称取 0.5g 氨基黑 10B，加双蒸水 40mL，甲醇 50mL，冰乙酸 10mL，混匀溶解后置试剂瓶内贮存。

(2) 漂洗液：取 95%乙醇 45mL，冰乙酸 5mL 和双蒸水 50mL，混匀后置试剂瓶内贮存。

(3) 透明液（临用前配制）。

甲液：取冰乙酸 15mL，无水乙醇 85mL，混匀后贮存于试剂瓶内。

乙液：取冰乙酸 25mL，无水乙醇 75mL，混匀后贮存于试剂瓶内。

(4) 保存液：液体石蜡。

(5) 定量洗脱液 (0.4mol/L NaOH)：称取 16g NaOH，用少量蒸馏水溶解后定容至 1000mL。

4. 脂蛋白染色。

(1) 臭氧化试剂：过氧化钡 (BaO_2) 及浓 H_2SO_4。

(2) 染色液 (碱性品红溶液)：称碱性品红 0.5g，偏重亚硫酸钠 ($Na_2S_2O_5$) 2g，置烧杯中，加双蒸水 100mL 及 3mol/L HCl 5mL，混匀，置冰箱过夜使其完全溶解，加入 1g 活性炭振荡，过滤，滤液应为无色。滤液置试剂瓶中，4℃贮存。

(3) 漂洗液：0.001mol/L HCl，0.1mol/L HCl 及 0.5%HNO_3。

(4) 透明液、保存液及定量脱色液的配法同血清蛋白电泳。

5. 乙酸纤维素膜 (2cm×8cm)，培养皿 (直径 9cm～10cm)，解剖镊子及竹夹，点样器，直尺，铅笔，电泳仪及电泳槽，玻璃板 (12cm×12cm)，试管及试管架，吸量管 (2mL、5mL)，可见光分光光度计，吹风机，单面刀片，普通滤纸及臭氧化缸 (用普通容器亦可)。

【方法】

1. 准备乙酸纤维素薄膜。

用竹夹取一片薄膜，平放在盛有缓冲液的平皿中，完全浸泡在缓冲液内，约 30min 后用于电泳。

2. 准备电泳槽。

根据电泳槽膜支架的宽度，剪裁尺寸合适的滤纸条。在两个电极槽中，各倒入电泳缓冲液。在电泳槽的两个膜支架上，各放两层滤纸，使滤纸一端的长边与支架前沿对齐，另一端浸入电泳缓冲液内。待滤纸条湿润后，用玻璃棒挤压排气，使滤纸紧贴膜支架。

3. 点样。

取一张干净滤纸 (10cm×10cm)，在距纸边 1.5cm 处用铅笔画一条平行线，作为点样区。用竹夹取出浸透的薄膜，夹在两层滤纸间以吸去多余的缓冲液或晾干，无光泽面向上平放在点样模板上，底边对齐，点样区距负极 1.5cm。用磨光的玻片蘸取血清后，均匀涂在点样区内，使血清完全渗透至薄膜内，形成一定宽度、粗细均匀的直线。此步是实验成功的关键。

4. 电泳。

用竹夹将点样端的薄膜平贴在负极电泳槽支架的滤纸上，注意使点样面朝下，另一端平贴在正极端支架上，薄膜紧贴滤纸桥并绷直，不能下垂。如同时安放几张薄膜，薄膜之间应相隔几毫米，使薄膜平衡 10min。在室温下进行电泳，打开电源开关，调节电流强度为 0.3mA/cm (膜宽)。通电 10min～15min 后，将电流强度调节到 0.5mA/cm (膜宽)，电泳时间为 50min～80min。电泳后调节旋钮，使电流为零，关闭电泳仪并切断电源。

5. 染色与漂洗。

(1) 血清蛋白的染色、漂洗和脱色。

用解剖镊子取出电泳后的薄膜，放在加有 0.5%氨基黑 10B 染色液的培养皿中，浸染 5min。取出后再用漂洗液浸洗、脱色，每隔 10min 换漂洗液一次，连续数次，直至背景蓝色脱尽。取出薄膜放在滤纸上，用吹风机吹出的冷风将薄膜吹干。

(2) 血清脂蛋白的染色、漂洗和脱色。

将薄膜取出后放在滤纸上，用吹风机吹出的温热风将膜吹干。再将薄膜悬挂在臭氧缸内，在缸的底部放一培养皿，在培养皿内加入约 5g BaO_2 及 5mL 浓 H_2SO_4，立即盖上缸盖。此时，可看到缸内有浓雾状臭氧产生。30min 后取出薄膜，立即浸入 0.001mol HCl 中浸泡 5min；再在碱性品红染色液中浸泡 5min～10min 或更长的时间。取出薄膜后，用 0.5%硝酸溶液漂洗 2 次，每次至少 15min，再用 0.1mol/L HCl 漂洗 15min。用吹风机吹出的冷风将薄膜吹干，即可得到染色清晰的脂蛋白条带，自负极端起，原点为乳糜微粒，其后依次为β－脂蛋白、前β－脂蛋白及α－脂蛋白。正常人的血清电泳谱可显示出 2 条或 3 条区带，即β－、前β－和α－脂蛋白。

6. 透明。

将脱色并吹干后的薄膜浸入透明甲液中 2min，立即放入透明乙液中浸泡 1min，取出后立即紧贴于干净玻璃板上，不能有气泡。约 2min～3min，薄膜完全透明。若透明太慢，可用滴管取透明乙液少许在薄膜表面淋洗一次。垂直放置玻璃板待其自然干燥，或用吹风机吹出的冷风吹干且至无酸味为止。将玻璃板放在流动的自来水下冲洗，当薄膜完全润湿后，用单面刀片撬开薄膜的一角，用手轻轻将透明的薄膜取下，用滤纸吸干所有的水分，最后将薄膜在液体石蜡中浸泡 3min，再用滤纸吸干液体石蜡，压平。此薄膜透明，区带着色清晰，可用于光吸收计扫描，长期保存也不褪色。

【结果】

血清蛋白经乙酸纤维膜电泳和染色后，一般可显示 5 条区带。从点样点开始依次是：γ－、β－、α_2－、α_1－球蛋白和清蛋白。未经透明处理的电泳图谱可直接用于定量测定。定量测定可采用洗脱法或光吸收扫描法，以测定各蛋白质组分的相对百分含量。

1. 洗脱法。

将显色后的电泳区带依次剪下，并在负极端剪一块与清蛋白区带面积相同的薄膜作为空白，分别放在试管中，在含清蛋白区带及空白膜的试管中，加入 0.4mol/L NaOH 4mL，其余各管加入 2mL，摇匀后，置 37℃水浴中保温 30min，每隔 10min 充分振摇一次，使各染色区带色泽完全洗脱下来。冷却后，用 722 型可见光分光光度计，在 620nm 波长处进行比色，测定各组分的吸光率，按顺序标以 $A_{清}$、$A_{\alpha1}$、$A_{\alpha2}$、A_{β}、A_{γ}，按下列方法计算各组分蛋白质所占的百分率。

(1) 计算吸光率总和（T）。

$$T = 2\times A_{清} + A_{\alpha1} + A_{\alpha2} + A_{\beta} + A_{\gamma}$$

(2) 计算血清中各蛋白质组分的相对百分含量。

计算公式	正常值
清蛋白（%）＝（$2\times A_{清}/T$）×100	54%～73%
α_1－球蛋白（%）＝（$A_{\alpha1}/T$）×100	2.78%～5.1%
α_2－球蛋白（%）＝（$A_{\alpha2}/T$）×100	6.3%～10.6%
β－球蛋白（%）＝（A_{β}/T）×100	5.2%～11%
γ－球蛋白（%）＝（A_{γ}/T）×100	12.5%～20%

2. 光吸收扫描法。

将染色并干燥的血清蛋白乙酸纤维素薄膜电泳图谱放入自动光吸收扫描仪（或色谱扫描仪）内，未透明的薄膜通过反射，透明的薄膜通过透射方式进行扫描。在记录仪上自动绘出各组分的曲线图，横坐标为膜的长度，纵坐标为吸收率，每个峰代表一种蛋白质组分。同时还可进行数据处理，显示各组分的相对百分含量。临床检验时一般多采用此法处理数据。

实验 26　琼脂糖凝胶电泳分离脂蛋白

【原理】

血浆中的脂类都是以各种脂蛋白（lipoprotein）的形式存在，称之为血浆脂蛋白。它是由甘油三酯、胆固醇及其酯、磷脂和载脂蛋白（apoprotein）结合而成的。各种血浆脂蛋白都含有上述 4 种成分，但组成比例不完全相同。由于载脂蛋白不同，分子大小、表面电荷也不同，各种血浆脂蛋白在电场中的迁移率也不同，因此利用乙酸纤维薄膜、琼脂糖、聚丙烯酰胺凝胶电泳可将血浆脂蛋白分为以下 4 个区带：

(1) α−脂蛋白：走得最快，相当于血清蛋白电泳 α−球蛋白的位置，靠近正极。

(2) 前 β−脂蛋白：位于 α−脂蛋白的后面，相当于 α_2−球蛋白的位置，但在聚丙烯酰胺凝胶电泳（PAGE）中，由于分子筛作用，此区带在 β−脂蛋白的后面。

(3) β−脂蛋白：相当于 β−球蛋白的位置。

(4) 乳糜微粒：颗粒最大，电荷最小，因此停留在点样处。

某些疾病患者的血浆脂蛋白还可出现前 α，前 β_1、β_2、β_3 等区带，这些与心血管疾病相关的特异性条带的出现有利于对心血管疾病的诊断。

除上述 4 种脂蛋白外，血浆中还有从脂肪组织动员出来的非酯化脂肪酸（游离脂肪酸），与血浆中的清蛋白结合而在血液中运输。

常用的脂蛋白染色法有亚硫酸品红（Schiff 试剂）法、油红 O 染色法及预染苏丹黑法。脂蛋白琼脂糖电泳用油红 O 染色法，再以氨基黑确认分离区带是脂蛋白。

【材料】

1. 琼脂糖电泳使用溶液。

(1) 巴比妥缓冲液（pH8.6，离子强度为 0.05）：称取 1.84g 巴比妥，10.3g 巴比妥钠，用蒸馏水溶解后定容到 1000mL。

(2) 琼脂糖溶液（0.5%）：用 pH8.6 巴比妥缓冲液配制。

(3) 清蛋白溶液（17%）：称取 17g 牛血清清蛋白，加巴比妥缓冲液溶解后定容至 100mL。

(4) 固定液：75%乙醇（含 5%乙酸）。

(5) 染色液。

①油红 O（Oil red O）染色液：用以染脂类物质。称取 95mg 油红 O，溶于 100mL

异丙醇内，置棕色瓶中，此液为贮存液。用时取贮存液 6mL 加到 80mL 乙醇－水混合液（5∶3，体积比）中，即得工作液。

②0.1% 氨基黑 10B 染色液：称取 0.1g 氨基黑 10B，溶于 100mL 甲醇－冰乙酸－水混合液（7∶1∶2，体积比）中。此液用于蛋白质染色。

(6) 脱色液：乙醇－水混合液（5∶3，体积比）。

2. 脂蛋白预染试剂。

(1) 乙酰苏丹黑的制备：称取 2g 苏丹黑 B，加入 60mL 吡啶和 40mL 乙酸酐，混合，室温放置过夜。再加 3000mL 蒸馏水，乙酰苏丹黑即析出，置布氏漏斗中抽滤，再将滤出结晶物溶于丙酮，将丙酮蒸发，则得到乙酰苏丹黑粉状结晶。

(2) 饱和乙酰苏丹黑溶液：将乙酰苏丹黑溶于无水乙醇中，使其成为饱和溶液。

3. 新鲜血浆或血清：空腹抽取正常人和高血脂等疾病患者的血，室温放置 1h 左右，以 3000r/min 离心 10min，取出血浆（清），注意不能溶血。如需用血浆则应加抗凝剂。

4. 电泳仪（300V～600V，50mA～100mA），水平式电泳槽，滤纸，培养皿，玻璃板（6cm×8cm，13cm×13cm），文具夹，玻璃纸。

【方法】

1. 将用巴比妥缓冲液配制的 0.5%琼脂糖置沸水浴中加热溶解，冷却到 50℃左右时，按 50mL 琼脂糖加 1mL 17% 清蛋白这一比例，加入一定量 17% 清蛋白。取 10mL 含清蛋白的琼脂糖平铺在玻璃板（6cm×8cm）上，用 2 个文具夹夹住电泳槽梳子两端，轻轻放入距玻璃板短边 1.5cm 处尚未凝固的琼脂糖内，梳齿下沿距玻璃板 0.5cm 左右，室温放置 1.5h 待琼脂糖凝胶凝固后，拔下梳子，凝胶面上即形成加样孔。

2. 在电极槽中倒入 pH8.6 巴比妥电泳缓冲液。

3. 用移液器取 10μL 血浆（清）小心地加到加样孔中，如血脂太浓则需将样品用生理盐水稀释后再加样。

4. 将加样后的凝胶板平放在电泳槽支架上，在凝胶板两端各放一块用缓冲液浸湿的几层滤纸（或用多层纱布）组成的“搭桥”，使缓冲液液面距凝胶板不超过 1cm。样品端与电泳仪负极连接，另一端接电泳仪正极，待样品扩散进入凝胶 15min 后，打开电源开关，调节到适当的电压［6V/cm（胶长）］，电泳 1h 左右。

5. 固定、染色及干燥。取出凝胶板，放入含有固定液的培养皿中浸泡 30min，用蒸馏水冲洗数次，然后将水倒干，用滤纸吸去残留水分，再用吹风机吹出的热风吹干。将凝胶板放在油红 O 染色液中染色过夜。次日取出，在乙醇－水混合液（5∶3，体积比）中浸洗 5min，再用蒸馏水冲洗以除去底色。最后将凝胶板置一块玻璃板上室温风干。必要时，再用氨基黑 10B 染色，以证实显色条带是脂蛋白区带，也可用混合染色液显色。

【注】

1. 血清标本应新鲜、不溶血，患者空腹取血，否则乳糜微粒增加会影响实验结果。

2. 琼脂糖电泳时，制胶板容易，结果重现性好，但乳糜微粒不太清楚。

3. 琼脂糖浓度大于 1% 时，α-脂蛋白条带紧密、清晰，但 β-、前β-脂蛋白分离效果不好；浓度为 0.5% 时，条带分离较满意；浓度低于 0.5%时，凝胶不易凝固，脂蛋白区带不清晰。一般琼脂糖浓度以 0.5%最适宜。

4. 血清上样量不宜太多，一般不超过 10μL，以免造成条带分辨不清或出现拖尾现象。如血脂含量太高还应当将血清适当稀释。

5. 实验可以用血清，也可以用血浆。

实验 27 聚丙烯酰胺凝胶电泳分离血清蛋白

【原理】

聚丙烯酰胺凝胶是一种微网孔性质的合成凝胶，与葡聚糖、琼脂糖一样，是具有三维空间结构的高分子聚合物。聚丙烯酰胺凝胶是由单体（丙烯酰胺）组成线性多聚物，再与交联剂（甲叉基双丙烯酰胺）共聚交联而成。通过控制单体用量和交联剂的比例，可以制得不同分辨效果的聚丙烯酰胺凝胶。由于聚丙烯酰胺凝胶同时具有浓缩效应、电荷效应和分子筛效应，所以其分辨率高，分离效果较好。聚丙烯酰胺凝胶的交联度直接关系到凝胶的孔径大小。交联度越高，孔径越小，大分子和小分子的分离效果越好。在分离分子质量较小的生物大分子时，一般选用聚丙烯酰胺凝胶（葡聚糖凝胶也可以）。在 pH2～10 条件下，聚丙烯酰胺凝胶稳定。

与聚丙烯酰胺凝胶有关的另一种凝胶为 SDS－聚丙烯酰胺凝胶。由于 SDS 是负离子去污剂，可以和经过巯基乙醇及 SDS 处理的蛋白质样品（蛋白质经过处理后被还原成单链）结合，形成带大量负电荷的 SDS－蛋白质复合物。在 SDS－聚丙烯酰胺凝胶电泳时，蛋白质分子就按照分子大小这一参数得到分离，其他影响电泳速率的参数的影响大大减小。因此，SDS－聚丙烯酰胺凝胶电泳（SDS－PAGE）可用于蛋白质分子质量的测定。

聚丙烯酰胺凝胶有圆盘（disc）型和垂直板（vertical slab）型两种，其原理相同。由于垂直板型具有板薄、易冷却、分辨率高、便于比较与扫描等优点，在需要对血清蛋白进行高分辨分析时大多采用此型。而圆盘型则比较简易，操作也简单，适合学生在实验室使用。

Ⅰ 垂直板电泳法

【材料】

1. 测试样品：新鲜且未溶血的人或动物血清，也可用缓冲液制备组织匀浆。常用

pH6.5 0.01mol/L 磷酸缓冲液，组织的重量（g）与缓冲液体积（mL）之比为 1∶10。

2. 制备分离胶、浓缩胶的有关试剂。

(1) 分离胶缓冲液：称取 Tris 36.6g，量取 N，N，N'，N'－四甲基乙二胺（TEMED）0.23mL，加双蒸水至 80mL 使其溶解，用 1mol/L HCl 调 pH 为 8.9（约需 48mL），然后加双蒸水定容至 100mL，置棕色瓶中，4℃贮存。

(2) 分离胶贮存液的两种配制方法：

①28%Acr－0.735%Bis 贮存液：称取丙烯酰胺（Acr）28.0g，甲叉双丙烯酰胺（Bis）0.735g，加双蒸水溶解后定容至 100mL。

②30%Acr－0.8%Bis 贮存液：称取 Acr 30.0g，Bis 0.8g，加双蒸水使其溶解后定容至 100mL。

以上两种浓度溶液定容至 100mL 后，都需要过滤。将滤液置棕色试剂瓶中，4℃贮存，可放置 1 个月左右。

(3) 过硫酸铵（分析纯）0.14g 加双蒸水至 100mL，置棕色瓶中，4℃贮存，可使用一周，宜当天配制。

(4) 浓缩胶缓冲液：称取 Tris 5.98g，TEMED 0.46mL，加双蒸水至 80mL，用 1mol/L HCl 调 pH 至 6.7（约需 48mL），用双蒸水定容至 100mL，置棕色瓶内，4℃贮存。

(5) 浓缩胶贮存液：称取 Acr 10g，Bis 2.5g，加双蒸水溶解后定容至 100mL，过滤后置棕色瓶内，4℃贮存。

(6) 40%蔗糖溶液。

(7) 4%核黄素溶液：称取核黄素 4.0mg，加双蒸水溶解，定容至 100mL，置棕色瓶内，4℃贮存。

前 3 种溶液用于配制分离胶，后 4 种溶液用于配制浓缩胶。

3. Tris－甘氨酸电泳缓冲液（pH8.3）：称取 Tris 6.0g，甘氨酸 28.8g，加蒸馏水至 900mL，调 pH8.3 后，用双蒸水定容至 1000mL，置试剂瓶中，4℃贮存。临用前稀释至贮存液浓度的 1/10。

4. 0.1%溴酚蓝指示剂。

5. 染色液（0.05%考马斯亮蓝 R250 的 20%磺基水杨酸染色液）：考马斯亮蓝 0.05g，磺基水杨酸 20g，加蒸馏水至 100mL，过滤后滤液置试剂瓶内保存。

染色液种类较多，染色方法也不完全相同，本法采用 0.05%考马斯亮蓝 R250 染色液，它含 20%磺基水杨酸。其优点是染色、固定同时进行，背景易脱色。

6. 脱色液：7%乙酸溶液。

7. 保存液：甘油 10mL，冰乙酸 7mL，加蒸馏水至 100mL。

8. 1%琼脂（糖）溶液：琼脂（糖）1g，加已稀释为原浓度 1/10 的电泳缓冲液，加热溶解，4℃贮存备用。此溶液用于电泳槽封边，以防止灌胶时漏胶。

9. 夹心式垂直板电泳槽，凝胶模（135mm×100mm×1.5mm），直流稳压电源（电压 300V～600V，电流 50mA～100mA），吸量管（1mL、5mL、10mL），烧杯（25mL、50mL、100mL），细长头的滴管，1mL 注射器及 6 号长针头，微量注射器（10μL 或

50μL），水泵或油泵，真空干燥器，培养皿（直径 120mm），玻璃板（13cm×13cm），玻璃纸（18cm×18cm）。

【方法】

1. 安装电泳槽。

垂直板电泳槽由上贮槽、下贮槽和回纹状冷凝管组成，上、下贮槽为有机玻璃制成的电极槽，电极槽中间夹凝胶模，由一个凹形硅胶框及长度不同的两块玻璃板构成。电极槽与凝胶模间靠贮槽螺丝固定。依照下列顺序组装：

（1）装上贮槽和固定螺丝销钉，仰放在桌面上。

（2）将长、短玻璃板分别插到凹形硅胶框的凹形槽中。灌胶面的玻璃应保持干净，勿用手接触。

（3）将已插好玻璃板的凝胶模平放在上贮槽上，短玻璃板面对上贮槽。

（4）将下贮槽的销孔对准上贮槽，旋紧螺帽。

（5）竖直电泳槽，在长玻璃板下端与硅胶模框交界的缝隙内加入已熔化的 1%琼脂（或琼脂糖），避免产生气泡。

2. 制胶。

用不同浓度的贮存液可配制不同浓度的分离胶。以 20mL 分离胶为例，可按表 27－1进行配制。PAGE 有连续体系与不连续体系两种，灌胶方式不尽相同，下面将分别介绍。如需制备聚丙烯酰胺浓度大于 10%，则提高过硫酸铵浓度，以减少用量并相应增加凝胶贮存液体积，最后以蒸馏水补足至 20mL。

（1）连续体系。用 28%Acr－0.735%Bis 凝胶做贮存液。从冰箱取出贮存液，平衡至室温后，按表 27－1 进行配制：Ⅰ∶ⅡA∶H_2O∶Ⅲ＝1∶2∶1∶4，配制 20mL 7.0%聚丙烯酰胺。前 3 种溶液混合在一小烧杯内，Ⅲ号液单独置另一小烧杯。将二者抽气后混匀，立即用细长的滴管将分离胶溶液加到凝胶模与长玻璃板间的狭缝内，当加至距短玻璃板上缘约 0.5cm 时停止。插入梳子，在上、下贮槽中倒入少量蒸馏水，静置。凝胶液 15min 后开始聚合，0.5h～1h 完成聚合。聚合后，凝胶界面间有折射率不同的透明带。凝胶板继续放置 30min，取出梳子。用窄滤纸条吸去凹槽中残留的液体。放掉上、下贮槽中的蒸馏水。在上、下两个电极槽中倒入电泳缓冲液，液面应没过短玻璃板上缘约 0.5cm（也可以先加电泳缓冲液后再拔出梳子）。

分离胶预电泳：虽然凝胶 90% 以上聚合，但仍有一些残留物存在，特别是过硫酸铵可引起某些样品（如酶）钝化或引起人为的效应。正式电泳前，先用电泳的办法除去残留物的过程被称为预电泳。是否进行预电泳则取决于样品的性质。一般预电泳的电流为 10mA，电泳时间为 60min 左右。

（2）不连续体系的凝胶。不连续体系采用不同孔径及浓度的分离胶与浓缩胶，凝胶制备分为两步。

表 27－1　不同浓度分离胶及浓缩胶的配制　　（单位：mL）

	试剂名称	20mL 聚丙烯酰胺终浓度			20mL 聚丙烯酰胺终浓度		
		5.5%	7.0%	10.0%	5.0%	7.5%	10.0%
分离胶	Ⅰ．分离胶缓冲液 pH8.9 Tris－HCl（TEMED）	2.50	2.50	2.50	2.50	2.50	2.50
	Ⅱ．凝胶贮存液 A. 28%Acr－0.8%Bis	3.93	5.00	7.14	—	—	—
	B. 30%Acr－0.8%Bis	—	—	—	3.33	5.00	7.14
	双蒸水	3.57	2.50	0.36	4.17	2.50	0.83
	充分混匀后，置真空干燥器中，抽气 10min						
	Ⅲ．0.14%过硫酸铵	10	10	10	10	10	10
浓缩胶		2.5%聚丙烯酰胺			3.75%聚丙烯酰胺		
	Ⅳ．浓缩胶缓冲液 pH6.7 Tris－HCl（TEMED）	1			1		
	Ⅴ．浓缩胶贮存液 10%Acr－2.5%Bis	2			3		
	Ⅵ．40%蔗糖	4			3		
	充分混匀后，置真空干燥器中，抽气 10min						
	Ⅶ．0.004%核黄素	1			1		

①制备分离胶。选择最终丙烯酰胺的浓度，本实验按 20mL pH8.9 7.0%聚丙烯酰胺溶液配制。混合后的凝胶溶液，用细长头的滴管加至长、短玻璃板间的窄缝内，高度达到距梳齿下缘约 1cm 的地方。用 1mL 注射器在凝胶表面沿短玻璃板边缘两块玻璃板间的狭缝间加少量双蒸水（3mm～4mm 高），用于隔绝空气，使胶面压紧平整。为防止渗漏，在上、下贮槽中加入略低于胶面的蒸馏水。30min～60min 凝胶完成聚合，水与凝固的胶面有折射率不同的界线出现。用滤纸条吸去多余的水（如需预电泳，则将上、下贮槽的蒸馏水倒去，换上分离胶缓冲液，以 10mA 电泳 1h。终止电泳后，弃去分离胶缓冲液，用注射器取浓缩胶缓冲液洗涤胶面数次，即可制备浓缩胶）。

②制备浓缩胶。浓缩胶为 pH6.7 2.5%聚丙烯酰胺，其配制方法按Ⅳ∶Ⅴ∶Ⅵ∶Ⅶ＝1∶2∶4∶1，混合均匀后用细长头的滴管将凝胶溶液加到长、短玻璃板的窄缝内（即分离胶上方），至距短玻璃板上缘 0.5cm 处，安放梳子。在上、下贮槽中加入蒸馏水，勿超过短玻璃板上缘。在距离电极槽 10cm 处，用日光灯照射，进行光聚合。常温条件下，6min～7min，凝胶由淡黄透明变成乳白色，表明聚合作用开始；继续光照 30min，使凝胶聚合完全。光聚合完成后，放置 30min～60min，取出梳子，用窄滤纸条吸去槽孔内的液体，加入 1/10 浓度的 Tris－甘氨酸电泳缓冲液（pH8.3），使液面高出短玻璃板约 0.5cm。

3. 上样。

用于分析的聚丙烯酰胺凝胶电泳上样量仅几微克，2μL～3μL 血清电泳后就能分出几十条蛋白质区带。为防止样品扩散，在样品液中应加入等体积 40％蔗糖（内含少许溴酚蓝）。样品液与上样缓冲液混合，用微量注射器取 5μL 混合液，加到凝胶样品孔底部。

4. 电泳。

将直流稳压电泳仪的正极与下贮槽连接，负极与上贮槽连接，接通冷却水，打开电泳仪开关。开始时电流调至 10mA。待样品进入分离胶后，电流调至 20mA～30mA。当染料迁移至距离下缘 1cm 时，将电流调回到零，关闭电源及冷却水。分别收集上、下贮槽电泳缓冲液置试剂瓶中，4℃贮存，还可继续使用 1～2 次。旋松固定螺丝，取出硅橡胶框，用不锈钢铲轻轻将一块玻璃板撬开、移去，在胶板一端切除一角作为标记，将胶板移至大培养皿中染色。

5. 固定、染色。

蛋白质的染色方法有多种（表 27－2，详细内容可参考本书有关部分），本实验采用 0.05％考马斯亮蓝 R250（内含 20％磺基水杨酸）染色液，染色与固定同时进行，染色液要没过凝胶板，室温染色 30min 左右。

表 27－2　蛋白质的染色法

方　法	固定液	染色液	染色时间	脱色液
氨基黑－10B	甲醇 7％乙酸	0.1mol/L NaOH 中含 1％氨基黑 7％乙酸中含 0.5％～1％氨基黑	5min（室温） 2h（室温）或 10min（96℃）	5％乙醇 7％乙酸
考马斯亮蓝 R250	20％磺基水杨酸 10％三氯乙酸 含尿素的 5％三氯乙酸	0.25％ R250 水溶液 10％三氯乙酸－1％ R250（19∶1） 5％磺基水杨酸－1％ R250（19∶1）	5min（室温） 0.5h（室温） 1h（室温）	7％乙酸 10％三氯乙酸 90％甲酸
考马斯亮蓝 G250	6％乙酸 12.5％三氯乙酸	6％乙酸中含 1％G250 12.5％三氯乙酸中含 0.1％G250	10min（室温） 30min（室温）	甲醇－水－浓氨（64∶36∶1）
Ponceau 3R	12.5％三氯乙酸	0.1mol/L NaOH 中含 1％3R	2min（室温）	5％乙醇
固绿	7％乙酸	7％乙酸中含 1％固绿	2h（5℃）	7％乙酸
氨基萘酚磺酸	2mol/L HCl 浸几秒钟	0.1mol/L 磷酸盐缓冲液（pH6.8）中含 0.003％染料	3min	

6. 脱色。

染色后，用 7％乙酸浸泡、漂洗凝胶数次，直至背景蓝色褪去。如用 50℃水浴或脱色摇床，可以缩短脱色时间。脱色液经活性炭脱色后，可反复使用。

7. 制备凝胶干板。

厚 1mm 以上的胶板常用凝胶真空器制备干板。简易的制备方法是：先将脱色后的胶板浸泡在保存液中 3h～4h。在大培养皿上，平放一块干净玻璃板（13cm×13cm），倒少许保存液在玻璃板上，将其均匀涂开，取一张预先用蒸馏水浸透的玻璃纸平铺在玻璃板上，赶走气泡，小心取出凝胶板平铺在玻璃纸上，排走两者间的气泡。再取另一张蒸馏水浸透的玻璃纸覆盖在凝胶板上，排走气泡，将四周过长的玻璃纸紧贴于玻璃板的背面。将凝胶板平放在桌上自然干燥，待完全干（1d～2d）后除去玻璃板，即得到平整、透明的干胶板。此干胶板可长期保存，便于定量扫描。

Ⅱ　圆盘电泳法

【材料】

1. 正常人血清。

2. 单体交联剂：称取丙烯酰胺 30g，甲叉双丙烯酰胺 0.8g，加蒸馏水至 100mL，过滤后贮存于棕色瓶内，4℃避光保存。

3. 四甲基乙二胺（TEMED）。

4. 过硫酸铵 1g，加蒸馏水 10mL，用前配制。

5. 电泳缓冲液：称取硼砂 30.512g，硼酸 4.948g，加蒸馏水溶解后定容至 1000mL，此为贮存液（pH9.0）。工作液：取贮存液 90mL，加水 1440mL，pH9.0。

6. 固定液：称取三氯乙酸 12.5g，加蒸馏水溶解后定容至 100mL。

7. 染色液：称取考马斯亮蓝 R250 0.5g，加 95%乙醇 90mL。用时稀释至原液浓度的 1/2～1/3。

8. 洗脱液、保存液：冰乙酸 38mL，加入甲醇 125mL，再加蒸馏水 338mL。

9. 分离胶缓冲液：称取 Tris 6.06g、EDTA 1.17g，加适量双蒸水溶解，定容至 100mL，调 pH 为 8.8。

10. 上样缓冲液（也称之为样品稀释液）：取上述电泳缓冲液 25mL，蔗糖 10g，0.05%溴酚蓝 5mL，加蒸馏水至 100mL，混匀，4℃保存。

11. 电泳槽，电泳仪，玻璃管（10cm×0.6cm），50μL 微量注射器，5mL 注射器，局部麻醉针头，橡皮泥，洗耳球等。

【方法】

1. 制备凝胶柱。

(1) 取一根 10cm×0.6cm 玻璃管，用金刚砂磨平两端，在 7cm 和 7.5cm 两处分别用记号笔做一记号，用小块玻璃纸将起始端包裹住，插到橡皮泥中，垂直放置于桌面上。

(2) 按表 27－3 配制分离胶溶液。

表 27－3　分离胶组分

试　剂	分离胶（mL）
分离胶缓冲液	1
单体交联剂	2.1
双蒸水	6.8
10%过硫酸铵（催化剂）	1.0×10^{-1}
TEMED（加速剂）	0.01

把分离胶溶液混匀后，用滴管吸取并沿玻璃管壁注入玻璃管内，至 7cm 记号处。灌胶中应避免气泡产生（用手指轻叩管壁，可以排除可能产生的气泡）。

(3) 立即用滴管沿管壁加入少量蒸馏水（约 0.5cm 高）。

(4) 静置 30min～60min，待聚合完成。当凝胶与水的界面出现清晰的线状时，聚合完成。先用滴管吸去凝胶上部的水层，再用细的滤纸条将残留的水分吸干。

2. 样品液配制。

取正常人血清 0.1mL，与上样缓冲液 1.9mL 混合。

3. 电泳。

将制备好的凝胶管插入圆盘电泳槽的槽底橡皮胶塞孔内，每个管子做一标记。将电泳缓冲液加到下槽中。用玻璃棒或滴管排除凝胶管下口的气泡。将凝胶管放入下电泳槽。用微量注射器吸取混合后的样品液 30μL，沿管壁加到分离胶面上。稍候，再将电泳缓冲液也加到管内。注意，加电泳缓冲液时不能将已上样的样品冲散。上电泳槽接电泳仪的负极，下电泳槽接电泳仪的正极。开始电泳，调节电流为每管 3mA，电压 260V～280V，电泳 40min。

4. 剥胶。

电泳结束后，先关闭电泳仪上的开关，取下凝胶玻璃管，用带有 10cm 长局部麻醉针头的注射器吸取蒸馏水后，插入凝胶与玻璃管管壁之间，注入注射器内的蒸馏水，边注边转动玻璃管，让蒸馏水作为润滑剂使凝胶与玻璃管分离，再用洗耳球在胶柱的一端加压，使凝胶柱从玻璃管内缓慢滑出，置于试管内。

5. 固定、染色和脱色。

用 12.5%的三氯乙酸浸泡凝胶条，此步骤可使凝胶上的蛋白质固定，10min 后倒去三氯乙酸溶液，再加入考马斯亮蓝染色液，在 90℃水浴染色 15min。倒去染色液。加入洗脱液洗脱。洗脱过程需数日，中途需更换 1～2 次洗脱液，直至背景清晰。在 X 线看片灯下观察结果。

【结果】

通过聚丙烯酰胺凝胶电泳，血清蛋白可分离为 12～25 种不同的组分。根据凝胶配制的浓度和玻璃管长度的不同，可分辨的蛋白质组分的数目可有差异。

实验 28 染色法测定蛋白质浓度

【原理】

在酸碱滴定中，由于蛋白质的存在影响到某些指示剂的颜色变化，这种变化随着蛋白质浓度的不同而有所不同，从而改变这些染料的光吸收。根据这一现象，发展了蛋白质浓度的测定方法。该法涉及的指示剂有甲基橙、考马斯亮蓝、溴甲酚绿和溴甲酚紫等，目前广泛使用的染料是考马斯亮蓝。

染色测定法是将蛋白质样品固定在各种类型的纤维膜上，与各种类型染料结合后，把被染色的蛋白质洗脱下来，在适当的波长下进行比色测定。这种染色法简便、灵敏度高，可以测定微克（μg）级蛋白质。

考马斯亮蓝和蛋白质通过范德华键（van der Waals′ bond）结合，在一定蛋白质浓度范围内，蛋白质的染色符合比尔定律（Beer′s law）。反应在 2min～5min 即呈现最大光吸收，且在 1h 内稳定。

本法可允许的测定范围是 2μg～20μg 蛋白质，受蛋白质的特异性影响较小。除组蛋白外，其他不同种类蛋白质的染色强度差别不大。

【材料】

1. 染色液：0.25g 考马斯亮蓝 R250 溶于 45.5mL 甲醇（或乙醇，以甲醇为佳），10mL 冰乙酸溶液，加水至 100mL。
2. 脱色液：95％乙醇 135mL，冰乙酸 15mL，蒸馏水 150mL。
3. 固定液（20％三氯乙酸）：20g 三氯乙酸加水至 100mL。
4. 洗脱液：含 0.12mol/L NaOH 的 80％甲醇（或乙醇）水溶液。
5. 3mol/L HCl 溶液：25mL 12mol/L HCl 加蒸馏水至 100mL。
6. 牛血清清蛋白或其他纯蛋白质。
7. 乙酸纤维素薄膜（2cm×8cm）或层析滤纸，微量吸管（20μL），试管（1.5cm×5cm），吸量管（0.1mL），玻璃染色缸（2mL），分光光度计等。

【方法】

1. 标准曲线制作。

称取纯牛血清清蛋白 1mg，使之溶解在 1mL 蒸馏水中，配成 1g/L 标准蛋白质溶液。

(1) 点样。

①取 2cm×8cm 乙酸纤维薄膜或相当大小的层析滤纸一张，分成 5 个等份。用微量注射器吸取标准蛋白质溶液 5μL、10μL、15μL 和 20μL，分别点样（多次点样为好，每次干后，再点下一次）在各等份膜的中央。

②先将蛋白质标准液稀释成 0.25g/L、0.5g/L、0.75g/L 和 1g/L，再各取这些不同浓度的蛋白质溶液 20μL 分别点于薄膜或滤纸上，使蛋白质含量分别相当于 5μg、10μg、15μg 及 20μg。

两种点样法都在点样结束后，待样品斑点充分干燥后再进行固定。

(2) 固定。将点好样的薄膜或滤纸浸没在 20%三氯乙酸溶液中 5min～10min，不时轻轻搅动。

(3) 染色。将用三氯乙酸固定好的薄膜或滤纸浸没在染色液中，30℃染色 60min。

(4) 脱色。将已染色的薄膜或滤纸浸没在脱色液中 10min 或更长时间，不时摇动。反复数次，充分脱色，以除去未与蛋白质结合的染料，至薄膜或滤纸基本无色。

(5) 洗脱。剪下薄膜或滤纸的染色蛋白质部分，另在其附近剪一块面积大小一样的薄膜或滤纸作为空白。分别将膜片或纸片放入试管中，加 1.8mL 或 2mL 洗脱液，轻摇洗脱，马上加入 0.09mL 3mol/L HCl，摇动，至蓝色出现。

(6) 比色。取洗脱液的上清液部分放入 0.5cm 光径的比色杯，以空白作对照在波长 590nm 处进行比色测定，读取吸收率 A_{590}。以蛋白质含量（即点样时的蛋白质量）为横坐标，以 A_{590} 值为纵坐标绘制标准曲线。

2. 样品测定。

将待测蛋白质样品的浓度适当调节至 0.5g/L～1g/L，取 20μL 点样于薄膜或滤纸上（或点样于标准曲线同一薄膜或滤纸上），使样品液被完全吸收，充分干燥，然后在与上述标准蛋白质样品测定相同的条件下操作，注意要剪取同样大小面积的膜片或纸片进行洗脱，并在波长 590nm 进行比色，读取 A_{590} 值。根据 A_{590} 值从标准曲线上查得蛋白质含量。

实验 29 Folin－酚法测定蛋白质浓度

【原理】

蛋白质含量测定方法通常有两类，一类是利用蛋白质的物理、化学性质，如折射率、密度、紫外吸收等测定得知；另一类是利用化学方法测定蛋白质含量，如微量凯氏定氮、双缩脲反应、Folin－酚法（又名 Lowry 法）。两类方法各有优缺点，一般实验室根据自己的实验要求及条件进行选择。用 Folin－酚法测定蛋白质含量的优点是操作简单、迅速，不需要特殊仪器设备，灵敏度高，较紫外吸收法灵敏 10～20 倍，较双缩脲法灵敏 100 倍，反应大约在 15min 内就有最大显色，并至少可稳定几小时。Folin－酚法的缺点是反应受多种因素干扰，在测试时应尽量排除干扰因素或做空白试验消除干扰因素的影响。

Folin－酚试剂由甲试剂与乙试剂组成。甲试剂由 Na_2CO_3、NaOH、$CuSO_4$ 及酒石酸钾钠组成。其原理是蛋白质中的肽键在碱性条件下，与酒石酸钾钠铜盐溶液起作用，生成紫红色络合物。乙试剂由磷钼酸和磷钨酸、H_2SO_4、Br_2 等组成，在碱性条件下，易被蛋白质中酪氨酸的酚基还原而呈蓝色反应，其色泽深浅与蛋白质含量成正比。

本方法可测定的蛋白质浓度范围是 25mg/L～250mg/L。

【材料】

1. 标准蛋白质溶液：结晶牛血清清蛋白或酪蛋白，先经微量凯氏定氮法测定蛋白质的氮含量，根据其纯度配制成 100mg/L 蛋白溶液。
2. Folin－酚试剂。
3. 测试样品：血清，使用前进行 1∶100 稀释。
4. 试管及试管架，吸量管（0.5mL、1mL 及 5mL），恒温水浴，722 型分光光度计。

【方法】

1. 绘制 Folin－酚法标准曲线。

取 14 支试管，分两组，按表 29－1 平行操作。以 A_{640} 值为纵坐标，以标准蛋白质含量为横坐标，在坐标纸上绘制标准曲线。

表 29—1 Folin—酚法标准曲线的配制

试剂处理 \ 试管编号	1	2	3	4	5	6	7
标准蛋白质溶液（mL）	0	0.1	0.2	0.4	0.6	0.8	1.0
蒸馏水（mL）	1.0	0.9	0.8	0.6	0.4	0.2	0
Folin—酚甲试剂（mL）	5.0	5.0	5.0	5.0	5.0	5.0	5.0
混匀，于 20℃～25℃放置 10min							
Folin—酚乙试剂（mL）	0.5	0.5	0.5	0.5	0.5	0.5	0.5
迅速混匀，于 30℃（或室温 20℃～25℃）水浴保温 30min，以双蒸水为空白，在 640nm* 处比色							
$\overline{A}_{640}$							

* 由于这种呈色化合物的组成尚未被确立，它在可见光红光区呈现较宽吸收峰区。不同书籍选用不同的波长，有选用 500nm 或 540nm 的，也有选用 660nm、700nm 或 750nm 的。选用较高波长，样品呈现较大的光吸收。本实验选用波长 640nm。

2. 测定未知样品蛋白质浓度。

取 4 支试管，分 2 组，按表 29—2 平行操作。

3. 计算。

$$血清蛋白质含量（g/100mL）=\frac{A_{640}值对应标准曲线蛋白质浓度（mg/L）\times 10^{-6}}{测定时用稀释血清的体积（mL）}\times 血清稀释倍数\times 100（mL）$$

表 29—2 样品蛋白质浓度测定

试剂处理 \ 试管编号	空白管	样品管
血清稀释液（mL）	0	0.2
蒸馏水（mL）	1.0	0.8
Folin—酚甲试剂（mL）	5.0	5.0
混匀，于 20℃～25℃放置 10min		
Folin—酚乙试剂（mL）	0.5	0.5
迅速混匀，于 30℃（或室温 20℃～25℃）保温 30min，以双蒸水为空白，在 640nm 处比色		
$\overline{A}_{640}$		

【注】

1. Folin－酚乙试剂在酸性条件下较稳定，而Folin－酚甲试剂在碱性条件下与蛋白质作用生成碱性的铜－蛋白质溶液。当Folin－酚乙试剂加入后，应迅速摇匀（加一管摇一管），使磷钼酸－磷钨酸试剂在被破坏之前完成还原反应。

2. 血清稀释的倍数应使蛋白质含量在标准曲线范围之内，若超过此范围则需将血清适当稀释。

实验 30　紫外吸收法测定蛋白质浓度

【原理】

蛋白质是大分子物质，其分子中酪氨酸和色氨酸残基的苯环含有共轭双键，因此蛋白质具有吸收紫外线的性质，吸收高峰在波长 280nm 处。在此波长处，蛋白质溶液的吸光率（A_{280}）与其含量呈正比关系，可用于定量测定。

利用紫外吸收法测定蛋白质含量具有迅速、简便、不消耗样品、低浓度盐类不干扰测定等优点。这些优点在蛋白质和酶的生化制备中（特别是在柱层析分离中）得到广泛应用。但这一方法也有一些缺点，如果所测定的蛋白质与标准蛋白质在酪氨酸和色氨酸含量方面差异较大，则会有一定误差；若样品中含有嘌呤、嘧啶等吸收紫外线的物质，会产生较大的干扰。

不同的蛋白质和核酸的紫外吸收是不相同的，即使经过校正，测定结果仍存在误差。即便如此，紫外线吸收法仍可作为对蛋白质进行初步定量的方法。

【材料】

1. 标准蛋白质溶液：准确称取经微量凯氏定氮法校正的标准蛋白质，配制成浓度为 1g/L 的溶液。
2. 待测蛋白质溶液：将待测蛋白质配制成浓度为 1g/L 的溶液。
3. 紫外分光光度计，试管和试管架，吸量管。

【方法】

1. 标准曲线法。

(1) 标准曲线的绘制。

按表 30−1 依次向系列排列的试管中加入各种试剂，摇匀。选用光程为 1cm 的石英比色杯，在波长 280nm 处分别测定各管溶液的 A_{280} 值。以 A_{280} 值为纵坐标，以蛋白质浓度为横坐标，绘制标准曲线。

表 30－1　标准曲线法测定蛋白质浓度

	1	2	3	4	5	6	7	8
标准蛋白质溶液（mL）	0	0.5	1.0	1.5	2.0	2.5	3.0	4.0
双蒸水（mL）	4.0	3.5	3.0	2.5	2.0	1.5	1.0	0
蛋白质浓度（g/L）	0	0.125	0.250	0.375	0.500	0.625	0.750	1.00
A_{280}								

(2) 样品测定。

取待测蛋白质溶液 1mL，加入蒸馏水 3mL，摇匀。按上述方法在波长 280nm 处测定吸收率，并从标准曲线上查出待测蛋白质的浓度。

2. 比色计算法。

将待测蛋白质溶液适当稀释，在波长 260nm 和 280nm 处分别测出 A 值，然后利用 280nm 及 260nm 下的吸收差求出蛋白质的浓度。

$$蛋白质浓度（g/L）=1.45A_{280}-0.74A_{260}$$

式中 A_{280} 和 A_{260} 分别是蛋白质溶液在波长 280nm 和 260nm 处测得的吸光率。

实验 31　SDS－PAGE 测定蛋白质相对分子质量

【原理】

SDS－聚丙烯酰胺凝胶电泳（SDS－PAGE）是聚丙烯酰胺凝胶电泳的一种特殊形式。SDS 是带负电荷的阴离子去污剂。用 SDS－PAGE 测定蛋白质的相对分子质量时，各种蛋白质样品在巯基乙醇作用下被还原成单链，再进一步与 SDS 结合形成带大量负电荷的 SDS－蛋白质复合物。因此，各种蛋白质分子在 SDS－PAGE 中能够按其分子大小而分离。根据这一特点，可以用 SDS－PAGE 测定蛋白质的相对分子质量。

SDS－PAGE 有连续体系及不连续体系两种，这两种体系有各自的样品溶解液及缓冲液，但加样方式、电泳过程及固定、染色与脱色方法完全相同。

【材料】

1. 相对分子质量测定标准蛋白质：有低相对分子质量及高相对分子质量标准蛋白质试剂盒，用于 SDS－PAGE 测定未知蛋白质的相对分子质量。

（1）高相对分子质量标准蛋白质试剂盒（如表 31－1 为 Pharmacia 公司产品），按说明书要求进行处理。

表 31－1　5 种高相对分子质量标准蛋白质

蛋白质名称	相对分子质量	来　源
甲状腺球蛋白	669000	猪甲状腺
铁蛋白	440000	马肺
过氧化氢酶	232000	牛肝
乳酸脱氢酶	140000	牛心
血清清蛋白	67000	牛血清

(2) 低相对分子质量标准蛋白质试剂盒（表 31－2）。每种蛋白质的含量为 40μg。用时加入 200μL 样品溶解，经处理后，上样 10μL (2μg) 可显示清晰条带。

表 31－2　5 种低相对分子量标准蛋白质

蛋白质名称	相对分子质量
磷酸化酶 B	94000
牛血清清蛋白	67000
肌动蛋白	43000
磷酸酐酶	30000
烟草花叶病毒外壳蛋白	17500

(3) 如无标准蛋白质试剂盒时，可参考常用的标准蛋白质及其相对分子质量表，从中选择 3～5 种蛋白质，如马心细胞色素 C（相对分子质量为 12500）、牛胰胰凝乳蛋白质 A（相对分子质量为 25000）、猪胃胃蛋白酶（相对分子质量为 35000）、鸡卵卵清蛋白（相对分子质量为 43000）、牛血清清蛋白（相对分子质量为 67000）等蛋白质，每种蛋白质按照 0.5g/L～1g/L 用样品溶解液配制。可配制成单一蛋白质标准液，也可配制成混合标准液。

2. 连续体系 SDS－PAGE 有关试剂。

(1) 0.2mol/L 磷酸盐缓冲液（pH7.2）：称取 $Na_2HPO_4 \cdot 2H_2O$ 25.63g 或 $Na_2HPO_4 \cdot 12H_2O$ 51.58g，再称取 $NaH_2PO_4 \cdot H_2O$ 7.73g 或 $NaH_2PO_4 \cdot 2H_2O$ 8.74g，溶于双蒸水中并定容至 1000mL。

(2) 样品溶解液：0.01mol/L 磷酸盐缓冲液（pH7.2），内含 1%SDS、1%巯基乙醇、10%甘油或 40%蔗糖及 0.02%溴酚蓝。用来溶解标准蛋白质及待测固体蛋白质样品（表 31－3）。

表 31－3　连续体系样品溶解液配制

SDS	巯基乙醇	甘油	溴酚蓝	0.2mol/L 磷酸盐缓冲液	加双蒸水至总体积为
100mg	0.1mL	1mL	2mg	0.5mL	10mL

如样品为液体，则应用 2 倍浓度的样品溶解液，然后等体积混合。

(3) 凝胶贮存液：称取 Acr 30g，Bis 0.8g，加双蒸水至 100mL，过滤后置棕色瓶中，4℃贮存，可用 1～2 个月。

(4) 凝胶缓冲液：称取 SDS 0.2g，加 0.2mol/L 磷酸盐缓冲液（pH7.2）至 100mL。4℃贮存，用前稍加温使 SDS 溶解。

(5) 1%TEMED：量取 TEMED 1mL，加双蒸水至 100mL，置棕色瓶内 4℃贮存。

(6) 10%过硫酸铵：称取过硫酸铵 1g，加双蒸水至 10mL，此液应每周新配。置棕色瓶内，4℃贮存。

(7) 电泳缓冲液（0.1%SDS，0.1mol/L pH7.2 磷酸盐缓冲液）：称取 SDS 1g，加 500mL 0.2mol/L pH7.2 磷酸盐缓冲液，再用双蒸水定容至 1000mL。

(8) 1%琼脂（或琼脂糖）：称取琼脂（或琼脂糖）1g，加 100mL 上述电泳缓冲液，加热熔化后 4℃贮存。

3. 不连续体系 SDS-PAGE 有关试剂。

(1) 10%SDS 溶液：称取 5g SDS，加双蒸水至 50mL，微热使其溶解，置试剂瓶中，4℃贮存。SDS 在低温易析出结晶，用前水浴箱内加热，使其溶解。

(2) 1% TEMED：量取 1mL TEMED，加双蒸水至 100mL，置棕色瓶中，4℃贮存。

(3) 10%过硫酸铵：称取过硫酸铵 1g，加双蒸水至 10mL。临用前配制。

(4) 样品溶解液：内含 2%SDS，5%巯基乙醇，40%蔗糖或 10%甘油，0.02%溴酚蓝，0.01mol/L pH8.0 Tris-HCl 缓冲液。

①配制 0.05mol/L pH8.0 Tris-HCl 缓冲液：称取 Tris 0.6g，加入 50mL 双蒸水，再加入约 3mL 1mol/L HCl，调 pH 至 8.0，用双蒸水定容至 100mL。

②按表 31-4 配制样品溶解液。

表 31-4　不连续体系样品溶解液配制

10%SDS	巯基乙醇	溴酚蓝	蔗糖	0.05mol/L Tris-HCl	加双蒸水至总体积为
2mL	0.5mL	2mg	4g	2mL	10mL

(5) 凝胶贮存液：

①30%分离胶贮存液：配制方法与连续体系相同。称取 Acr 30g，Bis 0.8g，溶于双蒸水中，定容至 100mL，过滤后置棕色试剂瓶中，4℃贮存。

②10%浓缩胶贮存液：称取 Acr 10g 及 Bis 0.5g，溶于双蒸水中，定容至 100mL，过滤后置棕色试剂瓶中，4℃贮存。

(6) 凝胶缓冲液：

①分离胶缓冲液（3.0mol/L pH8.9 Tris-HCl 缓冲液）：称取 Tris 36.3g，加少量双蒸水溶解，再加 1mol/L HCl 约 48mL，调 pH 至 8.9，加双蒸水定容至 100mL，4℃贮存。

②浓缩胶缓冲液（0.5mol/L pH6.7 Tris-HCl 缓冲液）：称取 Tris 6.0g，加少量双蒸水溶解，再加 1mol/L HCl 约 48mL，调 pH 至 6.7，加双蒸水定容至 100mL，4℃贮存。

(7) 电泳缓冲液：内含 0.1%SDS，0.05mol/L Tris-0.384mol/L 甘氨酸缓冲液，pH8.3。称取 Tris 6.0g，甘氨酸 28.8g，加入 10%SDS 10mL，加双蒸水溶解后定容至 1000mL。

(8) 1%琼脂（或琼脂糖）溶液：称取琼脂（或琼脂糖）1g，加电泳缓冲液 100mL，加热溶解，4℃贮存备用。

4. 固定液：量取50%甲醇454mL，冰乙酸46mL，混匀。

5. 染色液：称取考马斯亮蓝R250 0.125g，加上述固定液250mL，过滤后应用。

6. 脱色液：量取冰乙酸75mL，甲醇50mL，加蒸馏水定容至1000mL。

7. 夹心式垂直板电泳槽［凝胶模（135mm×100mm×1.5mm）］，直流稳压电源（电压300V～600V，电流50mA～100mA），吸量管（1mL、5mL、10mL），烧杯（25mL、50mL、100mL），细长头的滴管，1mL注射器及6号长针头，微量注射器（10μL或50μL），水泵或油泵，真空干燥器，大培养皿（直径为120mm～160mm）。

【方法】

1. 夹心式垂直板电泳槽的安装。

用细头长滴管吸取已熔化的1%琼脂（糖）溶液，封住长玻璃板下端与硅胶模间的缝隙。加琼脂（糖）溶液时，应防止气泡产生。琼脂（糖）溶液用连续体系或不连续体系电泳缓冲液配制。

2. 配胶及凝胶板的制备。

(1) 配胶：根据所测蛋白质的分子质量范围，选择适宜的分离胶浓度。SDS-PAGE有连续系统及不连续系统两种，两者有不同的缓冲系统（表31-5和表31-6）。

表31-5　SDS-不连续体系凝胶配制

试剂名称	配制20mL不同浓度分离胶所需各种试剂用量（mL）				配制10mL浓缩胶所需试剂用量
	5%	7.5%	10%	15%	3%
分离胶贮存液 30%Acr-0.8% Bis	3.33	5.00	6.66	8.00	—
分离胶缓冲液 pH8.9 Tris-HCl	2.50	2.50	2.50	2.50	—
浓缩胶贮存液 10%Acr-0.5%Bis	—	—	—	—	3.00
浓缩胶缓冲液 Tris-HCl（pH6.7）	—	—	—	—	1.25
10%SDS	0.20	0.20	0.20	0.20	0.10
1%TEMED	2.00	2.00	2.00	2.00	1.00
双蒸水	11.87	10.20	8.54	3.20	4.60
混匀后，置真空干燥器中，抽气10min					
10%过硫酸铵	0.10	0.10	0.10	0.10	0.05

注：电泳缓冲液为pH8.3 Tris-甘氨酸缓冲液，内含0.1%SDS。

表 31－6　SDS－连续体系凝胶配制

试剂名称	配制 20mL 不同浓度分离胶所需各种试剂用量（mL）		
	5%	7.5%	10%
凝胶贮存液 30%Acr－0.8%Bis	3.33	5.00	6.66
0.2mol/L pH7.2 磷酸缓冲液（内含 0.2%SDS）	10.00	10.00	10.00
1%TEMED	2.00	2.00	2.00
双蒸水	4.57	2.90	1.23
混匀后，置真空干燥器中抽气 10min			
10%过硫酸铵	0.10	0.10	0.10

注：电泳缓冲液为 0.1mol/L pH7.2 磷酸缓冲液，内含 0.1%SDS。

（2）凝胶板的制备。

①SDS－不连续体系凝胶板的制备。

分离胶的制备：按表 31－5 配制 20mL 10%聚丙烯酰胺，混匀后用细长头滴管将凝胶液加至玻璃板间的缝隙内，约 8cm 高，用 1mL 注射器取少量双蒸水，沿长玻璃板板壁缓慢注入 3mm～4mm 高，以进行水封。约 30min 后，凝胶与水封层间出现界线，表示凝胶聚合。倾去水封层的蒸馏水，再用滤纸条吸去多余水分。

浓缩胶的制备：按表 31－5 配制 10mL 3%聚丙烯酰胺，混匀后用细长头滴管将浓缩胶加到已聚合的分离胶上方，直至距离短玻璃板上缘约 0.5cm 处，轻轻将梳子插入浓缩胶内，约 30min 后凝胶聚合，再放置 20min～30min。小心拔去梳子，用窄条滤纸吸去样品槽中的水分，将 Tris－甘氨酸缓冲液倒入上、下贮槽中，应没过短板 0.5cm 以上，准备加样。

②SDS－连续体系凝胶板的制备：按表 31－6 配制 20mL 所需浓度的聚丙烯酰胺，用细长头滴管将分离胶混合液加到两块玻璃板的缝隙内直至距离短玻璃板上缘 0.5cm 处，插入梳子。为防止渗漏，可在上、下电极槽中加入蒸馏水，约 30min 后，凝胶聚合，继续放置 20min～30min，倒去上、下电极槽中的蒸馏水，小心拔出梳子，用窄条滤纸吸去残余水分，注意不要弄破凹形加样槽的底面。倒入电泳缓冲液即可进行预电泳或准备加样。

3. 样品的处理与加样。

（1）样品处理：根据分子质量标准蛋白质试剂盒的要求加样品溶解液，按 0.5g/L～1g/L 用样品溶解液配制，将其转移到带塞小离心管中，轻轻盖上盖子（不能塞紧，以免加热时会迸开），100℃沸水浴中保温 3min，取出冷却。如处理好的样品暂时不用，可放在－20℃冰箱保存较长时间，使用前在 100℃水浴中加热 3min，以除去亚稳态聚合。

（2）加样：一般每个样品槽内只加一种样品或已知相对分子质量的混合标准蛋白质，加样体积根据凝胶厚度及样品浓度灵活掌握，一般加样体积为 10μL～15μL（2μg～

$10\mu g$ 蛋白质)。如样品较稀，加样体积可增加（最多达 $100\mu L$）。样品槽中如有气泡，可用注射器针头挑除。加样时，将微量注射器的针头通过电泳缓冲液伸入加样槽内，尽量接近底部，轻轻推动微量注射器，针头勿碰破凹形槽胶面。由于样品溶解液中含有密度较大的蔗糖或甘油，因此样品溶液会自动沉降在凝胶表面形成样品层。

4. 电泳。

分离胶聚合后是否进行预电泳应根据需要而定，SDS 连续系统预电泳采用的电流为 30mA，电泳时间为 60min～120min。

(1) 连续系统：在电极槽中倒入 0.1%SDS 0.1mol/L 磷酸盐缓冲液（pH7.2)，连接电泳仪与电泳槽，上槽接负极，下槽接正极。打开电源，将电流调至 20mA，待样品进入分离胶后，再调至 50mA，待染料前沿迁移至距底边 1cm～1.5cm 处，停止电泳，一般需 5h～6h。

(2) 不连续系统：在电极槽中倒入 pH8.3 Tris－HCl 电泳缓冲液（内含 0.1% SDS）即可进行电泳。在制备浓缩胶后，不能进行预电泳，因预电泳会破坏 pH 环境，如需预电泳只能在分离胶聚合后，并用分离胶缓冲液进行。预电泳后将分离胶胶面冲洗干净，然后才能制备浓缩胶。电泳条件也不同于连续 SDS－PAGE。开始时电流为 10mA 左右；待样品进入分离胶后，电流改为 20mA～30mA；当染料前沿距底边 1.5cm 时，停止电泳，关闭电源。

5. 凝胶板剥离与固定。

电泳结束后，取下凝胶模，卸下胶框，用不锈钢药铲或镊子撬开短玻璃板，在凝胶板切下一角作为标志，将凝胶板放在大培养皿内，加入固定液，过夜。

6. 染色与脱色。

将染色液倒入培养皿中，染色 1h 左右，用蒸馏水漂洗数次，再用脱色液脱色，直到蛋白质区带清晰，即可计算相对迁移率。

7. 绘制标准曲线。

将大培养皿放在一张坐标纸上，量出加样端距细铜丝间的距离（cm)。按下式计算相对迁移率：

$$相对迁移率（M_R）=\frac{蛋白质样品区带距加样端的迁移距离（cm）}{溴酚蓝区带中心距加样端的距离（cm）}$$

以标准蛋白质的相对迁移率为横坐标，以标准蛋白质的相对分子质量为纵坐标，在半对数坐标纸上作图，可得到一条标准曲线。根据未知蛋白质样品相对迁移率可直接在标准曲线上查出其相对分子质量。

实验 32　超氧化物歧化酶的分离和纯化

【原理】

超氧化物歧化酶（superoxide dismutase，SOD）广泛存在于各类生物体内。按其所含金属离子的不同，可将超氧化物歧化酶分为 3 种：铜锌超氧化物歧化酶（Cu·Zn－SOD）、锰超氧化物歧化酶（Mn－SOD）和铁超氧化物歧化酶（Fe－SOD）。SOD 催化如下反应：

$$2O_2^- + 2H^+ \xrightarrow{SOD} H_2O_2 + O_2$$

在生物体内，SOD 是一种重要的自由基清除剂，能治疗人类多种炎症、放射病、自身免疫性疾病和抗衰老，对生物体有保护作用。

在血液里，Cu·Zn－SOD 与血红蛋白等共存于红细胞，当红细胞破裂溶血后，用氯仿－乙醇处理溶血液，使血红蛋白沉淀，而 Cu·Zn－SOD 则留在水－乙醇均相溶液中。K_2HPO_4 极易溶于水，在乙醇中的溶解度甚低，将 K_2HPO_4 加入水－乙醇均相溶液中时，溶液明显分层，上层是具有 Cu·Zn－SOD 活性的含水乙醇相，下层是溶解大部分 K_2HPO_4 的水相（相对密度大）。用分液漏斗处理，收集上层具有 SOD 活性的含水乙醇相，再加入有机溶剂丙酮，使 SOD 沉淀。极性有机溶剂能引起蛋白质脱去水化层，并降低介电常数而增加带电质点间的相互作用，致使蛋白质颗粒凝集而沉淀。沉淀蛋白质时，要在低温下操作，尽量缩短处理时间，避免蛋白质变性。

Cu·Zn－SOD 的等电点（pI）为 4.95。将上一步收集的 SOD 丙酮沉淀物溶于蒸馏水中，在 pH7.6 的条件下，Cu·Zn－SOD 带负电，过 DE－32 纤维素阴离子交换柱可得到进一步纯化。

【材料】

1. 新鲜鸭血。

2. 0.9%NaCl，95%乙醇，氯仿，$K_2HPO_4 \cdot 3H_2O$，丙酮，2.5mmol/L 磷酸钾缓冲液（pH7.6），200mmol/L 磷酸钾缓冲液（pH7.6），10mmol/L HCl，6mmol/L 邻苯三酚（用 10mmol/L 作溶剂配制，4℃下保存），2.5%草酸钾，DE－32 纤维素。

3. 100mmol/L Tris－二甲胂酸钠缓冲液（pH8.2，内含 2mmol/L 二乙基三氨基五乙酸）：以 200mmol/L Tris－二甲胂酸钠缓冲液（内含 4mmol/L 二乙基三氨基五乙酸）

50mL 加 200mmol/L HCl 22.38mL，然后用双蒸水稀释至 100mL。

4. 离心机，G_3 漏斗，抽滤瓶，751－GW 型分光光度计，梯度混合器，玻璃柱（1.0cm×10cm），试管，自动收集器，紫外检测仪，移液管，量筒，烧杯，分液漏斗。

【方法】

1. 酶液的制备。

（1）取新鲜鸭血 500mL（加抗凝剂 2.5％草酸钾 50mL），以 3000r/min 离心 20min 除去血浆，收集红细胞约 250mL，加入等体积 0.9％NaCl 溶液，用玻璃棒搅洗，以 3000r/min 离心 20min，弃上清液，反复 3 次，收集洗净的红细胞放入 800mL 烧杯中，加 250mL 双蒸水，将烧杯置于冰浴中搅拌溶血 40min，得到溶血液 500mL。

（2）向溶血液缓慢加入在 4℃下预冷过的 95％乙醇 125mL（0.25 倍体积），然后再缓慢加入在 4℃下预冷过的氯仿 75mL（0.15 倍体积），搅拌 15min，室温下以 3000r/min离心 20min，弃去沉淀（血红蛋白），收集上清液约 330mL（留样 2mL），此即酶的粗提液。

（3）向酶粗提液加入 $K_2HPO_4 \cdot 3H_2O$（按 100mL 粗提液加 $K_2HPO_4 \cdot 3H_2O$ 43g 的比例），转移到分液漏斗，振摇后静置 15min，可见分层明显。收集上层乙醇－氯仿相（微混浊），在室温条件下以 3500r/min 离心 25min，弃去沉淀，得上清液约 150mL（留样 1.5mL）。

（4）在上清液中加入 0.75 倍体积在 4℃下预冷过的丙酮，使 Cu·Zn－SOD 沉淀。在室温条件下以 3500r/min 离心 20min，收集灰白色沉淀物。将此灰白色沉淀物溶于约 5mL 双蒸水中（呈悬浮状），在 4℃条件下，对 250mL 2.5mmol/L 的磷酸钾缓冲液（pH7.6）透析，每隔 0.5h 换透析外液 1 次，共换 4 次。透析内液如出现沉淀，需在室温条件下以 3500r/min 离心 25min～30min，弃沉淀，收集上清液约 7mL（留样 0.5mL）。

（5）DE－32 纤维素柱层析。

①DE－32 纤维素的处理：称量 DE－32 纤维素干品 5g～6g，用自来水浮选除去 1min～2min 内不下沉的细小颗粒，用 G_3 烧结漏斗抽干。滤饼放入烧杯中，加适量 1mol/L NaOH 溶液，搅匀后放置 15min，用 G_3 烧结漏斗抽滤，水洗至中性；滤饼悬浮于 1mol/L HCl 溶液中，搅匀后放置 10min 后用 G_3 烧结漏斗抽滤，水洗至中性；滤饼再悬浮于 1mol/L NaOH 溶液中，抽滤，水洗至中性。将滤饼悬浮于层析柱平衡缓冲液中待用。

DE－32 纤维素使用后的回收处理与上述步骤相同，只是不用 HCl，所用 NaOH 浓度改为 0.5mol/L。

②将离心上清液过 DE－32 纤维素柱。柱体 1.0cm×6.0cm，用2.5mmol/L磷酸钾缓冲液（pH7.6）作层析柱平衡液，用 2.5mmol/L（100mL）～200mmol/L（100mL）的磷酸钾缓冲液（pH7.6）进行梯度洗脱。流速为 30mL/h，每管收集 3mL。

③4L 鸭血样品的 DE－32 柱层析洗脱，得到洗脱曲线。酶蛋白峰和酶活性峰重合。

有关层析的安装、平衡、加样和梯度洗脱的具体操作方法另有实验介绍。

2. 酶蛋白浓度的测定。

本实验采用紫外吸收法测定酶蛋白的浓度。先测定不同已知浓度标准酪蛋白（经凯氏定氮法校正）在波长 280nm 处的吸光率，绘出标准曲线。再测定提取样品在波长 280nm 处的吸光率，从标准曲线上查出待测样品的蛋白质浓度。将第 2、第 3 步所得样品稀释至原来浓度的 1/10，第 4 步所得样品稀释至原来浓度的 1/5，测定蛋白质浓度。

【附录】

改进的测定方法

1. 改进的联苯三酚自氧化法（微量进样法）。

本法的实验条件为：45mmol/L 联苯三酚的 50mmol/L Tris－HCl 缓冲液（pH8.2），反应总体积为 4.5mL，测定波长为 325nm，温度为 25℃。

2. 方法。

（1）联苯三酚自氧化速率的测定：在试管中按表 32－1 加入缓冲液，25℃保温 20min，然后加入预热的联苯三酚（对照管用 10mmol/L HCl 代替），迅速摇匀后倒入光径为 1cm 的比色杯，在波长 325nm 处，每隔 30s 测吸光率一次，要求自氧化速率控制在 1min 吸光率的变化为 0.070。

表 32－1　测定联苯三酚自氧化速率的试剂用量表

试　剂	加入量（mL）	最终浓度（mmol/L）
50mmol/L Tris－HCl 缓冲液（pH8.2）	4.5	50
45mmol/L 联苯三酚溶液	0.01	0.10
总量	4.5	—

（2）SOD 或粗酶抽提液的活性测定：按表 32－2 加样，测定方法同联苯三酚自氧化速率的测定法。

表 32－2　测定 SOD 及粗酶活力的试剂和酶液用量表

试　剂	加入量（mL）	终浓度（mmol/L）
50mmol/L Tris－HCl 缓冲液（pH8.2）	4.5	50
酶液或粗酶液	0.01	—
45mmol/L 联苯三酚溶液	0.01	0.10
总量	4.5	—

活力单位定义为：在一定条件下，使每毫升反应液自氧化速率抑制 50％的酶量为一个单位（U）。

$$\text{单位体积活力（U/mL）}=\frac{\frac{0.070-\text{样液速率}}{0.070}\times 100\%}{50\%}\times\text{反应液总体积（mL）}\times\frac{\text{样液稀释倍数}}{\text{样液体积（mL）}}$$

总活力（U）＝单位体积活力（U/mL）×原液总体积（mL）

$$\text{比活力}=\frac{\text{每毫升酶液活性单位（U/mL）}}{\text{每毫升蛋白质浓度（mg/mL）}}=\frac{\text{酶活性单位数（U）}}{\text{总蛋白质（mg）}}$$

实验 33　超氧化物歧化酶活性染色鉴定法

【原理】

超氧化物歧化酶（superoxide dismutase，SOD）是一种新型的抗炎酶制剂，在防辐射、防衰老和抗肿瘤等方面起着重要作用。

超氧化物阴离子自由基 O_2^- 能对氯化硝基四氮唑蓝（NBT）进行光化还原生成蓝紫色的甲臜（formazan）。由于 SOD 能催化下列反应：

$$2O_2^- + 2H^+ \xrightarrow{SOD} H_2O_2 + O_2$$

因此，当反应系统中存在 SOD 时，可促使超氧化物阴离子自由基 O_2^- 形成过氧化氢，从而抑制 NBT 的光化还原，也就是抑制了蓝紫色甲臜的生成。

用 PAGE 分离 SOD 后，将凝胶板浸泡在 NBT 溶液中，先进行暗反应，再经光照。经此步处理后，除含 SOD 的部位之外，其余凝胶板背景都变成蓝紫色，也就是在一片蓝紫色背景的凝胶中出现缺色的含 SOD 的明亮区带，此过程被称为 SOD 的活性染色。这一技术对鉴定 SOD 活性的存在具有重要意义。

【材料】

1. 牛血 Cu·Zn－SOD：称取少许牛血 Cu·Zn－SOD（电泳纯）按 1mg 比 1mL 的比例，溶解在双蒸水中。

2. 2.45×10^{-3} mol/L NBT 溶液：称取 200mg NBT，使其溶于蒸馏水中并定容至 100mL，置棕色试剂瓶中，4℃贮存。由于 NBT 溶液用量较多，且 NBT 价格昂贵，每次用后应妥善保存，可反复使用多次。当黄色 NBT 溶液变浅或变绿并出现沉淀时则不能继续应用，应重新配制。

3. 3.60×10^{-2} mol/L pH7.8 磷酸钠缓冲液（内含 2.8×10^{-2} mol/L TEMED 和 2.8×10^{-5} mol/L 核黄素）：在 100mL 3.60×10^{-2} mol/L 磷酸钠缓冲液（pH7.8）中含 0.42mL TEMED 及 1.32mg 核黄素。置棕色瓶中，4℃贮存。

4. 5×10^{-2} mol/L pH7.8 磷酸钠缓冲液 100mL。

5. 夹心式垂直板电泳槽，电泳仪（300V～600V，50mA～100mA），吸量管，烧杯，细长头滴管，微量注射器，培养皿，看片灯，玻璃板，玻璃纸等。

【方法】

1. 安装电泳槽和制备凝胶。

安装垂直板电泳槽，用1％琼脂糖封底。

配胶及灌胶：配制10％PAA分离胶，3.75％PAA浓缩胶。待浓缩胶完全聚合后，静置30min，小心取出样品槽模板，用窄滤纸条吸去多余溶液，加入pH8.3 Tris－HCl电泳缓冲液。

2. 加样。

取20μL牛血Cu·Zn－SOD溶液，加入等体积40％蔗糖（含少量0.1％溴酚蓝）。每加样孔中加入上述混合液4μL、8μL及10μL，以对称的方式加样，以便分别进行蛋白质及酶活性染色。

3. 电泳。

连接电源，上槽接负极，下槽接正极（牛血Cu·Zn－SOD的pI约为5.0，在pH8.3的电泳缓冲液中带负电），接通冷却水及电源开关，调节电流至15mA，待样品进入分离胶时，再将电流调至20mA～30mA。当染料前沿距离硅橡胶框1cm～2cm时，关闭电源及冷却水，取出胶片，从中间切割为相同的两份。

4. 染色、脱色与制干板。

(1) 蛋白质染色与脱色：染色用0.05％考马斯亮蓝R250（内含20％磺基水杨酸），脱色液为7％乙酸。染色、脱色后保存。

(2) SOD活性染色：取另一半凝胶板，按下列顺序浸泡于培养皿中染色。

①用2.45×10^{-3}mol/L NBT溶液，在黑暗条件下浸泡凝胶板20min。

②用3.60×10^{-2}mol/L磷酸钠缓冲液（pH7.8，含2.80×10^{-2}mol/L TEMED和2.80×10^{-5}mol/L核黄素），在黑暗条件下浸泡凝胶板15min。

③将凝胶板移入5×10^{-2}mol/L pH7.8磷酸钠缓冲液浸泡，在4只8W日光灯下光照20min～30min。

经上述染色和光照后的凝胶板，在蓝色背景上出现清晰、透明的SOD活性染色带，透明区带是SOD抑制NBT光还原的结果，无SOD活性的区域在光照后，NBT被还原成蓝紫色的甲臜。染色后的10％聚丙烯酰胺凝胶板用水漂洗数次后，再用95％乙醇浸泡几分钟，以防止制干板时产生龟裂现象。SOD活性染色带图中，指示A为SOD活性染色，B为蛋白染色。

(3) 将用两种方法染色后的凝胶板放在两层玻璃纸中间，排除气泡，置玻璃板上自然干燥，可长期保存。

【注】

1. NBT 溶液应置暗处，4℃贮存，以免氧化变质，染色时也置于暗处。如凝胶板厚，则可延长浸泡时间。

2. 光照应均匀，使无 SOD 区的 NBT 充分还原成蓝紫色的甲臜。

实验 34　血清高密度脂蛋白－胆固醇和总胆固醇的测定

血浆脂蛋白包括高密度脂蛋白（HDL）、低密度脂蛋白（LDL）、极低密度脂蛋白（VLDL）和乳糜微粒（CM）。用磷钨酸和 $MgCl_2$ 将血浆中的 LDL、VLDL、CM 除去，即可得到上清液中的 HDL。HDL 与胆固醇的复合物以及总胆固醇可分别提取。高胆固醇血症与动脉粥样硬化的形成有明确关系。降低血清胆固醇使冠心病的发病率降低并使粥样斑块的进展减缓或停止。血清胆固醇增高多见于继发性肾病综合征、甲状腺功能低下、糖尿病和胆管梗阻等。约有 25％的总胆固醇存在于 HDL 中。HDL－胆固醇复合物与心血管疾病的发病率和病变程度呈负相关，而 HDL－胆固醇或 HDL－胆固醇与总胆固醇的比值较总胆固醇能更好地预测动脉粥样硬化的危险性。血清胆固醇含量常随生理或病理情况而改变。糖尿病、动脉粥样硬化及甲状腺机能减退等疾患可致血清胆固醇浓度升高，而甲状腺机能亢进、恶性贫血及营养不良等可使胆固醇含量降低。

【原理】

用磷钨酸和 $MgCl_2$ 将血浆中的 LDL、VLDL、CM 除去，即可得到上清液中的 HDL。HDL－胆固醇和总胆固醇分别经乙酸乙酯和无水乙醇混合液提取，再与浓 H_2SO_4 及 Fe^{3+} 作用，生成较稳定的紫红色化合物。与同样处理的胆固醇标准液进行比色，求得其含量。

【材料】

1. 磷钨酸钠溶液：磷钨酸 4g，加蒸馏水 70mL，稍加热使之溶解。用 1mol/L HaOH调 pH 到 6.0 左右（大约需 NaOH 5mL）。加蒸馏水至 500mL。如有混浊，放置 2d～3d 后，取上清液调 pH 到 6.0～6.5。

2. 0.1 mol/L $MgCl_2$ 溶液。

3. 显色剂：$FeCl_3 \cdot H_2O$ 0.7g 溶解于 100mL 冰乙酸。

4. 抽提剂：乙酸乙酯与无水乙醇等体积混合。

5. 胆固醇标准液（0.04g/L）：精确称取胆固醇 20mg，置 100mL 容量瓶中，加抽提剂溶解并稀释到刻度。

6. 浓 H_2SO_4。

【方法】

1. 取血清 0.5mL（如用血浆则用 EDTA 抗凝）置离心管中，加入 0.25mL 磷钨酸钠溶液，混合后再加 0.25mL 0.1mol/L $MgCl_2$ 溶液，充分混匀，以 4000r/min 离心 5min，小心吸取上清液 0.4mL 加到另一离心管中作为 HDL—胆固醇抽提管，标记为“H”。

2. 在另一离心管中加血清和蒸馏水各 0.2mL 作为提取总胆固醇管，标记为“T”。

3. 向上述两管各加抽提剂 2.0mL，充分混匀，以 4000r/min 离心 3min，吸取上清液备用。

4. 取试管 4 支，标记后按表 34−1 加样。旋转摇匀试管，放置 10min 后，以空白管校正零点，在波长 550nm 处读取吸光率值。

表 34−1　HDL—胆固醇、总胆固醇测定的加样表

试剂(mL) \ 管号	O（空白管）	S（标准管）	H（HDL—胆固醇）	T（总胆固醇）
蒸馏水	0.1	0.1		
抽提剂	0.5			
胆固醇标准液		0.5		
HDL—胆固醇上清液			0.6	
总胆固醇上清液				0.6
显色剂	2.0	2.0	2.0	2.0
摇匀				
浓 H_2SO_4	2.0	2.0	2.0	2.0

计算公式：

$$\text{HDL—胆固醇（mmol/L）} = \frac{\text{H 管吸光率}}{\text{S 管吸光率}} \times 200 \times 0.0259$$

注：$200 = 0.2 \times 0.5 \times \dfrac{100}{0.5 \times \dfrac{0.4}{1.0} \times \dfrac{0.6}{2.4}}$

$$\text{胆固醇（mmol/L）} = \frac{\text{T 管吸光率}}{\text{S 管吸光率}} \times 200 \times 0.0259$$

注：$200 = 0.2\times0.5\times\frac{100}{0.2\times\frac{0.6}{2.4}}$

【注】

HDL－胆固醇的正常值：男性为 1.06 mmol/L～1.61mmol/L，女性为 1.08mmol/L～1.74mmol/L。

总胆固醇的正常值：2.6mmol/L～6mmol/L。

血清总胆固醇的磷硫铁测定法

【原理】

血清经无水乙醇处理，蛋白质被沉淀，而胆固醇及其酯则溶于乙醇中。在乙醇提取液中加入磷硫铁试剂，胆固醇及其酯与试剂会产生一种紫红色化合物，其呈色度与胆固醇及其酯的含量成正比，可通过比色进行定量测定。

【材料】

1. 显色剂。

(1) 贮存液：取 $FeCl_3 \cdot 6H_2O$ 2.5g 溶于 87％浓 H_2SO_4 内，加浓 H_2SO_4 至 100mL，存于棕色瓶内。此液可在室温下长期保存。

(2) 应用液：取上述贮存液 8mL 加浓 H_2SO_4 至 100mL。

2. 无水乙醇。

3. 胆固醇标准液。

(1) 贮存液：精确称取胆固醇（重结晶）200mg 溶于无水乙醇，使成 100mL，存于冰箱内。

(2) 应用液（0.04g/L）：精确吸取贮存液 2mL，用无水乙醇稀释到 100mL，存于冰箱内，使用时预热到室温。

【方法】

1. 准确吸取血清 0.1mL 加于中号试管中，对准管底向血清吹入无水乙醇 4.9mL，使血清蛋白分散而呈很细的沉淀，加塞后用力振摇 10s，室温放置 5min 后再振摇混合，以 2500r/min 离心 10min，取上清液备用。

2. 取大试管 3 支，标记为测定管、标准管和空白管，按表 34－2 操作。

表 34－2　磷硫铁测定法的加样表

	测定管	标准管	空白管
上清液（mL）	2	—	—
胆固醇（mL）	—	2	—
无水乙醇（mL）	—	—	2

3. 各管中加入显色剂 2mL（沿管壁缓慢加入，与管内乙醇形成两层），立即迅速振摇 20 次。

4. 冷却至室温后（不超过 2h），用波长 550nm 或绿色滤光片以空白管校正零点，读取各管吸光率。

计算公式：

$$\text{血清胆固醇（mg/dL）}=\frac{\text{测定管吸光率}}{\text{标准管吸光率}}\times 0.04\times 2\times\frac{100}{\frac{0.1}{5}\times 2}$$

$$=\frac{\text{测定管吸光率}}{\text{标准管吸光率}}\times 200$$

正常人胆固醇：187mg/dL±36mg/dL（151mg/dL～223mg/dL）。

实验 35　去污剂及膜活性试剂对红细胞细胞膜的作用

【原理】

许多去污剂通过溶解细胞膜的各种磷脂化合物，使细胞膜受到破坏，细胞内的物质被释放出来。本实验以红细胞为材料，试验几种去污剂破坏红细胞细胞膜的作用。当红细胞细胞膜被去污剂破坏后，血红蛋白就被释放。测定血红蛋白溶液在波长 540nm 处的吸光率，即可反映出去污剂对红细胞细胞膜的溶解程度。

【材料】

1. 刚处死的大鼠新鲜血。

2. 抗凝剂：4％柠檬酸钠溶液。

3. 等渗盐水：0.9％NaCl 溶液。

4. 1％去污剂溶液：中性去污剂（Triton X－100）、阳离子去污剂（十六烷基三甲基铵溴，cetyltrimethylammonium bromide）、阴离子去污剂（SDS）。

5. 10mmol/L 溶血性卵磷脂溶液，5mmol/L 黄体酮乙醇溶液，5mmol/L 氢化可的松（hydrocortisone）的 95％乙醇溶液。

6. 试管及试管架，吸量管（1.5mL），刻度离心管（10mL），微量注射器（50μL），离心机，恒温箱，分光光度计。

【方法】

1. 制备红细胞等渗溶液。

将 10mL 血液加到含有 0.5mL 抗凝剂的离心管中，混匀，以 2500r/min 离心 20min，收集沉下的红细胞，用等渗盐溶液洗涤两次。再用与最初血液等体积的等渗盐水悬浮红细胞，即制得红细胞等渗溶液。

2. 确定 100％溶解作用。

在含有 4.5mL 1％中性去污剂（Triton X－100）溶液的离心管中，加入 0.5mL 红细胞等渗悬浮液（经等渗盐水适当稀释），小心地搅匀，以 2500r/min 离心 20min，收集上清液，于 540nm 处测吸光率，使其吸光率为 0.8～0.9，此值代表 100%溶解作用。

以下实验测出的吸光率都与此项吸光率进行比较。

3. 不同浓度中性去污剂对细胞膜的溶解作用。

取 6 支刻度离心管按表 35－1 加入试剂。小心地搅匀，置 37℃恒温箱中 20min，以 2500r/min 离心 20min，弃去细胞碎片及未破裂的细胞，分别收集上清液于 540nm 处测吸光率。

表 35－1　去污剂对红细胞细胞膜作用检测的试剂用量表

	1	2	3	4	5	6
稀释红细胞等渗悬浮液（mL）	1.0	1.0	1.0	1.0	1.0	1.0
1%中性去污剂（μL）	25	50	75	100	150	200
等渗盐溶液补足至 5.5mL						

将各管测得的吸光率与第 2 步操作测得的吸光率比较，求出相对百分率，即为相对溶解作用。试验中性去污剂作用的合适浓度范围并以中性去污剂的浓度（去污剂量）为横坐标，以相对溶解作用为纵坐标作图。

4. 阳离子去污剂、阴离子去污剂及几种膜活性试剂对细胞膜的溶解作用。

用阳离子去污剂（十六烷基三甲基铵溴）、阴离子去污剂（SDS）及膜表面活性剂（溶血性卵磷脂、甾体激素、黄体酮和氢化可的松）分别重复操作，测出它们的吸光率，计算各种化合物对细胞膜的相对溶解作用，并进行比较。

$$相对溶解作用 = \frac{其他测得的 A_{540}}{\text{Triton 测得的 } A_{540}} \times 100\%$$

5. 氢化可的松对去污剂溶解作用的影响。

吸取 1.0mL 的红细胞等渗悬浮液，加到已盛有 4.5mL 等渗盐水的离心管中，混匀，加入 1%Triton X－100 溶液 50μL，再加入 50μL 氢化可的松溶液，摇匀，置 37℃保温 20min。其余操作与第 3 步操作相同。然后与第 3 步操作中的 2 号管的吸光率进行比较，说明氢化可的松的作用。

实验 36 滴定法测定维生素 C 的含量

【原理】

维生素 C（抗坏血酸）是人类营养中最重要的维生素之一，缺少时人会患坏血病。维生素 C 对物质代谢的调节具有重要的作用。近年来，发现它还能增强机体对肿瘤的抵抗力，以及对化学致癌物有阻断作用。

维生素 C 是具有 L 系糖构型的不饱和多羟基物，溶于水。维生素 C 的分布很广，在植物的绿色部分及许多水果、蔬菜中的含量丰富。

维生素 C 有很强的还原性。金属铜和酶（抗坏血酸氧化酶）可以催化维生素 C（还原型）氧化为脱氢型。根据维生素 C 具有的还原性质可测定其含量。

还原型维生素 C 能还原染料 2,6－二氯酚靛酚（DCPIP），本身则被氧化为脱氢型。在酸性溶液中，2,6－二氯酚靛酚呈红色，还原后变为无色。因此，当用此染料滴定含有维生素 C 的酸性溶液时，维生素 C 尚未全部被氧化前，滴下的染料被还原成无色。一旦溶液中的维生素 C 全部被氧化，滴下的染料就会使溶液变成粉红色。所以，当溶液从无色转变成微红色时即表示溶液中的维生素 C 刚刚全部被氧化，此时即为滴定终点。如无其他杂质干扰，样品提取液所还原的标准染料量与样品中所含的还原型维生素 C 量成正比。本法可用来测定还原型维生素 C。

【材料】

1. 苹果、大白菜。

2. 2％草酸溶液：草酸 2g 溶于 100mL 双蒸水。

3. 1％草酸溶液：草酸 1g 溶于 100mL 双蒸水。

4. 标准维生素 C 溶液：准确称取 10mg 纯维生素 C（洁白色，如变为黄色则不能使用）溶于 1％草酸溶液中，稀释至 100mL，贮于棕色瓶中，冷藏。临用前配制。

5. 0.1％ 2,6－二氯酚靛酚溶液：250mg 2,6－二氯酚靛酚溶于 150mL 含有 52mg $NaHCO_3$ 的热水中，冷却后加水稀释至 250mL，滤去不溶物，贮于棕色瓶中，冷藏（4℃）约可保存一周。临用时，以标准维生素 C 溶液标定。

6. 三角瓶（100mL），组织捣碎器，吸量管（10mL），漏斗，滤纸，微量滴定管（5mL），容量瓶（100mL，250mL）。

【方法】

1. 提取。

水洗干净整株新鲜蔬菜或整个新鲜水果，用纱布或吸水纸吸干其表面的水分。然后称取 50g～100g，加入等体积 2%草酸，置组织捣碎机中打成浆状，用滤纸过滤，滤液备用。滤饼可用少量 2%草酸洗几次，合并滤液，记录滤液总体积。

2. 标准液滴定。

准确吸取标准维生素 C 溶液 1.0mL（含 0.1mg 维生素 C）置 100mL 三角瓶中，加 9mL 1%草酸，用微量滴定管以 0.1% 2,6－二氯酚靛酚滴定至淡红色，并保持 15s 不褪色，即达终点。由所用染料的体积计算出 1mL 染料相当于多少毫克维生素 C（取 10mL 1%草酸作空白对照，按以上方法滴定）。

3. 样品滴定。

准确吸取滤液两份，每份 10mL，分别放入 2 个 100mL 三角瓶内，滴定方法同前。另取 10mL 1%草酸作空白对照，滴定方法同前。

4. 计算。

$$\text{维生素 C 含量（mg/100g 样品）}=\frac{(V_A-V_B)\times C\times T\times 100}{D\times W}$$

V_A：滴定样品所耗用的染料的平均体积（mL）；

V_B：滴定空白对照所耗用的染料的平均体积（mL）；

C：样品提取液的总体积（mL）；

D：滴定时所取的样品提取液体积（mL）；

T：1mL 染料能氧化维生素 C 的量（mg）（由第 2 步操作计算出）；

W：待测样品的重量（g）。

【注】

1. 某些水果、蔬菜（如橘子、西红柿）的浆状物泡沫太多，可加数滴丁醇或辛醇。

2. 整个操作过程要迅速，防止还原型维生素 C 被氧化。滴定过程一般不超过 2min。滴定所用的染料不应少于 1mL 或多于 4mL。如果样品含维生素 C 太高或太低，可酌情增减样液用量或改变提取液稀释度。

3. 本实验必须在酸性条件下进行。在酸性条件下，干扰物质反应进行很慢。

4. 2%草酸有抑制抗坏血酸氧化酶的作用，而 1%草酸无此作用。

5. 干扰滴定的因素有：

(1) 若提取液中色素很多时，滴定不易看出颜色变化，可用白陶土脱色，或加 1mL 氯仿，到达终点时，氯仿层呈现淡红色。

(2) Fe^{2+} 可还原二氯酚靛酚。对含大量 Fe^{2+} 的样品，可用 8%乙酸溶液代替草酸溶液进行提取，此时 Fe^{2+} 不会很快与染料起作用。

(3) 样品中可能有其他能还原二氯酚靛酚的杂质，但反应速度均较维生素 C 慢，因而滴定开始时，染料要迅速加入，而后尽可能一滴一滴地加入，并要不断地摇动三角瓶直至呈粉红色，于 15s 内不消退为终点。

6. 提取的浆状物如不易过滤，亦可离心，取上清液进行滴定。

【附录】

维生素 C 标定法

为了准确知道标准维生素 C 含量，须经标定，其方法如下：

(1) 将标准维生素 C 溶液稀释为 0.02g/L。

(2) 量取上述标准维生素 C 溶液 5mL 放入三角瓶中，加入 6%碘化钾溶液 0.5mL，1%淀粉液 3 滴，再以 0.001mol/L 碘酸钾标准液滴定，终点为蓝色。

$$\text{维生素 C 浓度（g/L）} = \frac{V_1 \times 0.088}{V_2}$$

V_1：滴定时所消耗 0.001mol/L 碘酸钾标准液的体积（mL）；

V_2：滴定时所取维生素 C 溶液的体积（mL）；

0.088：表示 1mL 0.001mol/L 碘酸钾标准液相当于维生素 C 的量（mg）。

实验 37　细胞色素 C 的制备

【原理】

细胞色素（cytochrome）是多种能够传递电子的含铁蛋白质的总称，其广泛存在于各种动物、植物组织和微生物中。细胞色素是呼吸链中极重要的电子传递体。细胞色素 C 是细胞色素的一种，主要存在于线粒体中，在需氧最多的组织细胞（如心肌和酵母细胞）中含量丰富。

细胞色素 C 为含铁卟啉的结合蛋白质，其相对分子质量约为 13000，其蛋白质部分由约 104 个氨基酸残基组成，溶于水，在酸性溶液中溶解度更大，故可自酸性水溶液中提取。细胞色素 C 制品可分为氧化型和还原型两种，前者的水溶液呈深红色，后者的水溶液呈桃红色。细胞色素 C 对热、酸和碱都比较稳定，但三氯乙酸和乙酸可使之变性，引起失活。

本实验以新鲜猪心为材料，经过酸溶液提取，人造沸石吸附，硫酸铵溶液洗脱和三氯乙酸沉淀等步骤制备细胞色素 C。

【材料】

1. 猪心。

2. 2mol/L H_2SO_4 溶液，1mol/L NH_4OH 溶液，0.2% NaCl 溶液，25% $(NH_4)_2SO_4$ 溶液［100mL 溶液中含 25g $(NH_4)_2SO_4$，25℃时约为 40%的饱和度］，$BaCl_2$ 试剂（称 $BaCl_2$ 12g 溶于 100mL 蒸馏水中），20%三氯乙酸溶液，人造沸石（$Na_2O \cdot Al_2O_3 \cdot xSiO_2 \cdot yH_2O$）：白色颗粒，不溶于水，溶于酸。选用 60～80 目，联二亚硫酸钠（dithionite，$Na_2S_2O_4 \cdot 2H_2O$）。

3. 绞肉机，电磁搅拌器，电动搅拌器，离心机，722 型分光光度计，玻璃柱（2.5cm × 30cm），500mL 下口瓶，烧杯（2000mL、1000mL、500mL、400mL、200mL），量筒，移液管，玻璃漏斗，玻璃搅棒，透析纸，纱布等。

【方法】

1. 组织处理。

新鲜或冰冻猪心，除尽脂肪、血管和韧带，洗尽积血，切成小块，放入绞肉机中绞碎。

2. 提取。

称取心肌碎肉 500g，放入 2000mL 烧杯中，加蒸馏水 1000mL，用电动搅拌器搅拌。加入 2mol/L H_2SO_4，调 pH 至 4.0（此时溶液呈暗紫色），在室温下搅拌提取 2h。用 1mol/L NH_4OH 调 pH 至 6.0，停止搅拌。用数层纱布压挤过滤，收集滤液。

3. 中和。

用 1mol/L NH_4OH 将上述提取液调 pH 至 7.2，静置适当时间后过滤，所得红色滤液通过人造沸石柱吸附。

4. 吸附。

人造沸石容易吸附细胞色素 C，被吸附的细胞色素 C 能被 25%$(NH_4)_2SO_4$ 溶液洗脱下来，利用此特性将细胞色素 C 与其他杂蛋白分开。

称取人造沸石 11g，放入烧杯中，加水后搅动，用倾泻法除去 12s 内不下沉的细颗粒。剪裁大小合适的一块圆形泡沫塑料并安装入干净的玻璃柱底部，将柱架至垂直，柱下端连接乳胶管，用夹子夹住乳胶管，向柱内加蒸馏水至 2/3 体积，然后将预处理好的人造沸石装填入柱，避免柱内出现气泡。装柱完毕，打开柱下端夹子，使柱内沸石面上剩下一薄层水。将中和好的澄清滤液装入下口瓶，使之沿柱壁缓缓流入柱内，进行吸附，流出液的速度约为 10mL/min。随着细胞色素 C 被吸附，人造沸石逐渐由白色变为红色，流出液应为淡黄色或微红色。

5. 洗脱。

吸附完毕，将红色人造沸石自柱内取出，放入烧杯中，先用自来水，后用双蒸水洗涤至水清，再用 100mL 0.2%NaCl 溶液分 3 次洗涤沸石，然后用蒸馏水洗至水清，重新装柱。也可用同样方法洗涤柱内的沸石。然后用 25%$(NH_4)_2SO_4$ 溶液洗脱，流速控制在 2mL/min 以下，收集红色洗脱液（洗脱液一旦变白，立即停止收集）。洗脱完毕，人造沸石可再生使用。

6. 盐析。

为进一步提纯细胞色素 C，在洗脱液中继续慢慢加入固体 $(NH_4)_2SO_4$，边加边搅拌，使$(NH_4)_2SO_4$ 溶液浓度为 45%（约相当于 67%的饱和度），放置 30min 以上（最好过夜），杂蛋白沉淀析出。过滤，收集红色透亮的细胞色素 C 滤液。

7. 三氯乙酸沉淀。

在搅拌下，在每 100mL 细胞色素 C 溶液中加入 2.5mL～5.0mL 20%三氯乙酸，细胞色素 C 沉淀析出，立即以 3000r/min 离心 15min。倾去上清液（如上清液带红色，应再加入适量三氯乙酸，重复离心），收集沉淀的细胞色素 C，加入少许蒸馏水，用玻璃棒搅动，使沉淀溶解。

8. 透析。

将细胞色素 C 溶液装入透析袋，放进 500mL 烧杯中对双蒸水透析（用电磁搅拌器搅拌），15min 换水一次，换水 3～4 次后，检查 SO_4^{2-} 是否已被除净。方法是：取 2mL $BaCl_2$ 溶液放入一支普通试管，滴加 2～3 滴透析外液至试管中，若出现白色沉淀，表示未除净；如果无沉淀出现，表示透析完全。将透析液过滤，即得清亮的细胞色素 C 粗品溶液。

9. 含量测定。

本法制备的细胞色素 C 是还原型和氧化型的混合物，因此在测定含量时，要加入联二亚硫酸钠，使混合物中的氧化型细胞色素 C 变为还原型。还原型细胞色素 C 水溶液在波长 520nm 处有最大吸收值，根据这一特性，用 722 型分光光度计选一标准品，绘制细胞色素 C 浓度和对应的吸光率的标准曲线。然后根据所测溶液的吸光率，由标准曲线的斜率求出所测样品的含量。

具体操作程序为：取 1mL 标准品（81g/L），用水稀释至 25mL，从中取 0.2mL、0.4mL、0.6mL、0.8mL 和 1.0mL，分别放入 5 支试管中，每管补加双蒸水至 4mL，加少许联二亚硫酸钠作还原剂，然后在波长 520nm 处测得各管的吸光率分别为 0.179、0.350、0.520、0.700 和 0.870。以上述稀释的标准样品溶液（稀释为原来的 1/25）的体积（mL）或计算得到的浓度值（g/L）为横坐标，以吸光率值为纵坐标，绘制标准曲线图，求得斜率为1/3.17。

取样品 1mL，稀释适当倍数（本实验稀释至 1/25），再取此稀释液 1mL，加水 3mL，再加少许联二亚硫酸钠，在波长 520nm 处测得 A 值为 0.342 和 0.344，其平均值为 0.343。根据此 A 值查标准曲线，得细胞色素 C 浓度，再计算其样品原液浓度，或根据标准曲线斜率计算样品原液浓度。

$$\text{细胞色素浓度}=0.343\div\frac{1}{3.71}\times 25=0.343\times 3.71\times 25=31.81\ (\text{g/L})$$

本实验每 500g 猪心碎肉，应得到 75mg 以上的细胞色素 C 粗制品。也可以用标准管方法测定粗品液浓度：取已知浓度的细胞色素 C 标准液 1mL 与样品稀释液 1mL，按上述方法分别测得 A_{520} 值（调节二者浓度，使 A 值为 0.2～0.7）。根据标准液浓度和 A 值，计算样品液浓度和粗品总量。

【附录】

人造沸石的再生方法

使用过的沸石先用自来水洗去 $(NH_4)_2SO_4$，再用 0.2mol/L～0.3mol/L NaOH 和 1mol/L NaCl 混合液洗涤至沸石呈白色，用水反复洗至 pH7～8，即可重新使用。

实验 38　细胞色素 C 含铁量的测定

（纯度鉴定）

【原理】

细胞色素 C 是含一个 Fe 原子的蛋白质，其相对分子质量约为 13000，Fe 的原子质量为 55.85，因此每一个细胞色素 C 分子中，Fe 原子的质量相当于 0.43%。如果测得细胞色素 C 铁含量为 0.43%，表示它是纯的；相反，若小于 0.43%，则说明含有杂质。这个数字越小，含杂质越多。这是鉴定细胞色素 C 品质好坏的一个标志。

按本实验方法制备的细胞色素 C 是水溶液，所以在测定含铁量时，需要测定样品干重。细胞色素 C 经与过氧化氢（H_2O_2）和酸混合消化后，分子中的 Fe 便游离出来，以亚硫酸钠为还原剂，使 Fe 变成 Fe^{2+}，再与α,α′-联吡啶（α,α′-dipyridyl）反应生成红色络合物，此络合物在波长508nm处有最大吸收。根据这一特性，用 722 型分光光度计，选择硫酸铁铵作为含铁量标准品，绘制出含铁量和对应 A 值的标准曲线，然后根据所测得样品的 A 值，由标准曲线的斜率求出所测样品含铁量。

【材料】

1. 0.2%联吡啶缓冲液（pH3.6）：称取 α,α′-联吡啶 0.2g 和乙酸钠 1g，加少量双蒸水，再加入 5.5mL 冰乙酸使其溶解，稀释至 100mL。

2. 50%亚硫酸钠溶液（新鲜配制）：称取亚硫酸钠（$Na_2SO_3 \cdot 7H_2O$）50g，加双蒸水至 100mL。

3. 硫酸铁铵溶液：称取硫酸铁铵［$FeNH_4(SO_4)_2 \cdot 12H_2O$］25g，加去离子水 150mL，再加 3mol/L H_2SO_4 2mL，搅拌溶解（若有不溶物应滤去），加去离子水稀释至 1000mL。摇匀，待标定。

4. 15%二氯化锡溶液：称取 $SnCl_2 \cdot 2H_2O$ 150g，加 1∶1 的盐酸水溶液 500mL，待完全溶解后，加水稀释至 1000mL。

5. 硫酸-磷酸混合液：取浓硫酸（相对密度为 1.84）150mL，慢慢加入 700mL 去离子水中（小心!）。待其冷却后，加入相对密度为 1.71 的磷酸 150mL，混合均匀。

6. 30%H_2O_2，3mol/L H_2SO_4，二苯胺磺酸钠指示剂（0.1%水溶液），饱和氯化高汞溶液（剧毒，用时小心），标准重铬酸钾溶液（0.0100mol/L）。

7. 10mL 磁坩埚，干燥器，高温电炉，普通电炉，分析天平，保温箱，10mL 容量瓶（或 10mL 刻度试管），722 型分光光度计，滴管，移液管，烧杯，水浴，25mL 滴定管。

【方法】

1. 干重测定。

（1）坩埚恒重：取干净的 10mL 磁坩埚，放入 580℃高温电炉中加热 1.5h 后取出，置于干燥器中冷却，1h 后取出，在天平上称重，记下重量。再放入 580℃高温电炉中加热 0.5h，取出后仍置于干燥器中冷却 1h，称重。如两次称量恒重（两次称量数值之差不得超过 0.3mg），即可用于测定样品。

（2）样品测定：取样品 1mL（若样品浓度稀，需增加取样量），放入已恒重的磁坩埚中（每一样品必须取两份作平行实验），置于 105℃保温箱中保温，时间和处理方法同上，直至恒重为止。

（3）灰化：将第 2 步已恒重的样品坩埚置于普通电炉上加热，燃烧成灰，待烟雾全部消散后再放入 580℃高温电炉中加热，时间和方法同上，直至恒重为止。两份平行样品的误差不得超过 0.3mg。

第 2 步测得的重量减去第 3 步测得的重量即为样品的干重。测定实例见表 38-1。

表 38-1　干重测定实例表

处理 ＼ 坩埚号		1	2
坩埚恒重（g）	580℃，1.5h	14.5568	13.0679
	0.5h	14.5568	13.0677
1.0mL 样品恒重（g）及样品净重（mg）	105℃，1.5h	14.6138	13.1245
	0.5h	14.6138	13.1244
		0.0570	0.0567
		0.05685g 即 56.85mg	
灰化，灰分恒重（g）及灰分净重（mg）	580℃，1.5h	14.5575	13.0684
	0.5h	14.5572	13.0681
		0.0004	0.0004
		0.0004g 即 0.4mg	
灰分样品比		0.4∶56.85=1∶142.1	

2. 含铁量测定。

(1) 样品含铁量的测定：取 0.1mL 样品（1mL 样品的干重为 79.5mg）加入 10mL 容量瓶中，补加 0.9mL 水（做两份平行样品，并做空白对照），再加入 0.7mL 30%的 H_2O_2，用滴管加入 2 滴 3mol/L H_2SO_4，在水浴锅里（95℃～100℃）加热消化 30min，取出冷却，然后加入 α,α'－联吡啶缓冲液 2mL，再加入新配制的 50%亚硫酸钠溶液 4mL（因这一步放热，要在冰浴中操作），放入 60℃～70℃保温箱中保温 30min，冷却后用蒸馏水稀释至刻度。摇匀后用 722 型分光光度计于波长 508nm 处进行比色测定，记录 A 值。

在测定样品之前，必须用标准铁溶液进行测定，并绘制含铁量的标准曲线。

(2) 标准样品含铁量的测定：

①标准铁溶液的配制：实验以硫酸铁铵溶液作为标准铁溶液，配制方法见前。

②标准铁溶液的标定：实验采用重铬酸钾（$K_2Cr_2O_7$）法标定硫酸铁铵中的铁含量。准确量取已配制好的硫酸铁铵溶液 25.0mL，置 300mL 烧杯中，加入 12mol/L HCl 3mL，煮至近沸，小心滴入 15% $SnCl_2$ 溶液，不断摇荡，使之混合，直至黄色消失，近至无色，然后再多加一滴。加去离子水 150mL，立刻迅速地一次加入 10mL 饱和氯化高汞溶液，充分搅拌，混合均匀，静置 4min，此时应有白色丝状沉淀生成。加硫酸－磷酸混合液 20mL，二苯胺磺酸钠指示剂 1mL，以标准重铬酸钾溶液滴定至溶液突然变为紫色或紫蓝色，表示已到终点。滴定应进行 2～3 次，然后由用去的重铬酸钾溶液的体积计算硫酸铁铵中的铁含量。

③绘制铁含量的标准曲线：准确地吸取标准铁溶液（28.056mg/L）0.2mL、0.4mL、0.6mL、0.8mL 和 1.0mL，按照样品测定方法进行操作，记下 A 值（同时做空白对照）。以铁的浓度为横坐标，以 A 值为纵坐标绘制出标准曲线。

含铁量测定实例见表 38－2。

第 1 号管为空白对照管，第 12 和 13 号管为样品管，其余为标准铁溶液管。测定所用的样品是经精制之后的高浓度样品，按照本实验第一种方法制备的细胞色素 C 是低浓度的粗品。

按照表 38－2 所列的测定数据，绘制标准曲线图。

(3) 结果计算：由标准曲线求出斜率，然后将所测得的样品吸光率除以斜率，即可算出待测样品中铁的含量。将此含铁量比样品干重即得样品含铁量的百分数。细胞色素 C 含铁量的百分数即每 100g 细胞色素 C 干物重量中所含铁的克数。

$$样品含铁量百分数=\frac{c}{w\times 1000}\times 100\%$$

c：1mL 样品的含铁量（μg）；

w：1mL 样品干重（mg）。

由标准曲线第 3 点求斜率：

$$斜率=\frac{0.240}{0.6\times 28.056}=\frac{1}{70.1}$$

$$样品含铁量=\frac{0.480\times 10}{70.1}=336.48\ (\mathrm{mg/L})$$

$$样品含铁量百分数=\frac{336.48}{79.5\times 1000}\times 100\%=0.42\%$$

纯度合格的标准为含铁量在 0.38%以上。按本实验第一种方法制备的细胞色素 C 粗品的纯度达不到此要求。

表 38－2　含铁量测定实例表

试剂(mL) \ 管号	1	2	3	4	5	6	7	8	9	10	11	12	13
样　品	—	—	—	—	—	—	—	—	—	—	—	0.1	0.1
标准铁溶液	—	0.2	0.2	0.4	0.4	0.6	0.6	0.8	0.8	1.0	1.0	—	—
H_2O	1.0	0.8	0.8	0.6	0.6	0.4	0.4	0.2	0.2	—	—	0.9	0.9
30%H_2O_2	0.7	0.7	0.7	0.7	0.7	0.7	0.7	0.7	0.7	0.7	0.7	0.7	0.7
3mol/L H_2SO_4	2滴												
95℃～100℃水浴消化 30min,冷却													
0.2%联吡啶	2.0	2.0	2.0	2.0	2.0	2.0	2.0	2.0	2.0	2.0	2.0	2.0	2.0
50%亚硫酸钠	4.0	4.0	4.0	4.0	4.0	4.0	4.0	4.0	4.0	4.0	4.0	4.0	4.0
60℃～70℃保温 30min,冷却,加水稀释至刻度(10mL)													
A_{508}		0.084	0.086	0.156	0.154	0.240	0.240	0.314	0.312	0.419	0.419	0.481	0.479
$\overline{A}_{580}$		0.085		0.155		0.240		0.313		0.419		0.480	

实验 39　碱性磷酸酶的分离、纯化和动力学

Ⅰ　碱性磷酸酶的分离纯化

【原理】

酶是蛋白质，所以分离和纯化酶的方法与分离和纯化一般蛋白质的方法相似，常用中性盐盐析法、电泳法、层析法、有机溶剂法等方法。有时需用多种方法配合使用，才能得到纯净的蛋白质（包括酶）。

该实验主要利用分步沉淀法，从兔肝中提取碱性磷酸酶，即利用样品中各种不同的成分在不同条件下一步一步地沉淀、分离，从而得到较纯的碱性磷酸酶。

【材料】

1. 0.5mol/L 乙酸镁溶液：称取乙酸镁 107.25g 溶于蒸馏水中，稀释至 1000mL。
2. 0.1mol/L 乙酸钠溶液：称取乙酸钠 8.2g 溶于蒸馏水中，稀释至 1000mL。
3. 0.01mol/L 乙酸镁及乙酸钠混合液：取 0.5mol/L 乙酸镁溶液 20mL，0.1mol/L 乙酸钠溶液 100mL，混合后加蒸馏水稀释至 1000mL。
4. 丙酮（分析纯）。
5. 95%乙醇（分析纯）。
6. 正丁醇。
7. pH8.8 Tris－乙酸缓冲液 100mL，加蒸馏水约 800mL，加 0.1mol/L 乙酸镁溶液 100mL，混匀后用 1% 0.1mol/L 乙酸调节 pH 至 8.8，再用蒸馏水稀释至 1000mL 即可。
8. 1mol/L 乙酸镁溶液：称取乙酸镁 21.45g，溶于蒸馏水中并稀释至 1000mL。

【方法】

1. 匀浆。

称取新鲜兔肝 2g，剪碎后置于玻璃匀浆器中，加入 0.01mol/L 乙酸镁及乙酸钠混合液 6mL，在电动匀浆器上中速匀浆 3min～4min，将匀浆液倒入刻度离心管中，记录其体积。取出 0.1mL（A 液）置于另一试管中。此试管中加入 4.9mL pH8.8 Tris－乙酸缓冲液稀释，待测比活性用。

2. 提取。

取 10mL 兔肝匀浆液，加入 3mL 正丁醇，用玻棒充分搅拌 2min 左右，然后在室温放置 30min 以上，用纱布过滤，滤液倒入量筒中。

3. 丙酮沉淀。

滤液中加入等体积的冷丙酮，立刻混匀后离心（3000r/min）5min。将上清液倒入回收瓶中，在沉淀中加入 0.5mol/L 乙酸镁 4mL，用玻棒充分搅拌使其溶解，同时记录悬浮液体积。此时吸取 0.1mL（B 液）置于一试管中，在其中加入 pH8.8 Tris－乙酸缓冲液 4.9mL，待测比活性用。

4. 分步分离。

在溶解的悬浮液中加入冷 95％乙醇，使乙醇最终浓度达 30％，混匀后立即离心（3000r/min）5min。将上清液倒入另一量筒，弃去沉淀。上清液加入冷 95％乙醇，使乙醇最终浓度达 60％，混匀后离心（3000r/min）5min。上清液倒入回收瓶中，在沉淀中加入 0.01mol/L 乙酸镁及乙酸钠混合液 4mL，充分搅拌使其完全溶解。

重复上述操作，在悬浮液中加入冷 95％乙醇，使乙醇最终浓度达 30％，混匀后离心（3000r/min）5min。将上清液倒入另一量筒，弃去沉淀，上清液加入冷 95％乙醇，使乙醇最终浓度达 60％，混匀后离心（3000r/min）5min。上清液倒入回收瓶中，沉淀中加入 0.5mol/L 乙酸镁 3mL 充分溶解并记录体积（C 液）。取 0.1mL C 液，再加入 pH8.8 Tris－乙酸缓冲液 1.9mL，待测比活性用。

5. 纯化。

C 液中加入冷丙酮至最终浓度达 33％，混匀后离心（3000r/min）5min，弃去沉淀，上清液量体积；再加入冷丙酮至最终浓度达 50％，混匀后离心（3500r/min）15min，保留沉淀，加入 pH8.8 Tris－乙酸缓冲液 2.5mL 溶解（D 液）。D 液即为纯化的酶液。

【注】

1. 实验过程中所有离心均为冷冻离心。
2. 所有有机溶剂必须预先冷冻。
3. 各阶段提取液需取出部分，待测浓度。计算、加量应准确。

Ⅱ　碱性磷酸酶比活性测定

【原理】

比活性是指每单位重量（mg）的酶蛋白样品中所含的酶活性单位。随着酶蛋白逐步纯化，其比活性将随之逐步升高，故测定酶的比活性可鉴定酶的纯化程度。因此，测定比活性时须测定 1mL 样品的蛋白质毫克数及酶的活性。

本实验测定兔肝碱性磷酸酶在分离、纯化过程中，各阶段的得率及比活性提高的倍数。碱性磷酸酶（AKP）的活性用磷酸苯二钠法测定（原理详见酶促反应的动力学实验），蛋白质含量用考马斯亮蓝法测定。

【材料】

1. 复合底物液：称取二水磷酸苯二钠 6g，4－氨基安替比林 3g，分别溶于煮沸并冷却后的蒸馏水中，两液混合并稀释至 1000mL，加入 4mL 氯仿防腐。复合底物液贮存于棕色瓶内，置冰箱中保存，可用一周。临用时将此液用 0.1mol/L pH10 碳酸盐缓冲液等量混合即可。

2. 0.1mol/L pH10 碳酸盐缓冲液：称取 Na_2CO_3 6.36g 及 $NaHCO_3$ 3.36g 溶于蒸馏水中并稀释至 1000mL。

3. 0.5%铁氰化钾液：称取铁氰化钾 5g 及硼酸 15g 分别溶于 400mL 蒸馏水中，溶解后将两液混合，再加蒸馏水至 1000mL，放棕色瓶中暗处保存。

4. 酚标准液：称取重结晶酚（或分析纯酚）1.5g 溶于 0.1mol/L HCl 中，并用此 HCl 溶液稀释至 1000mL，即成贮存液。

取上述酚液 25mL 加入 250mL 碘量瓶中，加 50mL 0.1mol/L NaOH 加热至 65℃，再加入 0.1mol/L 碘溶液 25mL，盖好碘量瓶塞，放置 30min 后，加浓 HCl 5mL，再加 0.1%淀粉液（新配制）作为指示剂，用 0.1mol/L 标准硫代硫酸钠液滴定。滴定反应如下：

$$3I_2 + C_6H_5OH \rightarrow C_6H_2I_3(OH) + 3HI$$

$$I_2 + 2Na_2S_2O_3 \rightarrow 2NaI + Na_2S_4O_6$$

根据上述反应，3 分子碘（相对分子质量为 254）与 1 分子酚（相对分子质量为 94）起作用，因此 1mL 0.1mol/L 碘溶液（含碘 12.7mg）所相当的酚的毫克数应为：

$$\frac{12.7\times94}{3\times254} = 1.567$$

假定 0.1mol/L 碘液 25mL 与 25mL 酚液作用后剩余的碘用 $Na_2S_2O_2$ 滴定为 XmL，

则 25mL 酚溶液中所含的酚量为（25－X）×1.567mg，即酚贮存液的浓度。

按上述方法标定后，贮存液的浓度用蒸馏水做适当稀释，即成酚的应用标准液（0.1g/L）。

【方法】

1. 取试管 6 支并编号，按表 39－1 操作。

表 39－1　碱性磷酸酶活性测定的试剂加样表

管　　号	A	B	C	D	标准	空白
各阶段稀释酶液（mL）	0.1	0.1	0.1	0.1	—	—
酚标准液（0.1g/L）（mL）	—	—	—	—	0.1	—
Tris 缓冲液 pH8.8（mL）	—	—	—	—	—	0.1
预热至 37℃复合底物液（mL）	3.0	3.0	3.0	3.0	3.0	3.0

加入复合底物液后，立即在 37℃水浴中准确保温 15min。

保温结束后，各管立即加入 0.5%铁氰化钾溶液 2.0mL 以终止酶促反应，立即混匀，静置 15min，在波长 510nm 处比色。

2. 酶活性单位。在 37℃下保温 15min 产生 1mg 酚，将此活性定为该酶的 1 个活性单位（U）。

$$1\text{mL 酶液中的酶活性单位}=\frac{\text{测定管 }A}{\text{标准管 }A}\times\text{标准管中酚量}\times\text{稀释倍数}$$

【注】

1. 由前面操作可见 A 管、B 管均稀释至原液的 1/50，C 管稀释至原液的 1/20。如 D 管颜色过深，则需适当稀释后再测定。

2. 操作中取量要准确。

3. 酶活性单位数也可通过酚标准曲线的绘制来测定，可参考“细胞膜的制备”。

Ⅲ　碱性磷酸酶蛋白质含量测定

（Mabionm Bradford 法）

【原理】

利用考马斯亮蓝能与蛋白质着色，在一定浓度范围内，蛋白质的含量与颜色深浅成正比。

【材料】

1. 标准蛋白质液：称取牛血清清蛋白 200mg 溶于 0.9% NaCl 溶液，定溶至 100mL。

2. 显色液：称取考马斯亮蓝 G250 100mg 溶于 50mL 95%乙醇，加入 100mL 85%磷酸，用蒸馏水稀释到 1000mL。考马斯亮蓝 G250 乙醇液和磷酸液的终浓度分别为 0.01%、4.7%和 8.5%。

【方法】

1. 蛋白质标准曲线的制备。

取 10 支试管，按表 39－2 操作。以吸光率为纵坐标，以蛋白质含量为横坐标作图得标准曲线。

表 39－2　蛋白质标准曲线的制备

管号 / 试剂	1	2	3	4	5	6	7	8	9	10
标准蛋白质溶液（μL）	0	2.5	5	10	20	30	40	50	60	70
缓冲液（μL）	100	97.5	95	90	80	70	60	50	40	30
显色液（μL）	5	5	5	5	5	5	5	5	5	5
2min 后在波长 595nm 处比色										
蛋白含量（μg）	0	5	10	20	40	60	80	100	120	140

2. 各阶段酶液蛋白质含量的测定。

取试管 6 支，编号，按表 39－3 操作。

表 39－3　各阶段酶液蛋白质含量测定加样表

管号 / 试剂	A	B	C	D	对照	标准
蛋白质溶液（mL）	0.1	0.1	0.1	0.1	—	0.1
pH8.8 Tris－乙酸缓冲液（mL）	—	—	—	—	0.1	—
显色液（mL）	5.0	5.0	5.0	5.0	5.0	5.0

各管充分混匀，2min 以后在波长 595nm 处比色，读取吸光率。

3. 蛋白质浓度的计算。

从标准曲线上查得样品液的毫克数，乘以 1/0.1，再乘以稀释倍数，换算为 1mL 样品中所含蛋白质的毫克数。

4. 比活性及得率计算。

比活性的计算：

$$碱性磷酸酶的比活性（U/mg）=\frac{1mL\ 样品的酶活性单位（U/mL）}{1mL\ 样品的蛋白质的量（mg）}$$

得率的计算：

碱性磷酸酶的总活性单位（U）=1mL 样品中酶的活性单位（U/mL）×样品体积（mL）

$$碱性磷酸酶各阶段得率=\frac{各阶段酶的总活性单位（U）}{A\ 液中的酶的总活性单位（U）}\times 100\%$$

5. 填表。

将实验结果填入表 39-4。

表 39-4 实验结果表

分离阶段	总体积（mL）	蛋白质（mg/mL）	总蛋白质（mg）	酶活性（U/mL）	总活性（U）	比活性（U/mg）	纯化倍数	得率（%）

【注】

1. 注意 A、B、C、D 液的稀释倍数及取样量。
2. 各管加样量要准确，加入显色剂时要充分混匀。
3. 比色不能超过 1h。

Ⅳ　酶促反应的动力学实验

Ⅳ－1　pH 对酶活性的影响

【原理】

酶的本质是蛋白质，只有当酶处于一定的游离状态下，才有利于酶与底物的结合及对底物的催化，使酶促反应最强，因此酶促反应会受溶液的 pH 的影响。此外，溶液的 pH 还可能影响底物或辅酶的解离程度，从而改变酶的催化活性。当其他作用条件不变时，通常只有在一定的 pH 范围内，酶才表现其催化活性，且在某一 pH 时，酶的活性才达最大值，这一 pH 称为酶的最适 pH。不同的酶其最适 pH 也不同。体内大多数酶的最适 pH 为 6.5～8.0，但也有例外，如磷酸单脂酶（简称磷酸酶）就有两类：碱性磷酸酶的最适 pH 为 8.0～12，酸性磷酸酶的最适 pH 则在 5 左右。

碱性磷酸酶（AKP）的特异性较差，能水解多种磷酸酯，但对于不同的底物，甚至在不同的缓冲体系中，其最适 pH 也有差异。测定碱性磷酸酶活性的方法很多，常用的如 β－磷酸甘油法、磷酸苯二钠法（4－氨基安替比林法）、磷酸酚酞法、磷酸麝香草酚法等。本实验采用磷酸苯二钠法，在不同 pH 值的甘氨酸缓冲液条件下，测定其活性，从而确定其最适 pH。

以磷酸苯二钠为底物，被碱性磷酸酶水解后则产生游离酚和磷酸盐。酚在碱性溶液中与 4－氨基安替比林作用，经铁氰化钾氧化可产生红色的醌类衍生物。根据红色深浅就可测出酶的活性，从而得出酶的最适 pH。反应式如下：

磷酸苯二钠 + H_2O $\xrightarrow{AKP}$ 酚 + Na_2HPO_4 磷酸氢二钠

酚 + 4－氨基安替比林 $\xrightarrow[\text{碱性条件}]{K_3Fe(CN)_2}$ 醌类衍生物

【材料】

1. 甘氨酸缓冲液：称取 15.01g 甘氨酸，加蒸馏水溶解，稀释至 1000mL，配成 0.2mol/L 甘氨酸缓冲液，于 50mL 0.2mol/L 甘氨酸溶液中按表 39－5 加入 0.2mol/L NaOH，最后加蒸馏水至 100mL，配成不同 pH 的甘氨酸缓冲液。

缓冲液配好后用 pH 计进一步校正 pH，校正时缓冲液的温度应预热至 37℃。

表 39－5　不同 pH 的甘氨酸缓冲液的配制

pH	0.2mol/L 甘氨酸溶液（mL）	0.2mol/L NaOH（mL）
8.0	50.0	1.0
9.0	50.0	7.5
10.0	50.0	31.0
11.0	40.0	48.5
12.0	40.0	56.5

2. 0.04mol/L 底物液：称取磷酸苯二钠 9.72g（或二水磷酸苯二钠 10.16g），用冷却的蒸馏水溶解并稀释至 1000mL，加 4mL 氯仿防腐，贮存于棕色瓶中，冰箱内保存，此液只能用一周。

3. 酶液：取经纯化的碱性磷酸酶 5mg，用 pH8.8 Tris－乙酸缓冲液配成 100mL，放入冰箱内保存。

4. 其余试剂同前面实验 39Ⅱ。

【方法】

1. 取试管 6 支，编号，按表 39－6 操作。

表 39－6　pH 对碱性磷酸酶活性影响实验的操作步骤

管　　号	1	2	3	4	5	6
各 pH 甘氨酸	pH8.0	pH9.0	pH10.0	pH11.0	pH12.0	—
缓冲液（mL）	1.0	1.0	1.0	1.0	1.0	—
蒸馏水（mL）	—	—	—	—	—	1.0
0.04mol/L 底物液（mL）	1.0	1.0	1.0	1.0	1.0	1.0
37℃水浴中保温 5min						
酶液（mL）	0.1	0.1	0.1	0.1	0.1	—
pH8.8 Tirs－乙酸缓冲液	—	—	—	—	—	0.1

2. 加入酶液后，立即计时，混匀后，在 37℃水浴中准确保温 15min。

3. 保温后，各管中立即加入碱性液 1.0mL 终止反应。

4. 各管中分别加入 0.3% 4－氨基安替比林液 1.0mL 及 0.5%铁氰化钾 2.0mL 充分混匀，使呈色完全。室温放置 10min，以 6 号管校正零点，于波长 510nm 处比色，记录各管吸光率。

5. 根据各管吸光率，由标准曲线上查出酚的微克数（见前酶比活性测定），则可计算出酶的活性单位：

$$100\text{mL 酶液中的酶活性}=\text{释出的酚量}\ (\mu\text{g})\times\frac{1}{0.1}\times 100\times\frac{1}{1000}=\text{释出的酚量}\ (\text{mg})$$

37℃下保温 15min 产生 1mg 酚定为酶的 1 个活性单位。

6. 以 pH 值为横坐标，以酶的活性单位为纵坐标作图，将各点连成曲线，从此曲线上求出该实验条件下，碱性磷酸酶的最适 pH 值。

Ⅳ－2 温度对酶活性的影响

【原理】

温度对酶活性有显著的影响。温度低时，酶促反应减弱或停止，温度从较低逐渐升高时，反应速度也随之逐渐增加，当温度升高到某一定值时，酶促反应达到最高峰，此温度称为酶的最适温度。但酶是蛋白质，其本身也因温度升高而变性，超过最适温度时，其活性反而降低。一般温度升至 80℃以上，酶活性几乎全部丧失。应指出，在进行体外实验时，酶的最适温度会随着保温时间长短而有所变化。

本实验以碱性磷酸酶为例，在一定时间，观察酶活性在不同温度下的变化。

【材料】

1. 0.1mol/L 碳酸盐缓冲液 pH10（37℃）：称取 Na_2CO_3 6.36g 及 $NaHCO_3$ 3.36g 溶于双蒸水中，并稀释至 1000mL。

2. 其余试剂与前面实验 39Ⅱ。

【方法】

1. 取试管 5 支，编号，按表 39－7 操作。

表 39－7　温度对酶活性影响实验的操作步骤

<table>
<tr><th>管　号
试　剂</th><th>1</th><th>2</th><th>3</th><th>4</th><th>空白</th></tr>
<tr><td>0.1mol/L pH10 的碳酸盐缓冲液</td><td>1.0</td><td>1.0</td><td>1.0</td><td>1.0</td><td>1.0</td></tr>
<tr><td>0.04mol/L 底物液</td><td>1.0</td><td>1.0</td><td>1.0</td><td>1.0</td><td>1.0</td></tr>
<tr><td>预温温度</td><td colspan="2">放冰浴 3min</td><td colspan="2">放 37℃水浴 3min</td><td>放沸水浴 3min</td></tr>
<tr><td>酶液</td><td colspan="2">冰浴中预冷酶液 0.1mL</td><td colspan="2">室温下酶液 0.1mL</td><td>蒸馏水 0.1mL</td></tr>
<tr><td>保温温度</td><td>放冰浴 15min</td><td>放冰浴 15min 后立即移至 37℃水浴 15min</td><td>放 37℃水浴 15min</td><td>放沸水浴 15min 后立即移至 37℃水浴 15min</td><td>放 37℃水浴中 15min</td></tr>
</table>

2. 各管保温后，立即加入碱性试剂 1.0mL 以终止反应。

3. 各管中再分别加入 0.3% 4－氨基安替比林液 1.0mL 及 0.5%铁氰化钾 2.0mL 充分混匀，室温放置 10min，以空白管校正零点，在波长 510nm 处比色，测定各管吸光率，并计算各管的酶活性，比较各种温度对酶活性的影响。

Ⅳ－3　底物浓度对酶活性的影响
（碱性磷酸酶米氏常数的测定）

【原理】

在温度、pH 及酶浓度恒定的条件下，底物浓度对酶的催化作用有很大的影响。在一般情况下，当底物浓度很低时，酶促反应速度（V）随底物浓度（[S]）的增加而迅速增加；但当底物浓度继续增加时，反应速度的增加率就比较小。当底物浓度增加至某种程度时，反应速度就达到一个极限值（最大速度 V_m），如图 39－1 所示。

底物浓度与反应速度间的这种关系可用下列 Michacelis－Menten 方程式表示：

$$V=\frac{V_m\,[S]}{K_m+[S]}\quad 或\quad K_m=[S]\left(\frac{V_m}{V}-1\right)$$

V_m：最大反应速度；

K_m：米氏常数。

当 $V=\frac{1}{2}V_m$ 时，$K_m=[S]$。所以，米氏常数是反应速度等于 1/2 最大反应速度时

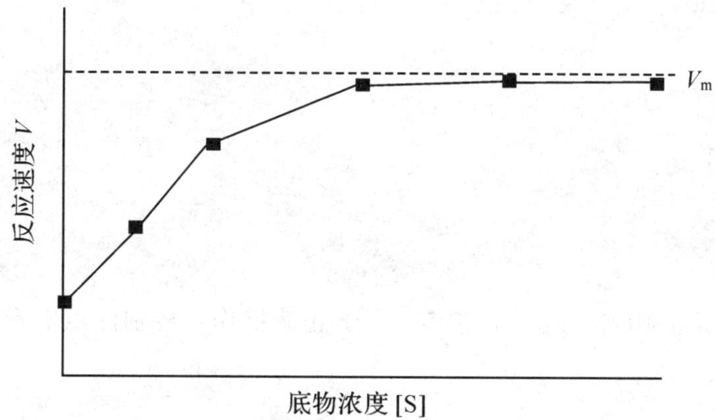

图 39－1 酶促反应速度随底物浓度的变化曲线

的底物浓度。K_m 是酶的特征常数，测定 K_m 是研究酶的一种重要方法。大多数酶的 K_m 值为 0.01mmol/L～100mmol/L。

但是，在一般情况下，根据实验结果绘制成上述直角双曲线却难以正确求得 K_m 和 V_m 值，如果将 Michacelis－Menten 方程式转换成 Linewever－Burk 方程式：

$$\frac{1}{V}=\frac{K_m+[S]}{V_m[S]} \quad 或 \quad \frac{1}{V}=\frac{K_m}{V_m[S]}+\frac{1}{V_m}$$

此方程式为一直线方程式，故用反应速度的倒数，底物浓度的倒数来制图，则易于正确求得该酶的 K_m 值。以 $1/V$ 和 $1/[S]$ 分别为纵坐标和横坐标作图，可得出图 39－2，并由此推测出酶的 K_m 值。

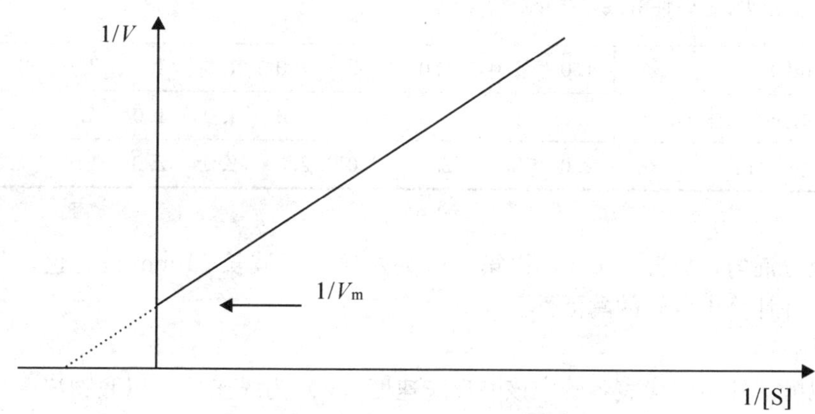

图 39－2 酶促反应速度倒数与底物浓度倒数的关系曲线

在图 39－2 中，K_m/V_m 为该直线的斜率。而直接与纵坐标的交点为 $1/V_m$（截距），由此直线延长与横坐标的交点则为 $-1/K_m$，从而可在图上量出 $1/K_m$ 值并得出 K_m 值。

本实验即以 AKP 为例，测定不同底物浓度对酶活性的影响，按双倒数方程式作图，计算出 K_m 值。

【材料】

同实验 39Ⅱ。

【方法】

1. 取干净试管 10 支，编号，按表 39－8 正确操作，特别注意准确吸取底物液和酶液。

表 39－8 底物浓度对酶活性影响实验的操作步骤

管　号	1	2	3	4	5	6	7	8	9	10
0.04mol/L 底物液（mL）	0.05	0.1	0.2	0.3	0.4	0.8	1.0	1.2	—	—
pH10 碳酸盐缓冲液（mL）	0.7	0.7	0.7	0.7	0.7	0.7	0.7	0.7	0.7	0.7
蒸馏水（mL）	1.15	1.1	1.0	0.9	0.8	0.4	0.2	—	1.2	1.2
37℃水浴保温 5min										
酶液（mL）	0.1	0.1	0.1	0.1	0.1	0.1	0.1	0.1	0.1	—
酚标准液（mL）	—	—	—	—	—	—	—	—	—	0.1
最终底物液（mmol/L）	1	2	4	6	8	16	20	24	—	—
加入酶后立即计时，各管混匀后均在 37℃水浴中准确保温 15min，保温后立即加入碱性溶液以终止反应										
碱性溶液（mL）	1.0	1.0	1.0	1.0	1.0	1.0	1.0	1.0	1.0	1.0
0.3% 4－氨基安替比林（mL）	1.0	1.0	1.0	1.0	1.0	1.0	1.0	1.0	1.0	1.0
0.5%铁氰化钾（mL）	2.0	2.0	2.0	2.0	2.0	2.0	2.0	2.0	2.0	2.0

各管充分混匀，放置 10min，以第 9 管为对照，于波长 510nm 处比色，测定各管的吸光率，并计算出各管的酶活性。

2. 作图。

(1) 以酶活性单位代表各管中该酶反应速度（V）为纵坐标，以底物浓度（[S]）为横坐标，在坐标纸上描出各点并连接之，观察该图形的形状。

(2) 以酶活性单位的倒数代表该酶反应速度的倒数（$1/V$）为纵坐标，以底物浓度的倒数（1/[S]）为横坐标，在坐标纸上描出各点并连接之，求出该酶的 K_m。

Ⅳ－4　抑制剂对酶促反应速度的影响

【原理】

能降低酶活性，甚至使酶完全丧失活性的物质，被称为酶的抑制剂。酶的抑制分为可逆性抑制与不可逆性抑制两大类。不可逆性抑制剂与酶生成共价结合的复合物，或以其他结合方式生成结合牢固且难于再解离的复合物。可逆性抑制剂如一般与酶的底物的化学结构相似的物质（竞争性抑制剂），可与酶的活性中心结合，从而使酶与其底物结合的比例减少，降低酶促反应速度，但当加大底物浓度时，可逆转其抑制。

本实验以无机磷酸盐及茶碱作为碱性磷酸酶的竞争性抑制剂进行实验，所得数据仍按双倒数方程作图，从而观察此类抑制的动力学特点。

【材料】

1. 0.04mol/L Na_2HPO_4 液：称取 Na_2HPO_4 4.3g 溶于 0.1mol/L pH10 碳酸盐缓冲液中，并用此液稀释至 1000mL。

2. 其余试剂同实验 39Ⅱ。

【方法】

1. 取干净试管 10 支，编号，按表 39－9 操作，应特别注意准确吸取底物液、抑制剂溶液及酶液。

表 39－9　抑制剂对酶促反应速度的影响实验的操作步骤

管　　号	1	2	3	4	5	6	7	8	9	10
0.04mol/L 底物液（mL）	0.05	0.1	0.2	0.3	0.4	0.8	1.0	1.2	—	—
0.04mol/L Na_2HPO_4(mL)	0.1	0.1	0.1	0.1	0.1	0.1	0.1	0.1	0.1	0.1
0.1mol/L pH10 碳酸盐缓冲液（mL）	0.6	0.6	0.6	0.6	0.6	0.6	0.6	0.6	0.6	0.6
蒸馏水（mL）	1.15	1.1	1.0	0.9	0.8	0.4	0.2	—	1.2	1.2

续表 39-9

管　号	1	2	3	4	5	6	7	8	9	10
37℃保温 5min										
酶液（mL）	0.1	0.1	0.1	0.1	0.1	0.1	0.1	0.1	0.1	—
酚标准液（mL）	—	—	—	—	—	—	—	—	—	0.1
最终底物液（mmol/L）	1	2	4	6	8	16	20	24	—	—
加入酶液后，立即计时，混匀后 37℃水浴中准确保温 15min，保温完毕，立即加入碱性溶液以终止反应										
碱性溶液（mL）	1.0	1.0	1.0	1.0	1.0	1.0	1.0	1.0	1.0	1.0
0.3% 4-氨基安替比林（mL）	1.0	1.0	1.0	1.0	1.0	1.0	1.0	1.0	1.0	1.0
0.5%铁氰化钾（mL）	2.0	2.0	2.0	2.0	2.0	2.0	2.0	2.0	2.0	2.0

充分混匀，室温放 10min，以空白为对照，于波长 510nm 处比色，记录各管吸光率，并计算各管酶活性。

2. 作图。以代表酶活性单位的反应速度的倒数（$1/V$）为纵坐标，以底物浓度的倒数（$1/[S]$）为横坐标，在坐标纸上画出相应的各点，并连接各点。观察直线在纵、横轴上的截距，求出其 K_m 值，并与未加抑制剂时的 K_m 值进行比较，说明该抑制剂属于何种类型的抑制剂。

实验 40　肝糖原的提取与鉴定

【原理】

肝脏中含有大量的糖原，称之为肝糖原。肝糖原是肝组织贮存葡萄糖的重要方式。提取肝糖原时可用三氯乙酸破坏肝组织中的酶且沉淀蛋白质而保留糖原。糖原不溶于乙醇而溶于热水，用 95%的乙醇可以将糖原沉淀，然后再使其溶解在热水中。当糖原遇到碘时可与碘发生作用而呈红棕色，并可以被酸水解为葡萄糖。利用这一呈色反应和葡萄糖的还原性，可判定肝组织中糖原的存在。

【材料】

1. 5%三氯乙酸。
2. 95%乙醇。
3. 0.9%NaCl 溶液。
4. 碘试剂：I 100mg 和 KI 200mg 溶于 30mL 蒸馏水中。

【方法】

1. 肝组织匀浆制备。

迅速处死动物（兔或小白鼠），立即取出肝脏，用 0.9%NaCl 溶液洗去血液，再用滤纸吸干，称取肝组织约 1g，迅速剪碎并放入盛有 5%三氯乙酸 1mL 的研钵中，将肝组织研至乳状后再加 5%三氯乙酸 3mL，再磨成匀浆。1g 组织约为 4mL。过滤匀浆。

2. 提取糖原。

向滤液中加入等体积的 95%乙醇，混匀，静置 10min，以 3000r/min 离心 5min。倾去上清液，白色沉淀即为糖原。加 2mL 蒸馏水到离心管中，吸出并加到玻璃试管中，加热使沉淀溶解，溶液呈乳样光泽。

3. 糖原鉴定。

取碘试剂 2 滴滴于白瓷板孔穴中，加提取液 1 滴，观察其呈色。另一孔中只加碘试剂 2 滴作为呈色对比。

实验 41　尿糖定性实验

【原理】

正常人尿中不含有葡萄糖，而患糖尿病时，尿中出现大量的葡萄糖。通过测定尿中有无葡萄糖可对患者做出辅助诊断。葡萄糖有还原性，能使铜离子 Cu^{2+} ［$Cu(OH)_2$，蓝色］还原成亚铜离子 Cu^{+} ［Cu_2O，砖红色］并沉淀。临床上尿糖的测定就是根据这一原理。这一方法简便易行，还可根据沉淀颜色的不同大致估计出尿中的含糖量。

【材料】

1. 班氏试剂：$CuSO_4 \cdot 5H_2O$ 17.3g 溶于 100mL 水中，另称取柠檬酸钠 173g、Na_2CO_3 100g 溶于 700mL 水中，将两溶液合并后，再用水稀释到 1000mL。

2. 按不同浓度制备未知尿液 4 管。

【方法】

1. 取小试管 1 支，加班氏试剂 10 滴，于沸水浴中加热 3min～5min，溶液应仍为蓝色，说明试剂没有被污染而失效。

2. 取小试管 5 支，编号，各加班氏试剂 30 滴，分别在 1、2、3、4 管中加未知尿液样品 1、2、3、4 号各 4 滴。在 5 号管中加自己的尿液 4 滴作为对照。将所有的试管放入沸水浴中 3min～5min，观察并记录结果。

3. 按表 41－1 判断结果。

表 41－1　尿糖定性测定结果判断

尿的颜色	砖红色	橘红色	黄色	绿色	蓝色
尿糖阳性程度	＋＋＋＋	＋＋＋	＋＋	＋	—
尿糖浓度估计量	＞2％	1％～2％	0.5％～1％	＜0.5％	—

实验 42　金免疫技术

金免疫技术是标记免疫技术中的一种，其特点是以胶体金作为标记物。

Ⅰ　免疫金的特性和制备

胶体金的结构：由一个基础金核（原子金 Au）及包围在外的双离子层构成，紧连在金核表面的是内层负离子（$AuCl_2^-$），外层离子为 H^+。

胶体金的特性：胶体性，呈色性。

表 42－1　胶体金颗粒的呈色和应用

胶体金颗粒直径（nm）	呈色	应　用
2～5	橙黄色	免疫组化法检测抗原或抗体
10～20	酒红色	液相中抗原或抗体测定
30～80	紫红色	免疫沉淀试验

胶体金的制备：在还原剂作用下，氯金酸聚合成一定大小的金颗粒，形成带负电的疏水胶溶液。常用还原剂有白磷、维生素 C（抗坏血酸）、柠檬酸钠、硼氢化钠、鞣酸等。根据实际需要，采用不同种类、不同剂量的还原剂，可制备直径大小不同的胶体金颗粒。

制备胶体金的注意事项：

（1）玻璃器皿必须严格清洗，绝对洁净后烤干，否则影响生物大分子与胶体金颗粒结合和活化后胶体金颗粒的稳定性，不能获得预期大小的胶体金颗粒。

（2）试剂配制必须严格保持纯净，需应用双蒸或三蒸去离子水，或在临用前过滤试剂，因为有机物或尘粒会干扰胶体金的形成。

（3）配制的胶体金溶液的酸碱性以中性（pH=7.2）较好。

免疫金的制备：胶体金可以和蛋白质等各种大分子物质结合，在免疫组织化学技术中，习惯上将胶体金结合蛋白质的复合物称为金探针。用于免疫测定时，胶体金多与免疫活性物质（抗原或抗体）结合，这类胶体金结合物常被称为免疫金复合物，简称免疫金（immunogold）。

【原理】

胶体金表面的负电荷与蛋白质（抗原、抗体）表面的正电荷相互吸引而结合。胶体金颗粒的粗糙表面也是形成吸附的有利条件。由于结合过程是物理吸附作用，因而不影响蛋白质的生物活性。

胶体金对蛋白质的吸附主要取决于环境 pH，在接近蛋白质等电点或略偏碱的 pH 条件下，二者容易形成牢固的结合物。另外，胶体金对蛋白质的吸附也受离子强度、胶体金颗粒大小、蛋白质分子大小及浓度的影响。

【方法】

1. 免疫金的制备（略）。

2. 免疫金的纯化。

用超速离心或凝胶过滤法去除未结合的蛋白质。

3. 免疫金的保存。

（1）电解质的浓度。少量电解质可对胶体金溶液起稳定作用，但浓度略高，可破坏金颗粒表面的水化层，使之失去稳定性而很快凝集。

（2）稳定剂。加入一定量的牛血清白蛋白（BSA）或聚乙二醇（PEG）可保护胶体金的稳定性，便于长期保存。

（3）胶体金保存浓度。胶体金浓度过高易引起胶体金聚集。在不影响使用的情况下，浓度略低些有利于长期保存。加 0.2g/L NaN_3 防腐，胶体金标记抗体可在 4℃保存数日。

Ⅱ 金免疫测定

Ⅱ—1 斑点金免疫渗滤试验

【原理】

斑点金免疫渗滤试验的基本原理：以硝酸纤维素膜为载体，利用微孔滤膜的可滤过性，使抗原抗体反应和洗涤在一特殊的渗滤装置上以液体渗滤过膜的方式迅速完成。以双抗体夹心法为例。在硝酸纤维素膜的膜片中央滴加纯化的抗体，使之为膜吸附。当滴加在膜上的标本液体渗滤过膜时，标本中所含抗原被膜上抗体捕获，其余无关蛋白质等则滤出膜片。其后加入的胶体金标记的抗体也在渗滤中与已结合在膜上的抗原相结合。

因胶体金本身呈红色，阳性反应即在膜中央显示红色斑点。

【材料】

1. 渗滤装置：其是滴金法测定中的主要装置之一，由塑料小盒、吸水垫料和点加了抗原或抗体的硝酸纤维素膜片三部分组成。塑料小盒可以是多种形状的，盒盖的中央有一直径为 0.4cm～0.8cm 的小圆孔，盒内垫放吸水垫料，硝酸纤维素膜片安放在正对盒盖的圆孔下，紧密关闭盒盖，使硝酸纤维素膜片贴紧吸水垫料。如此即制备成一渗滤装置（图 42－1）。塑料小盒的形状最多见的是扁平的长方形小板，加之滴金法的整个反应过程都是在渗滤装置上进行的，因此又常称渗滤装置为滴金法反应板。

2. 试剂盒组成：滴金法试剂盒的三个基本装置或试剂成分是滴金法反应板、免疫金复合物和洗涤液。为了提供质量控制保证，用于抗原测定的试剂盒还应包括抗原参照品，相应的检测抗体的试剂盒应有阳性对照品。

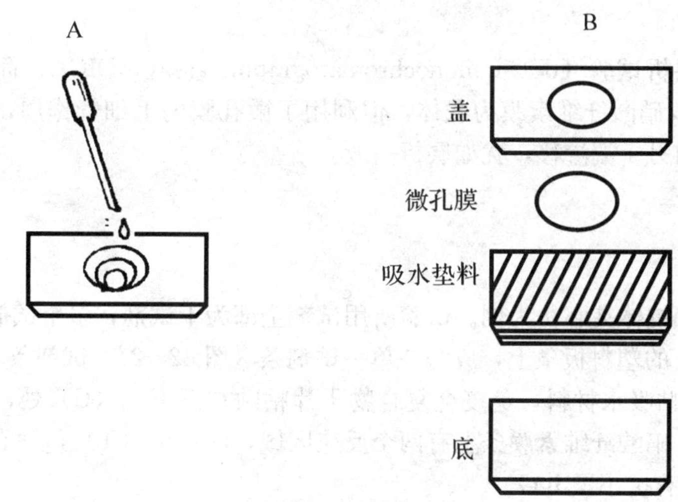

图 42－1　双抗体夹心法渗滤装置及操作示意图

A：操作示意图；B：装置分解图

【方法】

以双抗体夹心法为例，具体步骤如下：

1. 将反应板平放于实验台上，于小孔内滴加血清标本 1～2 滴，待完全渗入。
2. 于小孔内滴加免疫金复合物试剂 1～2 滴，待完全渗入。
3. 于小孔内滴加洗涤液 2～3 滴，待完全渗入。
4. 判读结果。在膜中央有清晰的淡红色或红色斑点显示者，判为阳性反应；反之，则为阴性反应。斑点呈色的深浅相应地提示阳性反应的强度。

【质量控制】

滴金法的质量控制常采用在硝酸纤维素膜上点加质控点的方法。质控小圆点多位于反应斑点的正下方。双抗体夹心法的质控点最好是相应抗原，若该抗原试剂不易制备或价格昂贵时，也可用 SPA 或针对金标抗体的抗抗体充当。间接法的质控点采用盐析法粗提的人 IgG 最为经济、方便。

有将包被斑点由圆点式改成短线条式的：质控斑点横向包被成横线条，如“—”；反应斑点纵向包被成竖线条，如“|”；两者相交成“+”。这样，阳性反应结果在膜上显示红色的正号（+），阴性反应结果则为负号（—），目视判断直观、明了。

Ⅱ—2 斑点免疫层析试验

【原理】

斑点免疫层析试验（dot immunochromatographic assay，DICA）简称免疫层析试验（ICA），也以硝酸纤维素膜为载体，但利用了微孔膜的毛细管作用，滴加在膜条一端的液体慢慢向另一端渗移，犹如层析一般。

【材料】

以单克隆双抗体夹心法为例。试验所用试剂全部为干试剂，多个试剂被组合在一个约 6mm×70mm 的塑料板条上，成为一单一试剂条（图 42−2），试剂条上端（A）和下端（B）分别粘贴吸水材料，免疫金复合物干片粘贴在近下端（C）处，紧贴其上为硝酸纤维素膜条。硝酸纤维素膜条上有两个反应区域，测试区（T）包被有特异抗体，参照区（R）包被有抗小鼠 IgG。

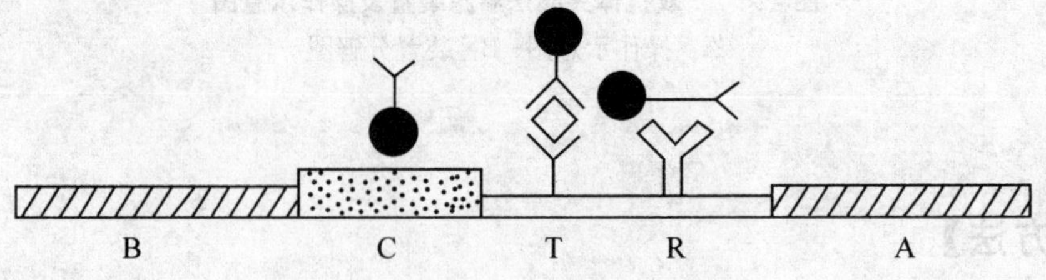

图 42−2 免疫层析试验原理示意图

【方法】

测定时将试纸条下端浸入液体标本中，下端吸水材料即吸取液体向上端移动，流经C处时，使干片上的免疫金复合物复溶，并带动其向膜条渗移。

若标本中有待测特异抗原，这时可与免疫金复合物之抗体结合。此抗原抗体复合物流至测试区（T）即被固相抗体所获，在膜上显出红色反应线条。过剩的免疫金复合物继续前行，至参照区（R）与固相抗小鼠IgG结合（免疫金复合物中的单克隆抗体为小鼠IgG），而显出红色质控线条。反之，阴性标本则无反应线条，而仅显示质控线条。

斑点免疫层析试验在试剂形式和操作步骤上较前述的几种免疫测定法都更为简化，只用一个试剂，只有一步操作。

Ⅲ 应 用

斑点免疫渗滤试验和斑点免疫层析试验的共同特点是：简便、快速、单份测定，除试剂装置外无需任何仪器设备，且试剂稳定。因此，这两种试验特别适用于急诊检验。但这类试验不能准确定量，所以主要限于检测正常体液中不存在的物质（例如诊断传染病中的抗原或抗体）以及正常含量极低而在特殊情况下异常升高的物质（如HCG等）。目前临床检验中已开展的项目有：激素测定，如HCG、LH、FSH等；肿瘤标志测定，如HCG、AFP、CEA、PSA等；心血管病标志测定，如肌钙蛋白、肌红蛋白等；微生物感染检测，如HBV、HCV、HDV、HEV、HIV、TP、CT、UU、NG、TORCH、TB、Hp、EBV等；自身抗体检测，如抗dsDNA抗体、抗ssDNA抗体、抗ENA抗体、RF、抗精子抗体、抗子宫内膜抗体、抗胰岛素抗体等；特种蛋白质检测，如CRP、D-Dimer、HbAlc等；毒品检测，如吗啡、安非它明、甲基安非它明（冰毒）等。新项目正在不断发展中。

实验 43　胰岛素和肾上腺素对血糖浓度的影响

【原理】

人和动物体内，血糖浓度受各种激素调节而维持恒定，胰岛素能降低血糖浓度，其他很多激素则具有升高血糖浓度的作用，其中以肾上腺素作用较为迅速而明显。胰岛素促进肝脏和肌肉将葡萄糖合成糖原，又加强糖的氧化作用，故可以降低血糖浓度；肾上腺素促进肝糖原分解而增高血糖浓度。

此实验观察家兔注射胰岛素和肾上腺素前后的血糖浓度变化。

【材料】

1. 家兔 2 只。

2. 草酸钠，25％葡萄糖，肾上腺素 1mg/mL，胰岛素。

【方法】

1. 动物准备。

取正常家兔 2 只，实验前预先饥饿 16 小时，称体重（一般为 2kg～3kg）。

2. 取血。

一般多以耳缘静脉取血，先剪去毛，用二甲苯擦拭兔耳，使其血管充血。再用干棉球擦干，于放血部位涂一薄层凡士林，再用粗针头刺破静脉放血。将血液收入抗凝管中（1mL 血约需 2mg 草酸钠），边收集边摇匀，以防凝固。用干棉球压迫血管止血。将两只兔的血分别制成无蛋白质血滤液。

3. 注射激素后取血。

取饿血后的一只家兔，皮下注射胰岛素，剂量按 1.5U/kg 计算，并记录注射时间。1h 后再取血制成无蛋白质血滤液。取血后立即腹腔或皮下注射 25％葡萄糖液 10mL，以防家兔发生胰岛素性休克而死亡。

另取饿血后的一只兔，皮下注射肾上腺素，剂量按 0.3mg/kg 计算，并记录注射时间。0.5h 后再取血制成无蛋白质血滤液。

测定血糖的方法见附录有关血糖测定的实验。

【计算】

计算出注射胰岛素后血糖浓度降低和注射肾上腺素后血糖浓度增高的百分率。

【附录】

血糖的测定（吴宪－Folin 法）

【原理】

无蛋白质血滤液中的葡萄糖在碱性溶液中与硫酸铜共热，蓝色的二价铜（Cu^{2+}）即还原成砖红色的氧化亚铜（Cu_2O）沉淀。氧化亚铜再使磷钼酸还原成钼蓝。与同样处理的标准葡萄糖液比色，可求出血中葡萄糖的含量。

$$Na_2CO_3 + H_2O \rightarrow NaOH + NaHCO_3$$

$$2HaOH + CuSO_4 \rightarrow Cu(OH)_2 + Na_2SO_4$$

$$2Cu(OH)_2 + C_6H_{12}O_6 \rightarrow Cu_2O\downarrow + C_5H_{11}O_5COOH + 2H_2O$$

$$3Cu_2O + 3H_3PO_4 \cdot 2MoO_3 \cdot 12H_2O \rightarrow 3H_3PO_4 \cdot MO_2O_3 \cdot 12H_2O + 6CuO$$

【材料】

1. 碱性铜试剂：称取无水 Na_2CO_3 40g，溶于 100mL 蒸馏水中，然后加酒石酸 7.5g，若不易溶解可稍加热，冷却后，移入 1000mL 的容量瓶中。另取纯结晶 $CuSO_4$ 4.5g 溶于 200mL 蒸馏水中，溶后再将此溶液倾入上述容量瓶内，加蒸馏水至 1000mL，摇匀，放置备用。

2. 磷钼酸试剂：取纯钼酸 70g，溶于 10%NaOH 400mL 中，其中再加 Na_2WO_4 10g，加热煮沸 30min～40min，以除去钼酸中可能存在的 NH_3，冷却后，加 85% H_3PO_4 250mL，加蒸馏水稀释至 1000mL，摇匀，贮于棕色瓶保存。

3. 标准葡萄糖液：

标准葡萄糖贮存液（10g/L)：准确称取纯葡萄糖 1.00g，用 0.25%苯甲酸液溶解，倾入 100mL 的容量瓶中，最后加 0.25%苯甲酸液至刻度，摇匀，放置冰箱中保存。

标准葡萄糖应用液（25mg/L)：准确取上述贮存液 5mg 移入 200mL 容量瓶中，加 0.25%苯甲酸溶液至刻度。

4. 0.25%苯甲酸液：称取苯甲酸 2.5g，加入煮沸的蒸馏水 1000mL 中，使成饱和溶液，冷却后，取上清液备用。

5. 10%Na_2WO_4。

6. 0.33mol/L H_2SO_4。

【方法】

1. 无蛋白质血滤液的制备。

取干试管 1 支，准确加入蒸馏水 3.5mL，血液 0.1mL，0.33mol/L H_2SO_4 0.2mL，10%Na_2WO_4 0.2mL，混匀。待有澄清液出现后，过滤，收集滤液备用。

2. 取试管 3 支，编号，按表 43-1 操作。

表 43-1 葡萄糖浓度测定操作步骤

编 号	标准管	测定管	空白管
25mg/L 标准葡萄糖液（mL）	1.0	—	—
无蛋白质血溶液（mL）	—	1.0	—
蒸馏水（mL）	—	—	1.0
碱性铜试剂（mL）	1.0	1.0	1.0
摇匀，置沸水浴准确煮沸 8min，取出时切勿摇动，置于冷水浴冷却			
磷钼酸试剂（mL）	1.0	1.0	1.0
混匀，放置 3min			
蒸馏水（mL）	1.5	1.5	1.5
各管混匀后，用红色滤光片或在波长 620nm 处，以空白管校零点，比色			
根据比色测定结果计算血糖浓度			

【临床意义】

血糖正常值：8mg/L～12mg/L。血糖超过 12mg/L，称为高血糖症；超过16mg/L可出现糖尿。糖尿病、甲状腺机能亢进、脑垂体前叶机能亢进、肾上腺皮质和髓质机能亢进等患者均可出现高血糖症和糖尿。血糖低于 7mg/L 称为低血糖症，多见于胰岛素分泌过多、肾上腺皮质机能减退、脑垂体前叶机能减退、甲状腺机能减退等患者。

【注意事项】

1. 用本法所测得的血糖浓度并不完全是真正的葡萄糖浓度，因滤液中尚有其他还原物质的干扰（约占 10%），故结果偏高。

2. 血糖浓度测定应在取血后 2h 内完成，放置过久，糖易分解，致使含量减低。

3. 磷钼酸试剂宜贮于棕色瓶中，如出现蓝色，表明试剂本身已被还原，不能再用。

4. 碱性铜试剂中有氧化亚铜沉淀，也不能用。取碱性铜试剂 1mL，加磷钼酸试剂 1mL，如蓝色消失，表明此试剂无氧化亚铜，可用。

实验44　兔肝细胞脱氧核糖核酸的提取

【原理】

脱氧核糖核酸（DNA）在生物体内是以与蛋白质形成复合物的形式存在的，因此在提取脱氧核糖核酸蛋白质复合物（DNP）后，必须将其中的蛋白质除去。动物和植物组织中的DNP可溶于水或浓盐溶液（如1mol/L NaCl）中，而核糖核蛋白的溶解度很小；但在稀NaCl溶液（0.14mol/L）中，DNP的溶解度很小，而核糖核蛋白的溶解度很大，因此可利用这一性质将DNP与核糖核蛋白及其他杂质分开。

将抽提得到的DNP用十二烷基硫酸钠（SDS）处理，使DNA与蛋白质分开，可用氯仿—异戊醇将蛋白质沉淀除去，而DNA则溶解于溶液中。向溶液中加入适量的乙醇，DNA即析出。

为了防止DNA酶解，提取时可加入适量的乙二胺四乙酸钠盐（$EDTA-Na_2$），以抑制脱氧核糖核酸酶（DNase）的活性。

为了得到较纯的DNA，可利用核糖核酸酶（RNase）处理样品，从而除去DNA样品中混杂的核糖核酸（RNA）。而大部分多糖则在用乙醇或异戊醇的分级沉淀时被除去，如果需要还可进一步通过柱层析、电泳加以纯化。

【材料】

1. 4mol/L NaCl溶液。
2. 25%SDS溶液。
3. 0.14mol/L NaCl—0.15mol/L $EDTA-Na_2$ 溶液（SE溶液）。
4. 0.015mol/L NaCl—0.0015mol/L柠檬酸三钠溶液（0.1倍浓度SSC溶液）：称取NaCl 0.876g、柠檬酸三钠0.441g，溶于重蒸馏水，稀释至1000mL。
5. 1.5mol/L NaCl—0.015mol/L柠檬酸三钠（10倍浓度SSC溶液）：称取NaCl 76.66g、柠檬酸三钠44.1g，溶于重蒸馏水，稀释至1000mL。
6. 3mol/L乙酸钠—0.001mol/L $EDTA-Na_2$ 溶液：称取三水乙酸钠408g、$EDTA-Na_2$ 0.372g，溶于重蒸馏水，稀释至1000mL。
7. 氯仿：异戊醇混合液：氯仿：异戊醇=24：1（体积比）。
8. 70%乙醇，95%乙醇，无水乙醇（分析纯）。
9. 玻璃匀浆器50mL 1支，电动搅拌器（与匀浆器配套用）1台。

10. 恒温水浴箱。

11. 普通离心机（4000r/min），塑料离心管 50mL。

12. 组织天平。

13. 751G 型分光光度计。

14. 2mL、10mL 刻度吸管数支，50mL 小烧杯，玻棒若干。

【方法】

1. DNA 的分离、纯化。

(1) 将兔子处死后，迅速剖腹取出肝脏，用预冷的 SE 溶液洗去血液，用滤纸吸干，称取 10g。将肝组织剪碎（冰浴中进行），加入 25mL 预冷的 SE 溶液，置匀浆器中研磨（上下移动匀浆器，10～15 次，但注意要使玻璃匀浆器与杆保持平行，且与台面垂直），待研成均匀糙状后，将其离心（4000r/min，10min，室温）。

(2) 弃上清液，沉淀用 SE 溶液洗 2～3 次，离心（4000r/min，10min，室温）。

(3) 弃上清液，沉淀加入 SE 溶液使总体积为 11mL，然后滴加 25％SDS 溶液 2.0mL，边加边搅拌，加毕置 60℃水浴保温 10min，并不停地搅拌，溶液变得黏稠并略透明，取出后冷却至室温。

(4) 加入 4mol/L NaCl 溶液 4.0mL，使 NaCl 最终浓度为 1mol/L，搅拌 10min，加入等体积氯仿—异戊醇混合液，颠倒混匀 5min，离心（4000r/min，15min，室温）。

(5) 弃沉淀，上清液加 2.5 倍体积的无水乙醇，边加边搅拌（置冰浴中），DNA 丝状物即缠绕在玻棒上。

(6) 将 DNA 粗制品置于 13.5mL 0.10 倍浓度 SSC 溶液中，再加入 1.5mL 10 倍浓度 SSC 溶液，搅匀，加入等体积氯仿—异戊醇混合液，振摇 10min，离心（4000r/min，15min，室温）。

(7) 弃沉淀，上清液加入 2.5 倍体积的无水乙醇，DNA 沉淀即析出，离心（4000r/min，15min，室温）。

(8) 弃上清液，沉淀用冷风吹干后，再置于 13.5mL 0.1 倍浓度 SSC 溶液中，再加入 1.5mL 10 倍浓度 SSC 溶液，搅匀，加入等体积氯仿—异戊醇混合液，振摇 10min，离心（4000r/min，15min，室温）。

(9) 上清液加入 2.5 倍体积的无水乙醇，DNA 沉淀即析出（置冰浴中），离心（4000r/min，15min，室温）。

(10) 弃上清液，沉淀吹干后溶于 13.5mL 0.1 倍浓度 SSC 溶液中，加入 1.5mL 3mol/L 乙酸钠—0.001mol/L EDTA－Na_2 溶液，混匀，再加入氯仿—异戊醇混合液 8mL，然后加入 2.5 倍体积的无水乙醇，边加边搅，取出丝状 DNA，依次用 70％、95％和无水乙醇各洗 1 次，真空干燥（或冷风吹干）。

(11) 将所得 DNA 取适当，溶于 0.10 倍浓度 SSC 溶液 5mL 中备用。

2. DNA 鉴定。

(1) 用 751C 型紫外分光光度计测定 DNA 制品的浓度，一般以 A_{260} ＝10 相当于

50μg DNA 计算。纯度则常以 $A_{260}/A_{280}=1.8$ 检查。

（2）用二苯胺测定 DNA 含量。

实验 45 原代及传代细胞培养

Ⅰ 原代细胞培养

常用的原代培养法（primary culture）有组织块培养法及消化培养法。

Ⅰ－1 组织块培养法

用组织块培养法进行原代培养，方法简单，细胞容易生长，尤其是培养心肌，有时可观察到心肌组织块的搏动。当心肌细胞由分散到再次彼此接触时，它们的收缩可以很和谐，而且有规则。细胞从组织块向外长并铺满培养皿或培养瓶后，即可进行传代。

【材料】

1. 人体或动物新鲜组织 $0.5cm^3$～$1cm^3$。
2. Hanks 液 200mL。
3. 培养基（常用培养基均可，或依据所培养的细胞而定）50mL。
4. 血清（胎牛血清、小牛血清或人脐带血血清，依实验而定）5mL～10mL。
5. 青霉素、链霉素溶液。
6. 培养皿或培养瓶若干。
6. 眼科镊 2～4 把，眼科剪 2～4 把。
7. 20mL 小烧杯 2 个，玻璃吸管和胶帽若干。
8. 超净工作台，酒精灯，CO_2 孵箱。

【方法】

1. 在无菌条件下，取要培养的组织 $0.5cm^3$～$1cm^3$ 置入小烧杯中，以适量 Hanks 液清洗 2～3 次，去掉组织块表面血污。

2. 用锋利眼科剪将组织块反复剪成约 $0.5mm^3$～$1mm^3$ 大小的小块。

3. 用 Hanks 液反复冲洗，直至液体不混浊为止。稍后组织块下沉。将烧杯倾斜，用小吸管尽量吸出 Hanks 液。

4. 用含 20%灭活血清及含 200U/mL 青霉素、200μg/mL 链霉素的培养液再清洗数次，用小吸管吸干后加入 5mL 含 20%血清的培养液。

5. 用弯头吸管吸取组织小块，均匀地置于培养皿内表面，吸去多余的培养液，各组织小块之间相距 0.5cm 为宜。盖好培养皿盖，作标记，置于 37℃的 CO_2 孵箱内。

6. 2h～4h 后，于超净台中，缓缓地向培养皿中加入上述含 20%血清、100U/mL 青霉素及 100μg/mL 链霉素的培养液，务必使组织块浸没于培养液中。

7. 轻轻地将培养皿及组织块移置于 CO_2 孵箱内，如无特殊情况，不必观察。1～2 周后，可观察到细胞从组织块边缘长出，形成生长晕。

一般说来，若培养基无明显改变，如不出现浑浊、颜色很黄或有特殊气味等，1 周后换液 1 次即可。待到细胞长满整个培养皿内表面，即可行传代培养。

如果培养器皿是培养瓶而不是培养皿，则将组织块接种于培养瓶底壁后，要轻轻地翻转培养瓶，令瓶底在上，盖好瓶盖后轻轻置入 37℃的 CO_2 孵箱。2h～4h 后，取出培养瓶，在超净工作台内打开瓶盖，仍令组织块在上方。起先，在组织块对面瓶壁加入适量上述培养液，然后轻轻翻转培养瓶以让组织块浸没于培养液中，盖好瓶盖后放回 CO_2 孵箱，继续培养。

如果培养器皿是玻璃培养瓶，而不是塑料培养瓶，则最好在玻璃底表面涂上大鼠鼠尾胶原（附录），以利于组织块的黏附和细胞生长。

Ⅰ—2　消化培养法

消化培养法与组织块培养法的主要区别有二，一是要用酶制剂（最常用的是胰蛋白酶）处理组织块，除去细胞间质，使细胞相互分离，形成单细胞悬浮液；二是细胞生长方式多形成单层（monolayer）。本方法的优点在于单层细胞更易摄取营养，排出代谢产物，因此生长较快，可较快地应用于实验研究；缺点是步骤颇为繁琐，操作不慎易于污染。此外，消化处理要恰到好处，不然对细胞有一定损伤作用。

【材料】

除上述组织块培养所需的材料及设备外，尚需下列物品：

1. 0.2%胰蛋白酶 50mL～100mL。

2. 电磁搅拌器，不锈钢筛（孔径 100μm，20μm），普通台式离心机，普通光学显微镜。

3. 三角瓶（100mL）。

4. 血细胞计数板，计数器。

【操作】

1. 在无菌条件下，取欲培养的组织 $1cm^3$ 置入平皿或三角瓶，以适量 Hanks 液清洗 3 次，去掉组织块表面血污。

2. 以锋利眼科剪将组织块反复剪成直径为 0.5mm～1mm 的小块。

3. 以 Hanks 液冲洗数遍，稍后组织块下沉，吸除 Hanks 液。

4. 用少量 Hanks 液，将组织小块吸入预先置有无菌的铁芯玻璃搅棒的三角瓶中，再加入约 30mL 胰蛋白酶液。

5. 将三角瓶用橡皮塞盖紧，外封以锡箔，然后移于温箱内的电磁搅拌器上。

6. 打开搅拌器电源开关，让铁芯旋转，关好温箱，让胰酶作用。

7. 在消化过程中，每隔一定时间吸取消化物滴于载玻片上，用光学显微镜观察，检查细胞是否分散成单个。若大部分细胞已分散，立即加入适量 Hanks 液，终止消化。通常需消化 10min～20min。

8. 先以 100μm 不锈钢筛过滤，滤去未被消化的组织块或大细胞（若细胞量少，可将这些组织块继续消化，以便取得较多细胞），继以 20μm 不锈钢筛过滤。

9. 将取得的滤液进行低速离心（500r/min～1000r/min）5min，吸除上清液。用 Hanks 液离心清洗 1～2 次。最后加入含血清的培养液，搅匀，制成细胞悬浮液。

10. 用血细胞计数板计数，确定细胞悬浮液浓度，通常以 1×10^5～3×10^5 细胞悬浮液浓度接种于培养瓶或培养皿中。

【注意事项】

1. 用何种蛋白酶消化可视所培养细胞而定，除用胰蛋白酶外，常用Ⅰ型胶原酶消化睾丸支持细胞、血管平滑肌细胞和内皮细胞；用Ⅱ型胶原酶消化大鼠腺垂体细胞等。

2. 可用 4 层纱布代替不锈钢筛，但纱布要预先经高温高压灭菌。

3. 严格地说，原代培养细胞是指未经传代的细胞，但在实用上，人们常将 10 代以内的细胞用作原代培养细胞，因为此时细胞基本上保持其原有的生物学特性。

4. 从原代培养步骤不难看出，原代培养细胞含有多种细胞成分，即它们是异质型（heterogeneity）的群体，因此在设计实验与分析结果时切勿忘记这一因素。

Ⅱ 细胞的传代培养

【材料】

1. 汇合成片的细胞（如 3T3 细胞、HeLa 细胞等）1～2 瓶。

2. Hanks 液 100mL。

3. 0.25%胰蛋白酶溶液 10mL。

4. 0.02%EDTA 溶液 10mL。

5. 倒置显微镜。

6. 消化培养所用的其他设备。

【方法】

1. 在超净工作台内，于无菌条件下，吸除培养皿内旧培养液。

2. 以 Hanks 液清洗 1～2 次，于培养皿内加入 1mL 胰蛋白酶和 EDTA 混合液（1∶1，体积比）。盖好盖，置 37℃温箱中温育 2min～4min（室温中可置 5min 以上，但实验者必须随时在倒置显微镜下观察细胞被消化的情况，若细胞质回缩，细胞间歇增大，甚至看到有个别细胞漂浮起来，必须立即终止消化）。

3. 轻轻吸除消化液，加 Hanks 液小心地清洗 1 次，以去除残存消化液。

4. 加入培养基 1mL 或 2mL，用吸管反复轻轻吹打贴壁的细胞，使它们形成细胞悬浮液。

5. 用计数板计数细胞悬浮液浓度后，以合适的细胞浓度（如 10^5/mL）接种于新培养皿或培养瓶中。

【注意事项】

1. 消化是传代中的关键步骤之一，消化方式各实验室不完全相同，可灵活采用。

2. 为防止消化太过，应随时在显微镜下观察细胞分离状态。消化不足，细胞分散不好，往往成团，不但计数不准确，细胞贴壁也受影响。若遇到细胞很不容易消化，要考虑消化液是否失效，或消化液的 pH 不合适。胰酶的最适 pH 值是 8～9。

3. 传代后，应每天对细胞进行观察，注意是否有污染及细胞贴壁和生长情况。一般单层培养的细胞接种后，在其生长过程中可人为地分成 5 个时期，但各期之间无绝对的界限，在观察中要注意各期特点。

（1）游离期：细胞经消化分散后，由于原生质收缩、表面张力和细胞膜的弹性，细胞变成圆形，折光性强，呈悬浮状态。

（2）吸附期：单细胞悬浮液静置培养一段时间（不同细胞所需时间不同），由于细胞的附壁特性，开始贴壁，24h 后大部分细胞均已贴壁，圆形细胞变成伸展状态，细胞立体感强，细胞质颗粒少而透明。

（3）繁殖期（生长期）：此时细胞快速生长和分裂（可见有许多折光性强的圆形细胞），细胞数目增多，从形成细胞岛直至形成良好的细胞单层。

（4）维持期：细胞形成单层后生长与分裂减缓，折光性强的圆形细胞减少，逐渐停止生长（即出现密度抑制现象）。此时细胞界限逐渐模糊，细胞内颗粒增多，透明度降低，立体感较差。由于细胞代谢产物的积累，二氧化碳增多，培养液逐渐变黄。

（5）衰退期：当细胞形成致密单层后，如不及时换液和传代培养，由于营养的缺乏，代谢产物积累，细胞内颗粒进一步增多。

实验 46　培养细胞的冻存和复苏

细胞不用时或细胞保种时，一般将细胞冷冻保存在液氮中。液氮的温度是－196℃，细胞在其中贮存的时间几乎是无限的。

细胞在培养基中直接降温冷冻，细胞内、外环境中的水都会形成冰晶，可导致细胞内发生一系列变化，如机械损伤、渗透压改变、脱水、pH 改变、蛋白质变性等，能引起细胞死亡。如在培养基中加入保护剂甘油或二甲基亚砜（DMSO），使冰点降低，在缓慢降温条件下，能使细胞内的水分在冻结前透出细胞外，贮存在－130℃以下的低温中能减少冰晶的形成，以避免细胞的死亡。融解细胞时速度要快，使之迅速通过细胞最易受损伤的－5℃～0℃，细胞能保持活性，再培养时仍能生长。

为保持细胞最大存活率，冻存时要遵循慢冻快融的原则。标准的降温速度是－1℃/min～－2℃/min；当温度到达－25℃时，降温速度可加快至－5℃/min～－10℃/min；到－80℃时，可直接放入液氮。现有专为细胞冻存而设计的程序冷冻仪。细胞冻存量大时，可用程序冷冻仪。细胞数量少时常用多层棉花（2cm 以上）包裹，直接放入－70℃冰箱过夜，次日直接放入液氮。复苏时最好在 30s 内将细胞融化。以前要求在 37℃水浴中复苏细胞，笔者的经验是水温应高达 40℃～43℃。原因是以前用玻璃安瓿，传热快，37℃水浴即可达到要求，现在多用塑料冻存管，壁厚且传热慢，只有提高温度才能保证在 30s 内使细胞融化。

Ⅰ　细胞冷冻

【材料】

1. 对数生长期细胞（证明无支原体污染）。
2. 细胞消化液。
3. Hanks 液。
4. 培养基，血清，DMSO（无色，优质，高压消毒）。
5. 吸管，离心管，冻存管，记号笔。

【方法】

1. 用传代 24h～48h 的对数生长期细胞，按常规方法制备细胞悬浮液，计数、调整细胞浓度为 5×10^{6}/mL，离心，弃上清液。

2. 配制冻存液。在培养基中加入 10%DMSO，有的细胞还需添加血清，使血清终浓度达到 20%。

3. 将冻存液滴加至离心管中，然后用吸管轻轻吹打，重新悬浮细胞。

4. 分装至冻存管中，将盖拧紧。

5. 用记号笔做好标记，包括细胞名称、细胞代数、冻存日期、操作人等。

6. 用程序冷冻仪，或用棉花包裹，放入－70℃冰箱过夜后，直接放入液氮罐中保存。现在一般用抽屉式液氮提篮，提篮中分成小格，每小格中存放 1 支冻存管，每提篮可放 60～65 支冻存管。应对提篮进行编号，每小格可根据行、列进行定位。应详细记录细胞存放的位置。

Ⅱ　细胞复苏

【材料】

1. 37℃水浴装置。
2. 细胞培养瓶。
3. 细胞培养液。
4. 吸管，离心管等。

【方法】

1. 从液氮罐中取出冻存管，迅速放入 37℃水浴，不断震摇，尽快融化。

2. 用吸管吸出细胞悬浮液，注入离心管，适当补充液体，以 500r/min～1000r/min 离心。

3. 弃上清液后，再重复用培养液洗 1 次。

4. 用培养液适当稀释后，装入培养瓶，37℃培养。

5. 次日更换培养液，以后按常规进行培养。

实验 47 人皮肤成纤维细胞的培养

皮肤成纤维细胞培养在研究人体细胞生物学、体细胞遗传学和疾病诊断中是常用的方法。如在鉴定患者是否有性染色体结构异常、两性畸形及嵌合体时，除了用外周血淋巴细胞做染色体检查外，还要做皮肤成纤维细胞培养物的染色体检查，才能使诊断更为准确。对某些先天性代谢异常的患者，则可取皮肤成纤维细胞进行组织化学及生物化学的试验或鉴定。为了制作人类染色体图，建立人体细胞库，积累具有各种不同的酶缺陷和易位染色体的细胞株系是必不可少的先决条件。为了研究人体细胞在体外培养条件下的恶性转化(malignant transformation)，建立皮肤成纤维细胞株系也是最常用的手段之一。

【材料】

1. 外科手术切下的皮肤组织，立即放入有培养液的小瓶或平皿内。门诊活体组织检查取材时，要在患者痛觉小、血管少、不影响活动的部位（如前臂、臀部），用肥皂洗净，70％乙醇消毒皮肤（忌用碘酊），皮下注入 1％盐酸普鲁卡因行局部麻醉，再用灭菌的皮肤钻钻取皮肤，放入有培养液的小瓶内。伤口用无菌纱布压迫 1min～2min 即可止血，然后包扎好伤口。得到标本后便可进行无菌操作接种。若不能立即进行培养，或需要过夜时，将标本放入 4℃冰箱保存，第 2 天再进行培养。
2. 培养液可用 McCoy－5A 培养液（有市售），加入 20％灭活的小牛血清，含 100U/mL 青霉素和 100μg/mL 链霉素，用 5.6％$NaHCO_3$ 调 pH 值至 6.7～7.0。

【方法】

1. 将皮肤组织用含 300U/mL 青霉素和 100μg/mL 链霉素的磷酸缓冲液（PBS）或 Hanks 液洗 2 次。
2. 用锋利的眼科剪将附在皮肤上的脂肪和结缔组织去除干净。
3. 用 PBS 或 Hanks 液洗 2～3 次。
4. 用锋利的眼科弯剪将皮肤组织剪碎，使成约 0.5mm^3 大小的小块。
5. 用 PBS 或 Hanks 液洗多次，直至液体不混浊、无油滴、清亮为止。
6. 用含 20％小牛血清的 McCoys－5A 培养液洗 1 次后，将皮肤小块浸没在 5mL McCoys－5A 培养液内，准备进行组织块接种。

7. 将皮肤小块按适当间隔放置在涂有大鼠鼠尾胶原（见附录）的 25mL 无菌培养瓶内，使其固定。然后翻转培养瓶，使有皮肤小块的一面向上。

8. 加入 1.5mL 含 20%小牛血清的 McCoys－5A 培养液。注意勿使培养液与组织块接触，塞紧瓶塞。

9. 让有皮肤小块的一面向上，将培养瓶放入 37℃温箱，静置 3h～4h 后，轻轻将培养瓶翻转过来，使培养液与组织块接触，切勿晃动。3d～4d 内不要观察和翻动，以免影响组织块的贴壁及生长。

10. 约 1 周后每天换液 1 次。

11. 细胞生长的观察。

组织块接种后 4d～7d 开始长出细胞，有些组织块长出成纤维细胞，有些组织块长出上皮细胞。上皮细胞一般会在 1 个月左右自行退化，然后再长出成纤维细胞。当成纤维细胞长成若干大片时，密集的细胞成为集落，或是当成纤维细胞铺满瓶底（即完全汇合）时，便可进行传代。

传代时将瓶内的培养液弃去，用 PBS 洗 1 次，加入胰蛋白酶－EDTA 消化液 0.5mL，轻轻摇动，使整个瓶底湿润，置 37℃温箱内消化 3min～5min。加入新鲜配制的上述培养液 3mL，用滴管把细胞从瓶壁上轻轻地吹打下来，使其成细胞悬浮液，稍静止以后使组织块沉至瓶底。根据细胞的数量，将细胞悬浮液分别转种到新的培养瓶内，25mL 的培养瓶大约接种 25 万个细胞。留在瓶底的组织块便可弃去。从细胞开始生长到第 1 次传代，大约要经历 1～2 个月。以后视细胞生长的快慢，大约 7d～10d传代 1 次，3d～4d 换液 1 次。

【注意事项】

1. 由于通过外科手术获取的皮肤标本带有脂肪，在操作过程中使用的器皿上也都涂有一层脂肪油滴，若未将这些油滴洗干净，就会污染培养液及培养瓶，使组织难以贴瓶，即使贴瓶也很少生长。因此，必须用 PBS 或 Hanks 液将油滴彻底洗净。

2. 要尽可能地剪去皮下结缔组织，因为结缔组织不易长出细胞。组织碎块上带的结缔组织多了，就会包绕组织块的切面，使组织块的切面不能直接贴附于瓶壁，影响细胞的生长。

3. 在接种组织块时，要将组织块的切面贴在瓶底上，这样，有活力的细胞层才能很快长出细胞。

4. 进行外科手术或是活体组织检查皮肤时，若用碘酊消毒，要用 PBS 或 Hanks 液洗净，尽可能除去碘，因碘对细胞有毒性，使细胞不易生长。

5. 组织块接种后，避免经常翻动和振动，否则组织块不易附着在瓶壁上，或是附着后又会脱落。培养液也不宜过多，不然浸泡的组织块受液体轻微的波动便会脱落下来。

6. 皮肤细胞培养一般能传 30～60 代，在此期间，可按实验的要求选择不同代的细胞进行各种细胞生物学分析乃至突变、转化、癌变等研究。

实验室常规技术和仪器使用

离 心 技 术

离心机（centrifuge）的原理是微小粒子的悬浮液在绕轴旋转时产生离心力，微小粒子的质量、大小等因素使得不同种类的物质被分离。随着离心技术的发展，离心装置也不断完善，离心速度经历了由低速到高速、超速的发展过程，离心机结构也更加复杂，加入了冷冻系统、真空系统和良好的操作系统。

一、原理

1. 离心力

离心作用是根据在一定角度速度下做圆周运动的任何物体都受到一个向外的离心力（centrifugal force，Fc）进行的。

$$F = M \cdot \omega^2 \cdot R$$

其中，ω 是旋转角速度，以弧度/秒（rad/s）为单位；R 是颗粒离旋转中心的距离，以厘米（cm）为单位；M 是质量，以克（g）为单位。

2. 相对离心力

由于各种离心机转子的半径或者离心管至旋转轴中心的距离不同，离心力会变化，因此在文献中常用“相对离心力”（relative centrifugal force，RCF）或“数字×g”表示离心力。只要 RCF 值不变，一个样品可以在不同的离心机上获得相同的结果。

RCF 就是实际离心场转化为重力加速度的倍数。

$$RCF = \frac{F_{离心}}{F_{重力}} = \frac{M \cdot \omega^2 \cdot R}{M \cdot \mathrm{g}} = \frac{M \cdot R}{\mathrm{g}} = \frac{2\pi \cdot \frac{n}{60} \cdot R}{980} = 1.118 \times 10^{-15} n \cdot R$$

式中，R 为离心转子的半径距离，以厘米（cm）为单位；g 为地球重力加速度（980cm/s）；n 为转子每分钟的转数，以转/分钟（r/min）为单位。

3. 沉降系数

Svedberg 对沉降系数（sedimentation coefficient，S）下的定义为：颗粒在单位离心力场中移动的速度。

$$S = \frac{\frac{\mathrm{d}R}{\mathrm{d}t}}{\omega^2 \cdot R}$$

一般不同物质的沉降系数 S 实际上时常在 10^{-13}s 左右，故把沉降系数 10^{-13}s 称为 1 个 Svedberg 单位，简写 S，量纲为秒（s）。

4. 沉降速度

沉降速度（sedimentation velocity）是指在离心力作用下，单位时间内物质运动的距离。

$$\frac{\mathrm{d}R}{\mathrm{d}t}=\frac{2(\frac{D}{2})^2(\rho_p-\rho_m)}{9\eta}\cdot\omega^2\cdot R=\frac{D^2(\rho_p-\rho_m)}{18\eta}\cdot\omega^2\cdot R$$

式中，D 为球形粒子直径，η 为流体介质的黏度，ρ_p 为粒子的密度，ρ_m 为介质的密度。

$$S=\frac{\frac{\mathrm{d}R}{\mathrm{d}t}}{\omega^2\cdot R}=\frac{\frac{\mathrm{d}R}{\mathrm{d}t}}{18}\cdot\frac{D^2(\rho_p-\rho_m)}{\eta}$$

当 $\rho_p>\rho_m$，则 $S>0$，粒子顺着离心方向沉降；当 $\rho_p=\rho_m$，则 $S=0$，粒子到达某一位置后达到平衡；当 $\rho_p<\rho_m$ 时，则 $S<0$，粒子逆着离心方向上浮。

5. 沉降时间

在实际工作中，常常遇到要求在已有的离心机上把某一种溶质从溶液中全部沉降分离出来，这就必须首先知道用多大转速与多长时间可达到目的。如果转速已知，则需解决沉降时间（sedimentation time，T_s），以确定分离某粒子所需的时间。

二、离心方法

为了分离不同要求的样品，需要用不同的离心方法。一般有制备离心方法和分析离心方法。根据待分离物理化性质的不同，制备离心可分为差速沉淀离心、速度区带离心和等密度离心等。要获得最佳分离效果，采用这些方法时，还要选择合适的离心转头。

1. 差速沉淀离心

差速沉淀离心（differential centrifugation）一般指分步改变离心速度，用不同的离心力使具有不同质量的物质分批沉淀分离的方法。它适用于沉降速度差别在一到几个数量级的混合样品的分离。差速离心一般采用角度转头。

2. 速度区带离心

速度区带离心（rate zonal centrifugation）是将样品置于一个平缓的介质梯度中沉降，该梯度的最大密度低于样品混合物的最小密度，样品颗粒按照其不同的沉降速率沉降，从而相互分离。经过一定离心时间后，不同大小的颗粒将沉淀在不同的层次上，产生所谓的区带。这种方式的离心适合于密度相似的多种样品的分离。

三、离心机的构造

离心机一般包括驱动系统、离心室、转头、冷冻系统、真空系统、操作系统。

1. 驱动系统

驱动系统主要由电机和转轴组成。电机提供离心的旋转速度，其通过皮带将旋转速度传送给转轴。

2. 离心室

离心室一般由不锈钢板做成，在真空、低温下进行高速旋转。这种结构可防止转头发生爆炸事故而伤害人体。

3. 转头

转头是将离心管放置其中，进行离心的地方。转头分为角度转头（fixed angle rotor）、甩平转头（swing-out rotor）、垂直转头（vertical rotor）等。

4. 冷冻系统

冷冻系统主要由制冷部分将离心室的温度冷却下来，其通过盘在离心室外的冷却管将温度传导给离心室内。

5. 真空系统

离心时由于高速旋转，空气流将影响转头平稳，因此需要利用真空泵对离心机进行抽真空。

6. 操作系统

操作系统是控制机器运行的部分，包括电源开关（power）、速度控制器（speed）、时间控制器（timer）、温度控制器（temperture）、真空控制器（vaccum）、刹车控制器（braker）等。

四、离心机的分类

离心机分类的方法较多。按离心速度分类，离心机可分为低速离心机、高速离心机、超速离心机。低速离心机的转速为 1 分钟几千转，高速离心机的转速为 10000r/min～30000r/min，超速离心机的转速为 30000r/min 以上。按离心用途分类，离心机可分为制备型离心机和分析型离心机。还有另一些分类法是将离心机分为台式和落地式，小型和大型等。

五、离心机使用注意事项

1. 平衡好每一对离心管内的离心物。
2. 将平衡好的每一对离心管对称放置在离心套筒内。
3. 离心速度不能超过规定的转头限制速度，否则会发生离心管爆炸或套筒飞出等事故。
4. 严格按照操作说明进行操作，不要改变操作步骤。

分光光度计技术

有色溶液对光线有选择性吸收作用，不同物质由于其分子结构不同，对不同波长光线的吸收能力不同，因此每种有色溶液都具有其特异的吸收光谱。有些无色溶液则对特定波长的光线具有吸收作用。分光光度技术根据 Lambert－Beer 定律来鉴定物质性质及含量。

一、原理

1. 光的基本知识

光由光量子组成，具有二重性，即不连续微粒性和连续波动性。波长和频率是光的波动特征，可用下式表示：

$$\lambda = \frac{c}{\nu}$$

式中，λ 表示波长，c 表示光速，ν 表示频率（光每秒的振动次数）。

分光光度计的检测波长一般在 200nm～10000nm 之间，200nm～400nm 称为紫外光区，400nm～760nm 为可见光区，760nm～10000nm 为红外光区。

2. 郎伯－比尔（Lambert－Beer）定律

当一束单色光通过溶液后，由于溶液吸收了光能，光的强度减弱。若入射光强度为 I_0，透过溶液的浓度为 C，光通过液体的光程为 b，透射光强度为 I，透射光强度与入射光强度的比值称为透光度 T（transmittance）。当符合 Lamber－Beer 定律条件时有

$$T = \frac{I}{I_0} = 10^{-KbC}$$

式中，K 为比例常数。上式通过数学变换得

$$-\lg T = -\lg \frac{I}{I_0} = \lg \frac{I_0}{I} = \lg \frac{1}{T} = KbC$$

将 $-\lg T$ 称为吸光度 A（absorptivity）。

二、分光光度计的基本结构

分光光度计用于测定溶液中物质的含量。其工作流程如下图所示。

光源：提供所需波长范围的连续光谱，稳定且有足够强度光的装置。常用光源有白炽灯、气体放电灯（氢灯、氘灯、氙灯）、金属弧灯等多种。

单色器：将混合光通过棱镜或光栅分离出单色光的装置，使需要的单色光通过比色池。

比色池：将装有样品液比色皿放入光路中进行比色的装置。

放大器：将光敏管接收到的微弱信号放大的装置。

显示器：显示仪器检测到的信号，包括透光度 T、吸光度 A、浓度指标。

三、分光光度计的误差

影响分光光度计准确性的因素主要是光谱的纯度，即单色性。一般在选择测量的波长时应考虑该物质的波峰尽量宽一点，否则应选用更精确的仪器进行测定。

杂散光的影响也是引起误差的重要因素。它指的是在没有测定时就有干扰光进入检测器而引起的误差。其他影响因素还有比色皿的洁净程度、仪器自身的指标漂移等。

电泳技术

在电解质溶液中，带电粒子在电场中会向相反的电极移动。电泳（electrophoresis）就是利用这种现象将不同成分的物质进行分离的过程。

根据被分离的物质的特点，电泳仪采用恒电压、恒电流、恒功率的不同形式；固体支持介质可分为两类：一类是滤纸、乙酸纤维素薄膜、硅胶、纤维素等，另一类是淀粉、琼脂糖和聚丙烯酰胺凝胶。后一类支持介质由于具有微细的多孔网状结构，故除能产生电泳作用外，还有分子筛效应，小分子物质会比大分子物质跑得快而使分辨率提高。其最大的优点是几乎不吸附蛋白质，因此电泳无拖尾的现象。低浓度的琼脂糖电泳相当于自由界面电泳，蛋白质在电场中可自由穿透，阻力小，分离清晰，透明度高。

一、原理

在电场中，推动带电质点运动的力（F）等于质点所带净电荷量（Q）与电场强度（E）的乘积。

$$F = QE$$

质点的前移同样要受到阻力（F'）的影响，对于一个球形质点，服从 Stoke 定律，即

$$F' = 6\pi r\eta v$$

式中，r 为质点半径，η 为介质黏度，v 为质点移动速度。

当质点在电场中做稳定运动时，$F=F'$，即

$$QE = 6\pi r\eta v$$

上式交换后可写成

$$\frac{v}{E} = \frac{Q}{6\pi r\eta}$$

$\frac{v}{E}$的含义为单位电场强度下的移动速度，这里可用迁移率 μ 表示，即

$$\mu = \frac{Q}{6\pi r\eta}$$

从上式可见，球形质点的迁移率首先取决于自身状态，即与所带电量成正比，与其半径及介质黏度成反比。除了自身状态的因素外，电泳体系中其他因素也影响质点的电泳迁移率。

电泳法可分为自由电泳（无支持体）及区带电泳（有支持体）两大类。自由电泳包

括 Tise－leas 式微量电泳、显微电泳、等电聚焦电泳、等速电泳及密度梯度电泳。区带电泳则包括滤纸电泳（常压及高压）、薄层电泳（薄膜及薄板）、凝胶电泳（琼脂、琼脂糖、淀粉胶、聚丙烯酰胺凝胶）等。

自由电泳法的发展并不迅速，因为其电泳仪构造复杂、体积庞大，操作要求严格，价格昂贵。而区带电泳可用各种类型的物质作支持体，其应用比较广泛。

二、影响电泳迁移率的因素

1. 电场强度

电场强度是指单位长度（cm）的电位降，也称电势梯度。如以滤纸作支持物，其两端浸入电极液中，电极液与滤纸交界面的纸长为 20cm，测得的电位降为 200V，那么电场强度为 200V/20cm=10V/cm。当电压在 500V 以下，电场强度在 2V/cm～10V/cm 时，为常压电泳；当电压在 500V 以上，电场强度在 20V/cm～200V/cm 时，为高压电泳。电场强度大，带电质点的迁移率加大，因此省时，但因产生大量热量，应配备冷却装置以维持恒温。

2. 溶液的 pH

溶液的 pH 决定被分离物质的解离程度、质点的带电性质及所带净电荷量。例如，蛋白质分子是既有酸性基团（—COOH），又有碱性基团（$—NH_2$）的两性电解质，在某一溶液中所带正负电荷相等，即分子的净电荷等于零，此时蛋白质在电场中不再移动，溶液的这一 pH 值为该蛋白质的等电点（isoelctric point，pI）。若溶液 pH 处于等电点酸侧，即 pH<pI，则蛋白质带正电荷，在电场中向负极移动；若溶液 pH 处于等电点碱侧，即 pH>pI，则蛋白质带负电荷，在电场中向正极移动。溶液的 pH 离 pI 越远，质点所带净电荷越多，电泳迁移率越大。因此在电泳时，应根据样品性质，选择合适 pH 的缓冲液。

3. 溶液的离子强度

电泳液中的离子浓度增加时会引起质点迁移率的降低。其原因是带电质点吸引带相反电荷的离子聚集在其周围，形成一个与运动质点所带电荷相反的离子氛（ionic atmosphere）。离子氛不仅降低质点的带电量，同时增加质点前移的阻力，甚至使其不能泳动。然而离子浓度过低，会降低缓冲液的总浓度及缓冲容量，不易维持溶液的 pH 值，影响质点的带电量，改变泳动速度。离子的这种障碍效应与其浓度和价数相关，可用离子强度 I 表示。

$$I = \frac{1}{2}\sum_{1}^{S} c_i Z_i$$

式中，S 表示溶液中离子种类，c_i 和 Z_i 分别表示每种离子的摩尔浓度与化合价。最常用 I 值为 0.02～0.2。

4. 电渗

在电场作用下，液体对于固体支持物的相对移动被称为电渗（electro-osmosis）。其产生的原因是，固体支持物多孔且带有可解离的化学基团，因此常吸附溶液中的正离子或负离子，使溶液相对带负电荷或正电荷。如以滤纸作支持物时，纸上纤维素吸附

OH^- 而带负电荷，与纸接触的水溶液因产生 H_3O^+ 而带正电荷，移向负极。若质点原来在电场中移向负极，结果质点的表观速度比其固有速度要快；若质点原来移向正极，表观速度比其固有速度要慢。可见，应尽可能选择低电渗作用的支持物以减少电渗的影响。

三、常用的电泳分析方法

（一）乙酸纤维素薄膜电泳

乙酸纤维素是纤维素的羟基乙酰化形成的纤维素乙酸酯，由该物质制成的薄膜称为乙酸纤维素薄膜。这种薄膜对蛋白质样品吸附性小，几乎能完全消除纸电泳中出现的"拖尾"现象。又因为膜的亲水性比较小，它所容纳的缓冲液也少，电泳时电流的大部分由样品传导，所以分离速度快，电泳时间短，样品用量少，5μg 的蛋白质可得到满意的分离效果。因此，乙酸纤维素薄膜电泳特别适合于病理情况下微量异常蛋白质的检测。

乙酸纤维素薄膜经过冰乙酸－乙醇溶液或其他透明液处理后，可使膜透明化，有利于对电泳图谱的光吸收扫描测定和膜的长期保存。一般使用市售乙酸纤维素膜商品，常用的电泳缓冲液为 pH8.6 的巴比妥缓冲液，浓度在 0.05mol/L～0.09mol/L。

操作要点：

（1）膜的预处理：必须于电泳前将膜片浸泡于缓冲液，浸透后取出膜片并用滤纸吸去多余的缓冲液，但不可吸得过干。

（2）加样：样品用量依样品浓度、样品性质、染色方法及检测方法等因素决定。对血清蛋白质的常规电泳分析，1cm 加样线不超过 1μL，相当于 60μg～80μg 的蛋白质。

（3）电泳：可在室温下进行。电压为 25V/cm，电流为 0.4mA/cm～0.6mA/cm（宽）。

（4）染色：一般蛋白质染色常使用氨基黑和丽春红，糖蛋白用甲苯胺蓝或过碘酸－Schiff 试剂，脂蛋白则用苏丹黑或品红亚硫酸染色。

（5）脱色与透明：对水溶性染料最普遍应用的脱色剂是 5%乙酸水溶液。为了长期保存或进行光吸收扫描测定，可浸入冰乙酸与无水乙醇（体积比为 30∶70）组成的透明液中。

（二）凝胶电泳

以淀粉胶、琼脂或琼脂糖凝胶、聚丙烯酰胺凝胶等作为支持介质的区带电泳法被称为凝胶电泳。其中，聚丙烯酰胺凝胶电泳（polyacrylamide gel electrophoresis，PAGE）普遍用于分离蛋白质及较小分子的核酸；琼脂糖凝胶孔径较大，对一般蛋白质不起分子筛作用，但适用于分离同工酶及其亚型、大分子核酸等。

1. 琼脂糖凝胶电泳

琼脂糖是由琼脂分离制备的链状多糖，其结构单元是 *D*－半乳糖和3,6－脱水－*L*－半乳糖。许多琼脂糖链依氢键及其他力的作用使其互相盘绕形成绳状琼脂糖束，构成大网孔型凝胶。因此，琼脂糖凝胶适合于免疫复合物、核酸与核蛋白的分离、纯化及鉴定。在临床生化检验中常用于乳酸脱氢酶（LDH）、肌酸激酶（CK）等同工酶的检测。

以琼脂糖凝胶电泳分离核酸为例。

在一定浓度的琼脂糖凝胶介质中，DNA分子的电泳迁移率与其分子质量的常用对数成反比；分子构型也对迁移率有影响，如共价闭环状DNA、直线DNA、开环双链DNA对迁移率的影响依次减小。当凝胶浓度太高时，凝胶孔径变小，环状DNA（球形）不能进入胶中，相对迁移率为0，而同等大小的直线DNA（刚性棒状）可以按长轴方向前移，相对迁移率大于0。

琼脂糖凝胶电泳分为垂直及水平型两种。其中水平型可制备低浓度琼脂糖凝胶，而且制胶与加样都比较方便，故应用比较广泛。核酸分离一般用连续缓冲体系，常用的有TBE（0.08mol/L Tris·HCl，pH8.5，0.08mol/L H_3BO_3，0.0024mol/L EDTA）和THE（0.04mol/L Tris·HCl，pH7.8，0.2mol/L 乙酸钠，0.0018mol/L EDTA）。

操作要点：

（1）凝胶制备。用上述缓冲液配制0.5%～0.8%琼脂糖凝胶溶液，沸水浴或微波炉加热使之融化，冷却至55℃时加入溴乙锭（EB）至终浓度为0.5μg/mL，然后将其注入用玻璃板或有机玻璃板组装好的模子中，厚度依样品浓度而定。注胶时，梳齿下端距玻璃板0.5mm～1.0mm。待凝胶凝固后，取出梳子，加入适量电极缓冲液使胶板浸没在缓冲液下1mm处。

（2）样品制备与加样。溶解于TBE或THE内的样品应含指示染料（0.025%溴酚蓝或橘黄橙）、蔗糖（10%～15%）或甘油（5%～10%），也可使用2.5%FicoⅡ增加相对密度，使样品集中，每齿孔可加样5μL～10μL。

（3）电泳。一般电压为5V/cm～15V/cm。对大分子核酸的分离可用电压5V/cm。电泳最好在低温条件下进行。

（4）电泳后DNA样品的回收。电泳结束后，在紫外灯下观察样品的分离情况，对需要的DNA分子或特殊片段可从电泳后的凝胶中以不同的方法进行回收，如电泳洗脱法。在紫外灯下切取含核酸区带的凝胶，将其装入透析袋（内含适量新鲜电泳缓冲液），扎紧透析袋后，平放在水平型电泳槽两电极之间的浅层缓冲液中，100V电泳2h～3h，然后正负电极交换，反向电泳2min，使透析袋上的DNA释放出来。吸出含DNA的溶液，进行酚抽提、乙醇沉淀等步骤后即可完成样品的回收。其他DNA样品回收方法还有低融点琼脂糖法、乙酸铵溶液浸出法、冷冻挤压法等，但各种方法都仅仅有利于小分子质量的DNA片段（<1kb）的回收，随着DNA分子质量的增大，回收量显著下降。

2. 等电聚焦电泳技术

等电聚焦（isoelectric focusing，IEF）是20世纪60年代中期问世的一种利用有pH梯度的介质分离等电点不同的蛋白质的电泳技术。由于其分辨率可达0.01pH单位，因此特别适于分离分子质量相近而等电点不同的蛋白质组分。

（1）IEF的基本原理

在IEF电泳中，具有pH梯度的介质的分布是从阳极到阴极pH值逐渐增大。如前所述，蛋白质分子具有两性解离及等电点的特征。在碱性区域，蛋白质分子带负电荷，向阳极移动，直至某一pH位点时失去电荷而停止移动，此处介质的pH恰好等于聚焦蛋白质分子的等电点（pI）。同理，位于酸性区域的蛋白质分子带正电荷，向阴极移动，直到它们在等电点上聚焦为止。可见在该方法中，等电点是蛋白质组分的特性量度。将等电点不同的蛋白质混合物加入有 pH 梯度的凝胶介质中，在电场内经过一定时间后，各组分将分别聚焦在各自等电点相应的 pH 位置上，形成分离的蛋白质区带。

（2）pH 梯度的组成

pH 梯度的组成方式有两种，一种是人工 pH 梯度，另一种是天然 pH 梯度。由于人工 pH 梯度不稳定，重复性差，现已不再使用。天然 pH 梯度的建立是在水平板或电泳管正负极间引入等电点彼此接近的一系列两性电解质的混合物，在正极端吸入酸液，如硫酸、磷酸或乙酸等，在负极端引入碱液，如氢氧化钠、氨水等。电泳开始前，两性电解质混合物的 pH 为一均值，即各段介质中的 pH 相等，用 pH_0 表示。电泳开始后，混合物中 pH 值最低的分子带负电荷最多，pI_1 为其等电点，向正极移动速度最快，当移动到正极附近的酸液界面时，pH 突然下降，甚至接近或稍低于 pI_1，这一分子不再向前移动而停留在此区域内。由于两性电解质具有一定的缓冲能力，使其周围一定的区域内介质的 pH 保持在它的等电点范围。pH 稍高的第二种两性电解质，其等电点为 pI_2，也移向正极，由于 $pI_2>pI_1$，因此定位于第一种两性电解质之后。这样，经过一定时间后，具有不同等电点的两性电解质按各自的等电点依次排列，形成了从正极到负极的等电点递增，由低到高的线性 pH 梯度。

（3）两性电解质载体与支持介质

理想的两性电解质载体应在 pI 处有足够的缓冲能力及电导，前者保证 pH 梯度的稳定，后者允许一定的电流通过。不同 pI 的两性电解质应有相似的电导系数，从而使整个体系的电导均匀。两性电解质的分子质量要小，易于应用分子筛或透析方法将其与被分离的高分子物质分开，而且不应与被分离物质发生反应或使之变性。

常用的 pH 梯度支持介质有聚丙烯酰胺凝胶、琼脂糖凝胶、葡聚糖凝胶等，其中聚丙烯酰胺凝胶最常应用。

电泳后，不可用染色剂直接染色，因为常用的蛋白质染色剂也能和两性电解质结合，因此应先将凝胶浸泡在 5%的三氯乙酸中去除两性电解质，然后再以适当的方法染色。

3. 其他电泳技术

（1）IEF/SDS－PAGE 双向电泳法

1975 年，O'Farrall 等根据不同组分之间的等电点差异和分子质量差异建立了 IEF/SDS－PAGE 双向电泳，其中 IEF 电泳为第一向（管柱状），SDS－PAGE 为第二向（平板）。

在进行第一向 IEF 电泳时，电泳体系中应加入高浓度尿素、适量非离子型去污剂 NP－40。蛋白质样品中除含有这两种物质外，还应有二硫苏糖醇以促使蛋白质变性和肽链舒展。

IEF 电泳结束后，将圆柱形凝胶在 SDS－PAGE 所应用的样品处理液（内含 SDS、β－巯基乙醇）中振荡平衡，然后包埋在 SDS－PAGE 的凝胶板上端，即可进行第二向电泳。

IEF/SDS-PAGE双向电泳对蛋白质（包括核糖体蛋白、组蛋白等）的分离是极为精细的，因此特别适合于分离细菌或细胞中复杂的蛋白质组分。

（2）毛细管电泳

Neuhoff等于1973年建立了毛细管均一浓度和梯度浓度凝胶用来分析微量蛋白质的方法，即微柱胶电泳。均一浓度的凝胶是将毛细管浸入凝胶混合液中，使凝胶充满总体积的2/3左右，然后将其插入约厚2mm的代用黏土垫上，封闭管底，用一支直径比盛凝胶的毛细管更细的硬质玻璃毛细管吸水铺在凝胶上。聚合后，除去水层并用毛细管加蛋白质溶液（0.1μL~1.0μL，浓度为1mg/mL~3mg/mL）于凝胶上，毛细管的空隙用电极缓冲液注满，切除插入黏土部分，即可电泳。

目前毛细管电泳分析仪的诞生，特别是美国生物系统公司的高效电泳色谱仪为DNA片段、蛋白质及多肽等生物大分子的分离、回收提供了快速、有效的途径。高效电泳色谱法是将凝胶电泳解析度和快速液相色谱技术融为一体，在从凝胶中洗脱样品时，连续的洗脱液流载着分离好的成分，通过一个连机检测器，将结果显示并打印记录。高效电泳色谱法既具有凝胶电泳固有的高分辨率、生物相容性的优点，又可方便地连续洗脱样品。

（3）转移电泳

转移电泳又称印迹转移电泳，是在Southern印迹技术的基础上发展起来的，它将经过限制性核酸内切酶降解的DNA片段先进行琼脂糖电泳分离，然后又将分离出的DNA片段转移到硝酸纤维膜（NC膜）上，并在该膜上进行DNA-RNA杂交鉴定。这种操作犹如将墨迹吸到吸水纸上，故称为Southern blot。1977年，Alwine等将该法应用于RNA的研究，并称之为Northern blot。1979年，Towbin又将其扩展到蛋白质的研究，称之为Western blot。1981年，Reinhunt等将等电聚焦电泳后的蛋白质转移到NC上，称之为Eastern blot。

转移电泳技术分为三步：①采用凝胶电泳分离蛋白质或核酸；②用电泳法将分离的蛋白质或核酸转移到NC膜上；③用免疫化学法检测NC膜上的蛋白质或用探针杂交法检测核酸。

转移电泳是当今分析和鉴别生物大分子最有效的技术之一。

层析技术

层析法（chromotography）又称色谱法，是一种物理或物理化学的分离分析方法。层析法是利用混合物中各组分的理化性质（如吸附力、分子形状和大小、分子极性、分子亲和力、分子解离度等）的差别，使各组分在支持物上集中分布于不同部位，从而得以分离的方法。

任何层析都必须具有两相，即固定相和流动相。在层析过程中，固定相的位置固定不动，并阻止所分离的组分向前移动（阻力）；流动相相对于固定相做单相运动，并带动所分离的组分向前移动（动力）。由于混合物中各组分的理化性质的差异，各组分受同一固定相和流动相的阻力和动力大小不同，从而在固定相上的移动速度不等，使得性质上只有微小差异的各组分得以分离，再配合相应的光学、电子学、电化学和其他相关检测手段，就可对各组分进行定性和定量分析。

一、原理

层析技术的理论基础是固定相和流动相的相对移动。在层析过程中，被测组分在相对移动着的两相之间达到分配平衡。若混合物中两个组分的分配系数不同，则两组分被流动相推动移动的速度就不同，从而达到分离的目的。因此，分配系数不同是被测组分得以分离的前提。

1. 分配系数

分配系数（K）是指在一定条件下，被测组分在固定相及流动相中达到分配平衡时，在两相中的浓度之比。

$$K = \frac{c_s}{c_m}$$

式中，c_s 表示被测组分在固定相中的浓度，c_m 表示被测组分在流动相中的浓度。

上述是液-液层析的分配系数的定义，是狭义的分配系数。在不同的层析法中，K 有不同的概念。广义的分配系数包括：液-液层析法的分配系数、吸附层析法的分配系数、离子交换层析法的选择系数及凝胶层析法的渗透系数等。这些系数的物理意义虽然各异，但一般情况下皆可用狭义的分配系数来描述。

在层析过程中，K 值所表示的是被测组分与固定相分子间作用力的大小。K 值大，表示该组分与固定相的亲和力大，其在固定相中的浓度就大，在柱中停留时间就长；K 值小，表示该组分与固定相的亲和力小，其在流动相中的浓度就大，必将较快地流出柱床。所以两组分的 K 值差别越大，越易分离。

2. 保留时间

被测组分从进样开始到某个组分出峰至峰顶时所需的时间被称为该组分的保留时间（t_R）。

3. 保留体积

保留体积是指样品组分通过层析柱出峰至顶峰时所需流动相的体积，它等于保留时间与流动相流速的乘积。

4. 死时间

在层析过程中，流动相充满未被固定相占有的空间，即流动相流经整个层析柱所需时间，被称为死时间（t_0 或 t_m）。

5. 分配系数与保留时间的关系

设在单位时间内，一个分子在流动相中出现的几率（或在流动相中停留的时间）以 R'表示。若 $R'=1/3$，则该分子有 1/3 的时间在流动相中，2/3 的时间在固定相中。对于大量分子，则可表示有 1/3 的溶质分子在流动相中，2/3（即 $1-R'$）的溶质分子在固定相中。若以 V_m 表示流动相在层析柱（或薄层板）中所占的体积，以 V_s 表示固定相在层析柱（或薄层板）中所占的体积，则溶质分子在流动相及固定相中的量可分别用 c_mV_m 与 c_sV_s 来表示，所以

$$\frac{1-R'}{R'}=\frac{c_sV_s}{c_mV_m}$$

整理后

$$\frac{1}{R'}=1+K\cdot\frac{V_s}{V_m}$$

由于 R'表示溶质分子在流动相中出现的几率，若 $R'=1/3$，则表示它在层析柱中的移动速度将为流动相分子移动速度的 1/3。而流动相流经整个层析柱的时间为 t_0，溶质分子流经同一路程所需时间 t_R 将是 t_0 的 $1/R'$倍，即

$$t_R=\frac{t_0}{R'}$$

因为

$$\frac{1}{R'}=1+K\cdot\frac{V_s}{V_m}$$

所以

$$t_R=\frac{t_0}{R'}=t_0(1+K\cdot\frac{V_s}{V_m})$$

这是层析中最基本的公式之一。在一定条件下（固定相、流动相的性质及体积已定，实验温度一定），保留时间 t_R 主要取决于分配系数 K。K 值不同的组分，在层析柱中停留的时间不同，K 值大的停留时间长，反之，停留时间就短。因此，混合物中的各组分可因 K 值不同而得以分离。若两组分 K 值相近，可通过改变流动相或固定相的性质或改变实验温度，扩大两组分分配系数的差异以达到分离目的。

二、层析方法分类

从不同的角度可将层析技术分为不同的种类。

1. 按两相物理状态分类

在层析过程中，总是要有两相，即固定相和流动相。固定相可以是固体，也可以是液体；流动相可以是液体，也可以是气体。根据两相的物理状态不同，可将层析分为以下两大类。

（1）气相层析

在层析过程中，以气体作为流动相的被称为气相层析（GC）。在气相层析中，又根据固定相所处的状态不同，分为气固层析（GSC，固定相为固体）和气液层析（GLC，固定相为液体）。

（2）液相层析

在层析过程中，以液体作为流动相的被称为液相层析（LC）。在液相层析中，又根据固定相所处的状态不同，分为液固层析（LSC，固定相为固体）及液液层析（LLC，固定相为液体）。高效液相层析（HPLC）使液体流动相在压力下通过固体层析柱，有很精确的分离效果。

2. 按分离原理分类

根据层析过程的分离原理，可将层析分为吸附层析、分配层析、离子交换层析、排阻层析及亲和层析等。

（1）吸附层析

吸附层析以固体吸附剂为固定相，利用样品中各组分在吸附剂表面吸附能力的差别而达到分离目的。

（2）分配层析

分配层析以液体为固定相，利用样品中各组分在固定相与流动相中的溶解度不同而达到分离目的。

（3）离子交换层析

离子交换层析以离子交换剂为固定相，利用样品中各组分对离子交换剂亲和力的不同而达到分离目的。

（4）排阻层析

排阻层析也称凝胶过滤层析或分子筛层析，是用多孔凝胶为固定相的一类层析方法。这种方法是利用样品中各组分的分子大小不同，因而在多孔凝胶上受阻滞的程度不同而获得分离。

（5）亲和层析

亲和层析是将具有生物活性的配位基（如酶、辅酶、抗体等）以共价键结合到不溶性载体的表面上，形成固定相，利用蛋白质或其他大分子能与固定相表面的配位基进行专一性的结合，以达到与不能与配位基结合的其他组分分离的目的。

3. 按固定相形态分类

按固定相使用形态不同，可将层析分为柱层析和平板层析。

（1）柱层析

柱层析是将固定相装在层析柱内，样品组分在柱内沿一个方向移动而达到分离目的。按层析柱的粗细，可将柱层析分为一般柱层析、毛细管柱层析及微填充柱层析三类；按固定相填充情况，又可将柱层析分为填充柱层析及开口柱层析两类。

(2) 平板层析

平板层析的层析过程是在由固定相构成的平面内进行的。若用滤纸作为固定液载体，用流动相使样品组分展开而达到分离目的，称之为纸层析；将固定相均匀涂铺在薄板（玻璃板或塑料板）上，用流动相使各组分展开而达到分离目的，称之为薄层层析；用高分子有机吸附剂制成的薄膜作为固定相，用流动相展开各组分而达到分离目的，称之为薄膜层析。

层析技术的分类总结归纳如下表：

分类依据	流动相	固定相	层析的种类	
两相物理状态	气体	固体	气相层析（GC）	气固层析（GSC）
		液体		气液层析（GLC）
	液体	固体	液相层析（LC）	液固层析（LSC）
		液体		液液层析（LLC）
固定相使用形态		装在柱中	柱层析	
		吸在纸上	平板层析	纸层析
		涂在平板上		薄层层析
		制成薄膜		薄膜层析
分离原理	利用固定相对待分离组分吸附性能的差异进行分离		吸附层析	
	利用待分离组分在两相间分配系数的差异进行分离		分配层析	
	利用离子交换作用分离离子型化合物		离子交换层析	
	利用惰性多孔物质为固定相分离分子体积不同的组分		排阻层析	
	利用固定相上的配基对待分离组分的专一性亲和性进行分离		亲和层析	

三、主要的层析技术

（一）凝胶层析

各种层析技术在科学研究和生物制品工业中广泛应用，最常用于分离纯化各种生物大分子等。层析技术发展的主要目的是提高分离物质的精确性、分辨率，并保持生物制品的生物活性。凝胶是一类具有三维空间多孔网状结构的物质，如天然物质中的马铃薯淀粉、琼脂糖凝胶等，人工合成产品中的葡聚糖凝胶、聚丙烯酰胺凝胶等。以凝胶作为固定相的一类层析技术被称为凝胶层析。

1. 原理

凝胶具有分子筛的作用。当混合样品通过凝胶时，分子大小及形状不同的各组分因扩散速率各异而得到分离。

用适当的凝胶颗粒装柱，于柱内加入欲分离的混合物，因凝胶颗粒上的孔隙大小有一定的分布范围（称筛分范围），对分子大小、形状不同的组分起到不同的阻滞作用。在层析过程中，混合物中的大分子物质不易进入凝胶微孔内，在柱中随流动相沿凝胶颗粒间的空隙移动，流速快，较早流出柱床；而小分子物质因能进入凝胶微孔内，随流动相移动时因受到凝胶微孔的阻滞而流速减慢，流程加长，较晚流出柱床。因此，分子大小不同的组分在柱中因差速迁移而达到分离（如下图所示）。

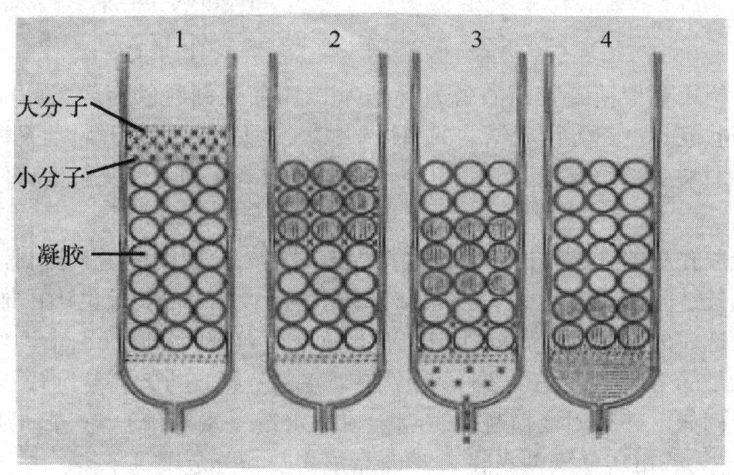

凝胶层析原理示意图

1. 含有大小不同分子的样品液上柱；2. 样品液流经层析柱，小分子扩散进入凝胶颗粒的微孔内，大分子则被排阻于颗粒之外；3. 加入洗脱液，小分子被滞留，移速慢，大分子所受阻力小，速度快，大、小分子的距离增大；4. 大分子行程短，已流出层析柱，小分子尚在移动过程中

凝胶层析中，整个过程与过滤相似，故凝胶层析又被称为凝胶过滤；又因物质在层析分离过程中因受阻滞而减速，故凝胶层析又被称为阻滞扩散或排阻层析。

2. 器材和试剂

(1) 凝胶

常用的凝胶有三种，即葡聚糖凝胶、聚丙烯酰胺凝胶和琼脂糖凝胶。

①葡聚糖凝胶。

葡聚糖凝胶是由葡聚糖经交联剂 1－代－2,3－环氧丙烷交联而成。

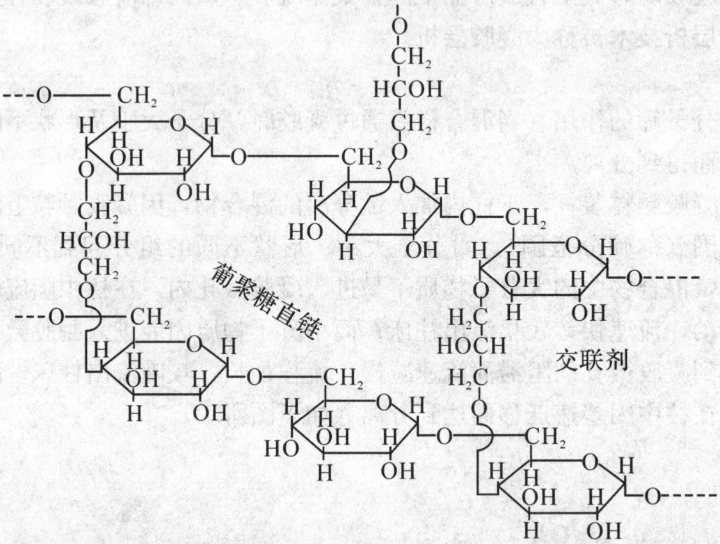

较好的层析用葡聚糖凝胶商品名为 Sephadex。葡聚糖凝胶有较大的吸水性，吸水后膨胀成透明状且具有三维网状结构的弹性颗粒。溶胀后网眼张开，葡聚糖凝胶颗粒在水、盐、碱和弱酸溶液中有较好的稳定性，但强酸和氧化剂可使其解聚，使用时应注意避免。

葡聚糖凝胶孔隙的大小可由制备葡聚糖凝胶时加入交联剂的量来控制，加入的交联剂多，葡聚糖长链间的交联就多，网状结构的孔隙就小，吸水量也小；加入的交联剂少，葡聚糖长键间的交联就少，网状结构的孔隙就大，吸水量也大。市售葡聚糖凝胶的型号多以吸水量的 10 倍来表示，即每克干胶吸水的克数的 10 倍定为 G 类葡聚糖凝胶型号的标号。例如，某种葡聚糖凝胶每克干粉吸水量（水容值）为 5g，则该葡聚糖凝胶的型号为G－50。市售葡聚糖凝胶 G 型商品规格及筛分范围见下表：

葡聚糖凝胶 G 型（水溶性）商品规格及筛分范围

葡聚糖凝胶型号	凝胶干粒	筛分范围（相对分子质量）		溶胀体积（mL/g 干胶）	溶胀所需时间（h）	
		多肽及蛋白质	多糖		22	100
G－10	40～120	至 700	至 700	2～3	3	1
G－15	40～120	至 1500	至 1500	2.5～3.5	3	1
G－25	100～300	1000～5000	100～5000	4～6	3	1
G－50	100～300	1500～30000	500～10000	9～11	3	1
G－75	40～120	3000～70000	1000～50000	12～15	24	3
G－100	40～120	4000～150000	1000～100000	15～20	72	5
G－150	40～120	5000～400000	1000～150000	20～30	72	5
G－200	40～120	5000～800000	1000～200000	30～40	72	5

②聚丙烯酰胺凝胶。

聚丙烯酰胺凝胶的商品名为生物凝胶（Bio-gel-P），它是由丙烯酰胺经 $N,N-$次甲基双丙烯酰胺交联剂聚合而成，其应用效果和葡聚糖凝胶相似。

③琼脂糖凝胶。

琼脂糖凝胶属天然凝胶，不需用化学交联剂聚合，主要依靠琼脂糖链间的次级键（如氢键）形成网状结构，其结构的疏密则由琼脂糖的浓度来控制。

琼脂糖凝胶的特点：机械强度比较大，分子质量适用范围宽，吸附生物大分子的能力最低。因此，分离高分子质量的生物大分子物质常使用它。

（2）层析柱

层析柱是柱层析的基本器材，其外形似玻璃圆管。层析柱的体积由具体实验需要而定，其直径一般都在 1cm～5cm，高度约为直径的 20～100 倍。为防止受管壁效应的影响，一般常选用内径大于 2.5cm 的层析柱。内径小于 1cm 的层析柱能产生管壁效应，内径大于 5cm 的则稀释现象严重。使用前用甲基纤维素处理柱内壁可避免管壁效应。

层析柱柱体可用玻璃管或聚乙烯管制备。柱中的支持凝胶的底板可用多孔聚乙烯片或用多层细尼龙布制作。底板下的空腔（又叫“死空间”）应越小越好，一般不应大于柱容积的 0.1%。

（3）洗脱液

洗脱液的选用应符合下述原则：对样品和柱床无损害，有利于层析后样品的浓缩或分析测定。

3. 使用方法和注意事项

（1）凝胶的选择和预处理

根据被分离的物质分子的大小等理化性质和分离的目的要求，应选用适当粒度和有效孔隙的凝胶型号；根据柱体的容积和凝胶的膨胀率，计算所需凝胶干粉的用量。称取所需重量的干粉凝胶，放置于烧杯内，加水溶胀。

（2）装柱

装柱的质量对层析分离的效果有着直接的影响，必须十分细心。将充分溶胀的凝胶制成厚浆状悬浮液，沿管壁倒入柱内（柱底预先放妥支持板），注意不要带入气泡。柱床表面用洗脱液充满，加盖一层滤纸片或尼龙布，以保护柱床不被冲坏。调节好静水压，然后用 3～5 倍柱床体积的洗脱液流洗凝胶柱床，即可达到平衡。

（3）加样

①平衡。

为防止洗脱时区带扩散，样品须先用洗脱液平衡。对于固体样品，只要溶解在洗脱液中就可以了；对于液体样品，应先用约 20 倍体积的洗脱液在冰箱内透析过夜，次日换新鲜透析液继续透析 4h～6h 即可。

②上样量。

样品液的体积与分离有很大关系，加样体积小些分离效果好，但加样体积若小于柱床体积的 2%，则结果反而不佳，故应适当掌握加样量。

③操作。

加样前先把凝胶柱床上的缓冲液尽可能地放掉，并待凝胶柱床表面所剩缓冲液正好流干时，立即用吸管把样品小心滴加在凝胶柱床表面，待样品正好全部流入柱床内时，再用少量缓冲液洗涤柱壁和床面，并反复一两次。然后在凝胶柱床面加入缓冲液，再铺上一层滤纸片即可接上洗脱液储瓶进行洗脱。

(4) 洗脱

层析柱在加好样品以后，即可接上恒流泵或恒流洗脱储瓶开始洗脱。

洗脱液的流速对分离效果影响显著，流速快，区带扩散明显；反之，则区带集中。洗脱液的流速应根据实验的要求进行调节，一般各种规格的凝胶材料，在使用说明书内对洗脱液的流速都有具体说明。

(5) 洗脱液的收集和测定

洗脱过程中，应根据洗脱液的流速按时收集洗脱液于各个试管中，选用合适的测定方法对各管内的洗脱液进行测定，以确定其洗脱位置。对于蛋白质类样品，可采用显色法测定，也可用紫外分光光度计测定其在 280nm 或 230nm 波长处的吸光度；对于核酸类样品，则可在 260nm 波长处测定其吸光度。

样品各组分的位置确定以后，即可根据各洗脱峰的位置和范围将各相同部分合并和浓缩，然后利用电泳或免疫方法，鉴定层析后的各组分样品的纯度。

4. 凝胶层析的应用

(1) 去盐

大分子物质（如蛋白质、核酸、多糖等）溶液中的小分子杂质可以用凝胶层析法除去，这一操作被称为去盐。用凝胶层析去盐有操作简便、快速，蛋白质、酶类等在去盐过程中不易变性等特点。适用的凝胶为葡聚糖凝胶 G－25 或生物凝胶 P－6。柱长 30cm～40cm 已能满足要求，适宜的柱高与直径比为 5∶1～15∶1，样品体积可达柱体体积的25%～30%。但应注意，蛋白质去盐后溶解度降低，会形成沉淀物而被吸附在柱上洗脱不下来。解决的办法是先用含有挥发性盐类（如甲酸铵、乙酸铵等）的缓冲液平衡凝胶柱，并用相同缓冲液为洗脱液，洗脱后用冷冻干燥法除去挥发性盐类。

(2) 大分子溶液的浓缩

蛋白质的稀溶液需要浓缩时，可加入葡聚糖凝胶 G－25 或 G－50 的干胶，蛋白质稀溶液中的水分及小分子物质就会进入凝胶颗粒内部孔隙中，直到全部充满为止；大分子物质被排除在颗粒之外。经离心、过滤，将溶胀后的凝胶分离除去，得到的是浓缩了的大分子溶液。根据需要可反复多次浓缩。此法适用于不稳定的生物大分子溶液的浓缩。

(3) 分离提纯

凝胶层析法已广泛应用于酶、蛋白质、氨基酸、多糖、激素、抗生素、生物碱等物质的分离提纯，也可利用凝胶对热原有较强的吸附力以除去无离子水中的热原，制备注射用水。

(4) 测定大分子物质的相对分子质量

用一系列已知相对分子质量的标准样品，放入同一根凝胶柱，在同一条件下层析，测定每种组分的保留体积，并以保留体积对相对分子质量的对数作图，在一定相对分子质量范围内可得一直线，即为相对分子质量的标准曲线。测定样品分子的相对分子质量时，可将样品在同一凝胶柱上于同一条件下层析，测定保留体积，并在标准曲线上查出相对分子质量。

凝胶层析技术操作方便，设备简单，对大分子物质有很好的分离效果，且样品用量少，有一定的实用价值。

（二）离子交换层析

离子交换层析是以具有离子交换性能的物质作为固定相，利用其与流动相中的离子能进行可逆交换的性质来分离离子型化合物的一种方法。

1. 原理

离子交换剂是一种不溶性的高分子化合物，在其特殊的网状结构骨架上带有能解离的功能团（活性基团），该基团能与溶液中的离子进行可逆的交换反应，这种过程被称为离子交换。

现以阳离子交换树脂为例说明离子交换过程。以 $R-A^+$ 代表树脂阳离子，B^+ 代表样品阳离子，其交换过程为

$$R - A^+ + B^+ \rightleftharpoons R - B^+ + A^+$$

开始时，B^+ 浓度大，不断扩散到树脂上，反应向右进行，直到反应达到平衡；随着洗脱液向下流动，B^+ 的浓度不断降低，平衡破坏，已交换的 B^+ 又会解离，使上述反应逆转。因此，离子交换过程就是不断的交换和解离过程，即首先离子交换剂中阳离子与样品阳离子交换，然后样品阳离子再与洗脱液阳离子交换，从而得到分离。

2. 器材和试剂

（1）离子交换剂

离子交换剂有天然的和人工合成的，大致可分为两大类，一类是离子交换树脂，一类是离子交换纤维素。

①离子交换树脂。

常用的聚苯乙烯型树脂是一种以苯乙烯为单体、二乙烯苯为交联剂所形成的网状立体结构的聚合物。通过化学反应在网状结构的树脂骨架上引入离子交换基团。根据所引入的离子交换基团的不同，离子交换树脂可分为阳离子交换树脂和阴离子交换树脂。阳离子交换树脂是在骨架上引入一些酸性基团，如磺酸基（$—SO_3H$）、羧基（—COOH）和酚羟基等。根据这些基团能电离出 H^+ 的程度，又可分为强酸型阳离子交换树脂和弱酸型阳离子交换树脂。

强酸型阳离子交换树脂的结构如下：

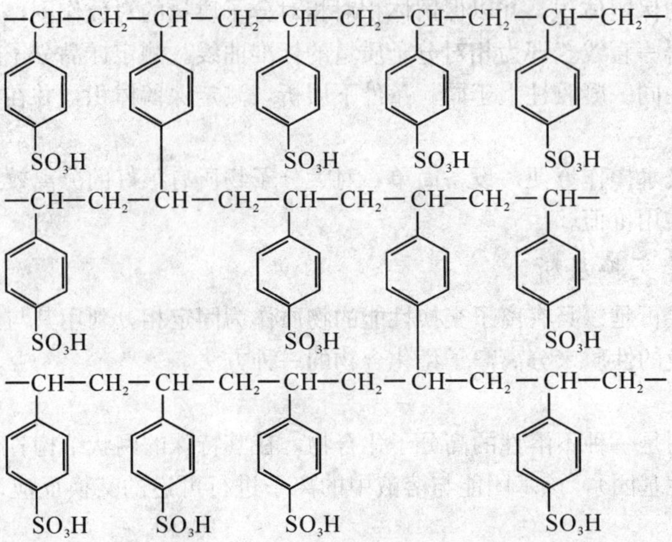

其交换反应可表示为

$$R-SO_3^-\ H^+ + X^+ \underset{再生}{\overset{交换}{\rightleftharpoons}} R-SO_3^-\ X^+ + H^+$$

上述交换反应为可逆反应。阳离子被交换到树脂上，H^+ 被释放到溶液中，反应向正方向进行，这是交换过程。当树脂上所有可交换离子均被交换而不再具有可交换的 H^+ 时，树脂即失去活性。将树脂用一定浓度的稀酸溶液浸泡处理，由于溶液中存在高浓度的 H^+，交换反应向相反方向进行，阳离子交换树脂将恢复交换阳离子的能力，这个过程被称为再生。

阴离子交换树脂是在骨架上引入一些能电离出 OH^- 的碱性基团，例如含有季铵基—$N(CH_3)_3{}^+$ 的树脂为强碱性阴离子交换树脂，含有氨基—NH_2、仲胺基—$NH(CH_3)$、叔胺基—$N(CH_3)_2$ 的树脂为弱碱性阴离子交换树脂。

强碱性阴离子交换树脂的结构如下：

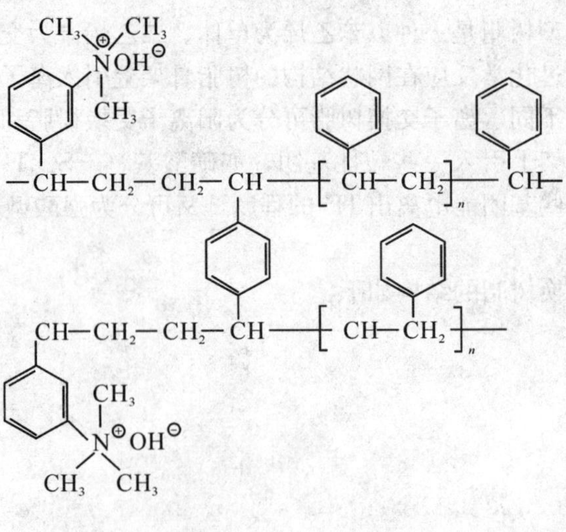

其交换反应可表示为

$$R-N(CH_3)_3^+OH^-+Y^- \underset{再生}{\overset{交换}{\rightleftharpoons}} R-N(CH_3)_3^+Y^-+OH^-$$

②离子交换纤维素。

在纤维素分子结构上连接一定的离子交换基团就成为离子交换纤维素。离子交换纤维素上的交换基团排列稀疏，电荷密度低，对大分子物质的吸附不太牢固，并且由于是亲水型结构，能在水中充分溶胀，故可在温和条件下进行分离，而不致引起物质的变性。

与离子交换树脂一样，根据连接在纤维素上的交换基团不同，离子交换纤维素分为阳离子交换纤维素和阴离子交换纤维素。

离子交换纤维素又分为纤维型和微晶型。微晶型是将纤维素经化学处理除去非晶型部分，再适当加以交联使其结构稳定，然后再取代离子交换基团而制成。微晶型纤维素纤维短，粒子细，能装成紧密的层析柱，交换容量较大。

常用的离子交换纤维素有二乙基氨乙基（DEAE）纤维素（碱性阴离子交换纤维素），羟甲基（CM）纤维素或磷酸（P）纤维素（弱酸型阳离子交换纤维素），它们都适用于分离蛋白质。表醇－三乙醇胺（ECTEOLA）纤维素是碱性较弱的阴离子交换纤维素，适用于分离核酸、核苷和病毒。

（2）离子交换柱

交换柱一般用玻璃制成，也可用碱式滴定管代替。交换柱的尺寸对分离有影响。柱的高度和直径之比大时，交换率高。但比例太大，即柱高增加时，会使洗脱峰变宽，故使用时装柱的高度和直径之比以 10∶1～20∶1 为宜。

（3）洗脱液

不同的物质应选择不同的洗脱液。选择原则是洗脱液应具有比纤维素上所吸附物质更活泼的离子或基团，从而把所吸附物质顶替（交换）出来。

3. 方法和注意事项

（1）离子交换剂的选择

根据被分离物质所带的电荷选择交换剂，若为无机阳离子或有机碱时，选用阳离子交换树脂；若为无机阴离子或有机酸时，选用阴离子交换树脂。若被分离物质处于酸性或中性环境中，可使用强酸型阳离子交换树脂；若处于碱性环境中，可使用强碱型阴离子交换树脂。弱酸型阳离子交换树脂宜在偏碱性环境中使用，弱碱型阴离子交换树脂宜在偏酸性环境中使用。对生物大分子化合物，要了解其保持生物活性和可溶性的 pH 范围，并根据其等电点和离子交换剂的适用 pH 范围，考虑大分子的带电情况，在此基础上再选择适用的纤维素交换剂。

交换剂的选择还应注意其颗粒的大小。颗粒大小通常以筛号表示，一般层析分离用的离子交换树脂多为 200～400 目，纤维素离子交换剂多为 100～325 目。离子交换剂一般以颗粒直径较小为宜，因为粒度小，表面积大，分离效率高。但粒度过小则装填紧密，阻力大，流速慢，需提高洗脱压力。

(2) 离子交换剂的预处理

新出厂的交换树脂是干树脂，可根据柱体容积计算树脂用量，用水浸透使之充分吸水溶胀，然后减压抽去气泡，倾去水分，再用大量去离子水洗至澄清。去水后用酸及碱处理以除去一些不溶解的杂质。使用前应通过转型，调整交换剂的可置换离子并用洗脱液平衡。

纤维素交换剂用前也要加水溶胀，以便初步除去杂质，再相继用酸及碱洗涤，最后用去离子水漂洗。洗涤好的纤维素在使用前必须平衡至所需的 pH 和离子强度。

(3) 装柱

装柱方法有重力沉降和压力装柱两种。离子交换树脂大都采用沉降法。装柱的关键是交换剂在柱内必须分布均匀，严防脱节和产生气泡。离子交换纤维素层析除用重力沉降法装柱外，往往还用加压装柱的方法。

(4) 上样

上样的量要适当，不要超过柱的负荷能力，否则被分离组分将穿过柱子，达不到分离目的。

(5) 洗脱与测定

不同的被分离物质应使用不同的洗脱液。由于被交换的物质为非单一物质，尚需进一步分离。所以，除了正确选择洗脱液外，还必须采用控制流速和分步收集的方法，以获得尽可能单一的物质。因不同物质的交换能力不同，与洗脱液交换的速度也不同，从层析柱流出的次序有先后之别，因此可使各组分得以分离。可利用不同 pH 和盐浓度的梯度洗脱液进行洗脱，在流动相不同的 pH 和离子强度下，各组分被分别洗脱，达到分离纯化的目的。在收集流出液时往往需要分小瓶少量收集，以区别不同组分，然后利用一定的测定方法对收集液分别进行测定分析。离子交换剂在使用后可通过一定程序再生，恢复初始工作状态。

4. 应用

离子交换层析技术既可用于无机离子分析，也可用于有机物质分析。特别是对于那些酸性或碱性较强的有机物，用离子交换层析分析尤为适宜。用离子交换树脂可制备去离子水，并可使物质纯化。在生化实验中常用本法分离糖、氨基酸、多肽，也可用于 DNA 和 RNA 水解产物的分析。

(三) 亲和层析

亲和层析是利用配体和生物大分子之间的特异性亲和力而设计的一类层析分离方法。

1. 原理

生物体中许多大分子化合物具有与其结构相对应的特异性分子进行可逆结合的特性，如酶与底物、抗原与抗体、激素与其受体、酶蛋白与辅酶、RNA 与其互补 DNA 等。生物分子间的这种结合能力被称为亲和力。亲和层析法就是根据这种具有亲和力的生物分子间可逆结合和解离的特性建立和发展起来的。用化学方法将可亲和的一对生物分子中的一方（称之为配基，ligand），通过共价键连接到固体载体上，制备成亲和吸附系统（固定相）。另一方作为分离的目的物，当它在一定的条件下与固定相接触时，即能以某种次级键与已固定化的配基结合，而杂质不被吸附。去掉杂质后，更换条件，可使欲分离物质重新与配基解离而得到纯化。亲和层析的基本原理如下图：

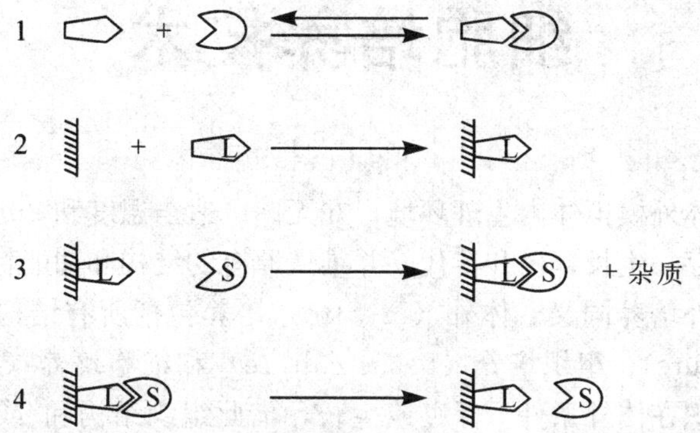

亲和层析的原理示意图

1. 酶与底物反应产生酶－底物复合物；2. 活性基质与配体结合产生亲和吸附剂；3. 亲和吸附剂与样品中的有效成分结合，产生偶联复合物和杂质；4. 偶联复合物经解离后，得到纯有效成分

2. 载体

使配基固相化的水不溶性化合物被称为载体。用于亲和层析的理想载体应具备以下特征：非特异性吸附小，高度亲水，惰性；具有大量可供活化并能和配基结合的化学基团；有疏松的网状结构，使大分子能自由进入；有较好的化学稳定性，能经受亲和层析时的所用条件；具有良好的机械性能，颗粒均匀，保证亲和柱有较好的流速；对酶及微生物侵蚀稳定。

常用载体有纤维素、聚丙烯酰胺凝胶、交联葡聚糖、琼脂糖、交联琼脂糖以及多孔性的玻璃珠，其中使用最广泛的是玻状琼脂糖（Sepharose 4B)。Sepharose 4B 使用前需活化，最常用的活化方法是用溴化氰（CNBr）活化，使琼脂糖载体中的邻位羟基与溴化氰反应形成亚氨碳酸基团。此基团通常与含有氨基或羟基的配基反应，使配基结合在固相载体上。

3. 应用

亲和层析的优点是特异性高，操作简便，纯化过程简单、迅速，分离率高，只要经过一次层析就能使被分离物质纯度成百倍甚至上千倍增加，且实验条件温和。亲和层析适于分离相对含量低，杂质与纯化目的物之间的溶解度、分子大小、电荷分布等物化性质差异较小，其他经典手段分离有困难的高分子化合物。特别对分离某些不稳定的高分子物质极为有效。

细胞培养技术

组织培养是在体外模拟体内生理环境，在无菌、适当温度和一定营养条件下，使从体内取出的组织生存、生长繁殖和传代，并维持原有的结构和功能特性的培养技术。广义的组织培养与体外培养同义。体外（in vitro）培养包括所有结构层次的培养，即器官培养（organ culture）、组织培养（tissue culture）和细胞培养（cell culture）。狭义的组织培养是指组织在体外条件下保存或生长，借此组织结构和/或功能得以在体外保持，亦可能在体外维持分化。器官培养是组织培养的手段。细胞培养是指细胞包括单个细胞在体外条件的生长。在细胞培养中，细胞不再形成组织。

在有机体内，细胞是最基本的生命单位，具备生命个体固有的遗传信息和功能特性。生命科学发展到今天，已能从分子水平上认识人类各种疾病的发生发展机制。人类基因组计划的实施，已完成了人体各染色体的测序，绘出了人类基因的蓝图。后续的功能基因组及疾病基因组的研究，都必须借助体外培养的细胞来完成。目前全世界已建立的细胞株和细胞系至少有数千种，细胞培养已经成为细胞生物学、分子生物学、肿瘤学、遗传学和免疫学等学科的重要技术，同时也成为生物工程的生产手段。如大规模的中空纤维培养法，可进行多种生物制品如激素、生长因子和单克隆抗体等的工业化生产。细胞培养技术为生命科学和医学的基础研究和生物技术产业化提供了重要技术手段，具有重要的社会和经济价值。但是，应该注意，细胞培养作为一种研究技术也有其局限性，主要是细胞离体后失去与其周围环境的密切联系，其细胞生物学性质必然也会发生某些改变。

一、概述

1. 体外培养细胞的营养条件

能进入细胞内被细胞利用和参与细胞代谢活动的物质属营养物质。体外培养细胞所需的营养物质与体内相同，主要有糖、氨基酸和维生素三大类。

培养细胞的有氧氧化和无氧酵解的强度都很大，六碳糖是主要能源，也是合成某些氨基酸的原料，经乙酰 CoA 可合成脂肪，经糖酵解通路能合成核酸。

所有细胞都需要以下 12 种基本氨基酸：精氨酸（Arg）、半胱氨酸（Cys）、异亮氨酸（Ile）、亮氨酸（Leu）、赖氨酸（Lys）、甲硫氨酸（Met）、苯丙氨酸（Phe）、苏氨酸（Thr）、色氨酸（Trp）、酪氨酸（Try）、组氨酸（His）、缬氨酸（Val）。它们是细胞用以合成蛋白质的原料，亦需要谷氨酰胺，其特殊作用是能促进各种氨基酸通过细胞膜，它所含的氮是核酸中嘌呤和嘧啶的来源及合成三磷酸腺苷、二磷酸腺苷和一磷酸腺苷的所需物。

培养细胞也需要维生素，如生物素、叶酸、烟酰胺、泛酸、吡哆醇、核黄素、硫胺素及维生素 B_{12}、维生素 C 等。维生素已成为许多常用的合成培养基的组成成分，脂溶性维生素对细胞生长也有作用，常从血清中得到补充。

除了基本营养物质外，细胞生长还需要一些基本元素，如钠、钾、钙、镁、氮和磷，还有一些微量元素，如铁、锌、硒、铜和锰等，但还未明确所需的量，常从血清中得到。

细胞所需的营养，常由培养基供给。培养基按其状态，可分为半固体培养基和液体培养基；按其来源，则分为合成培养基和天然培养基。

(1) 合成培养基

合成培养基是根据已知细胞所需物质的种类和数量严格配制而成的。由于成分清楚，通过调节各种成分的种类、数量和比例，借以观察细胞生物学特性的反应性变化，能测知细胞与外界环境的关系，了解细胞生存条件，并可诱导细胞定向分化等。

(2) 天然培养基

虽对细胞所需成分已基本掌握，但未完全搞清，在使用合成培养基时，仍需要加入一些天然成分，如人和动物的血清、血浆和胎汁等。当前使用的血清，以牛血清为主。血清的生物效应早已被证明，它含有多种促细胞生长因子、促贴附因子及其他活性物质等。合成培养基中不加血清也能维持细胞生存，但不能很好生长；加入 5%血清，对大多数细胞来说，能维持细胞不死和缓慢生长；一般培养需要加入 10%～20%血清。添加血清，虽利于细胞生长，但增加了不明成分，给分析实验结果带来了困难。因此，人们正在探索不用血清的无血清培养基，现已取得一定进展。

(3) 无血清培养基

用于细胞培养的多种无血清培养基，是在基础培养基内增添了促细胞生长因子（如各种生长因子，EGF、FGF、NGF 等）、激素类物质（如胰岛素、氢化可的松等）和促贴附物（如纤维粘连蛋白、层粘连蛋白、Ⅳ型胶原等），另外还有三碘甲状腺素、转铁蛋白以及大鼠颌下腺粗提物等生物活性物质，这些物质都有促细胞生长的作用。无血清培养排除了有血清培养时血清中许多未知因素的干扰，实验结果更为可靠。在有血清培养时不易发现的因子，用无血清培养就可发现和测定，是研究内分泌、细胞生长调节因子和其他细胞的理想工具。无血清培养仍在发展和完善中。

2. 体外培养细胞的环境条件

(1) 无菌环境

在培养物中不存在细菌、病毒、支原体、真菌或其他微生物，无菌是保证培养细胞生存的首要条件，在操作中要努力做到最大限度的无菌。

(2) 温度

要维持细胞的生长，必须有适宜的温度。人和哺乳动物细胞培养的最适温度为 35℃～37℃，偏离这一温度范围，细胞的正常代谢和生长将会受到影响，甚至导致死亡。培养细胞对低温的耐受力比对高温强。温度不超过 39℃时，细胞代谢强度与温度成正比。细胞培养于 39℃～40℃中 1h，会受到一定损伤，但仍能恢复；在 41℃～42℃中 1h，细胞受到严重损伤，但不至于全部被杀死，仍有可能恢复；当温度达 43℃以上时，细胞很多被杀灭。温度不低于 0℃时，细胞代谢随温度降低而减缓，仅抑制细胞代谢而无伤害作用。把细胞置于 25℃～35℃时，细胞仍能生存和生长，但速度缓慢；放在 4℃数小时后，再置 37℃培养，细胞仍能继续生长。

（3）气体环境

气体也是细胞生存的必需条件之一，所需的气体主要有氧气（O_2）和二氧化碳（CO_2）。O_2 参与三羧酸循环，产生能量以供给细胞生长、增殖和合成各种成分。大多数细胞缺 O_2 不能生存。O_2 分压 1995Pa～9975Pa 适于封闭单层细胞培养；开放培养（碟皿培养或松瓶盖培养）时，一般将细胞置于空气加 5%CO_2 混合气体环境中，O_2 分压超过大气中 CO_2 含量时对细胞可能产生毒害作用。CO_2 既是细胞的代谢产物，也是细胞所需成分，主要与维持培养液 pH 值有直接关系。

（4）pH

多数细胞的适宜 pH 值为 7.2～7.4，偏离此范围对细胞可产生有害影响。各种细胞对 pH 的要求也不完全相同，原代培养细胞一般对 pH 变动耐受差，连续性细胞系（株）耐力强。总的来说，细胞耐酸性比耐碱性大一些。

（5）渗透压

人血浆渗透压约为 290mmol/L，亦可看做培养细胞的理想渗透压。不同细胞的理想渗透压可能有所不同，小鼠细胞的渗透压为 320mmol/L。大多数细胞对渗透压有一定耐受，在 260mmol/L～320mmol/L 都适宜。

（6）培养底物或介质

除少数悬浮生长的细胞外，绝大多数细胞属于贴壁依赖性细胞或培养物（anchorage-dependent cells or culture）。由它们繁衍出来的细胞或培养物只有贴附于不起化学作用的物体（如玻璃或塑料等无活性物体）的表面时，才能生长、生存或维持功能。根据所培养细胞的种类和培养目的，常用的培养底物有以下几种：

①玻璃。

玻璃是最常用的培养底物，透明，便于观察，易洗涤且能反复使用。大多数培养器皿由玻璃制成，以硬质中性玻璃为优，适用于各种细胞附着生长。

②一次性塑料。

常用的一次性塑料有聚苯乙烯和聚四氟乙烯，由其制成的培养瓶皿光洁、平坦，适于连续细胞系和各种肿瘤细胞的单层培养。市售包装好的消毒商品，使用方便，一般限一次使用，但消耗大，不经济。聚四氟乙烯可制成薄膜，剪成小块后，能置入各种瓶皿中，通气性好，适于细胞生长，并便于做切片，尤其是电镜切片。

③微载体。

由聚苯乙烯和聚丙烯酰胺制成小球体和中空纤维，附着面大，给细胞提供较大的生长空间，利于大量繁殖细胞。

（7）饲养层细胞

饲养层（feeder layer）细胞也称饲细胞。

二、细胞培养废物的排出

生物体内组织、细胞所产生废物的排出依赖精密的排泄系统，而体外培养的细胞则靠换液排出废物和代谢产物。适时换液对体外培养细胞极为重要。

三、培养细胞增殖特征的检测

大多数二倍体细胞在培养过程中只能维持有限的生存期，最多生存 1 年左右，传 30～50 代，相当于 150～300 个细胞周期。整个生存过程大致经历以下三个时期。

1. 原代培养期

从体内取出组织接种培养至第 1 次传代的阶段，一般持续 1～4 周。此期细胞移动活跃，可见细胞分裂，但不旺盛。原代培养细胞与体内原组织相似性大，细胞是异质的，相互依存性强，细胞克隆形成率很低，与体内细胞性状相似，是很好的药物测试对象。

2. 传代期

传代期持续时间最长，在培养条件好的情况下，细胞增殖旺盛，并维持二倍体核型。为保持二倍体细胞性质，细胞应在原代培养或传代后早期冻存。目前世界上常用细胞系均在不出 10 代内冻存。如不冻存，则需反复传代，这样有可能失掉二倍体性质。当传 30～50 代后，细胞增殖缓慢以至完全停止。

3. 衰退期

细胞仍生存，但不增殖或增殖很慢，最后衰退死亡。

在细胞生存期中，少数情况下在以上三期任何一期均可发生细胞自发转化。转化的标志之一是细胞获得永久性增殖能力，成为连续细胞系（株）。连续细胞系的形成主要发生在传代期。转化后的细胞可能具有恶性性质，也可能仅有不死性而无恶性。

四、培养细胞的分型

依据培养细胞在支持物上生长的特性和描述上的方便，将其分为贴附型和悬浮型。

1. 贴附型

大多数培养细胞呈贴附生长，被称为贴壁依赖性细胞。依细胞形态可分四型：成纤维细胞型、上皮细胞型、游走细胞型、多形细胞型。

2. 悬浮型

悬浮型细胞见于特殊的细胞，如某些类型的癌细胞和白血病细胞。细胞体为圆形，适于繁殖大量细胞。

当培养条件良好时，细胞形态有相对的稳定性和一致性，在一定程度上反映细胞起源，以及正常或异常（恶性）的区别，可作为细胞形态学的一个指标和依据。

五、培养细胞的细胞生物学检测

培养细胞生长成形态上单一的细胞系（株）后，需做一系列细胞生物学测定以了解细胞性状。

1. 形态学观察

可用相差显微镜对活细胞的形态、细胞质和细胞膜进行观察。生长状态良好的细胞，透明度大，细胞内颗粒少，没有空泡，细胞膜清晰；上清液清澈透明，看不到悬浮的细胞和碎片。细胞机能不良时，细胞质中常出现空泡、脂滴和其他颗粒状物，细胞之间空隙加大，细胞形态可变得不规则甚至失去原有特点。只有状态良好的细胞才能用于实验。一般在细胞接种或传代后，每天或至多间隔 1～2 天，应观察细胞形态、细胞生长、培养液 pH 和污染与否等，随时掌握细胞动态变化，以便做换液或传代处理。如发现异常情况，应及时采取措施。

正常情况下培养液呈桃红色，用一般温箱培养时，随细胞生长时间的延长，二氧化碳积累增多。由于培养基内有 pH 指示剂的存在，所以其颜色可间接反映细胞的生长状态。呈橙黄色时，细胞一般生长状态较好；呈淡黄色时，则可能是培养时间过长，营养不足，死亡细胞过多；呈紫红色时，则可能是细胞生长状态不好，或已死亡。也常用吉姆萨染色后进行观察。超微结构观察有助于确切地说明细胞的性质和特点。

2. 生长情况检测

(1) 分裂指数

细胞分裂指数即每百个细胞中的呈分裂相的细胞数，用以表示细胞增殖旺盛程度。一般要观察和计数 1000 个细胞中的细胞分裂相数。用盖玻片培养法，每日从培养瓶中抽出 1 组盖玻片，固定、染色，用显微镜观察、计数分裂相数，还可绘制成曲线。

(2) 生长曲线

生长曲线是测定细胞绝对增长数值的简易方法。接种 1×10^4 个细胞后，每日抽1 组(至少随机取样 3 瓶)，将其营养液倒入刻度试管中，记下体积；用胰蛋白酶和EDTA消化数分钟至细胞接近离壁时吸出。把营养液注回培养瓶中，通过吹打让细胞从瓶壁全部脱落，制成悬浮液并计数。将逐日检查数值绘成生长曲线。细胞倍增时间可从生长曲线中获知。

(3) 集落形成率

集落形成率大的细胞群，独立生存的能力强。其计算公式为

$$集落形成率=\frac{生成的集落数}{每个平皿接种的细胞数}\times100\%$$

固体培养中的集落形成率是接种的细胞在半固体（常用 0.3%）琼脂中增殖并形成集落的概率，常用双层软琼脂培养法。平皿中由 0.5%琼脂铺底，细胞在上面的 0.3%的琼脂层中悬浮生长，是当前检测转化细胞和肿瘤细胞常用的方法，与细胞恶性程度有很高的符合率。

(4) 刀豆球蛋白凝集试验

细胞凝集反应与细胞膜表面受体有关，正常细胞的细胞膜有刀豆球蛋白（ConA）受体，癌细胞细胞膜的 ConA 受体明显增加。因此，正常细胞的凝集性小于恶性细胞。

六、细胞系和细胞株的建立

原代培养物经首次传代成功即成细胞系（cell line)，由原先存在于原代培养物中的细胞世系（lineage of cells）所组成。通过选择法或克隆形成法从原代培养物或细胞系中获得的具有特殊性质或标志（marker）的培养物被称为细胞株（cell strain)。细胞株

的特殊性质或标志必须在整个培养期间始终存在。如果不能继续传代或传代数有限，可称为有限细胞株（finite cell strain）。如可以继续传代，则可称为连续细胞株（continuous cell strain）。对于人类肿瘤细胞，在体外培养半年以上，生长稳定，并能连续传代的，可称为连续细胞株或细胞系。

1. 形态观察

通过光学显微镜观察活细胞和染色细胞的肿瘤细胞特征，如细胞大小不等；细胞铺满培养瓶底后有重叠现象；细胞核与细胞质的比例异常（肿瘤细胞的细胞核大，细胞质少）；核内不均一，染色质增加；核仁增大或增多。

通过透射电镜观察肿瘤细胞的超微结构，如细胞外形不规则，有较多的细胞质突或微绒毛；细胞核形状不规则，核膜凹陷明显；核内染色质分布不均，有的凝成团块；核仁大；细胞质内核糖体聚为聚核糖体等。

2. 生长情况检测指标

有以下几项参数可以衡量：

（1）分裂指数

（2）生长曲线

（3）细胞群体倍增时间

细胞群体倍增时间（population doubling time）是指在对数生长期（logarithmic phase of growth）进行计算的细胞数量增加 1 倍所需要的时间。例如，在此期间细胞由 1.0×10^6 个增加到 2.0×10^6 个。

（4）集落形成率或贴瓶率

（5）刀豆球蛋白或其他植物凝集素凝集试验（细胞表面改变）

3. 染色体分析

（1）检测项目

①染色体众数与主干线形成。

②染色体分组。

③染色体分带。

④特殊标记染色体。

⑤染色体稳定性。

（2）检测时间

在建立细胞系的过程中（包括原代培养）和建立细胞系后，按一定间隔时间取样进行检测。

（3）监测方法

①异种移植。

有条件尽量用裸小鼠移植，肿瘤细胞在裸小鼠体内长成肉眼觉察到的肿瘤，其潜伏期为 10d 到几个月。在裸小鼠体内移植肿瘤的组织图像可显示原肿瘤的特异细胞形态。

②人癌细胞系特性。

一些内分泌肿瘤或一些产生异位激素的肿瘤经体外培养成系后，保留产生激素的特征，可用特殊的放射免疫法测定。

③癌胚共同抗原。

例如甲胎蛋白（AFP），癌胚抗原（CEA，见于结肠癌、胰腺癌和食管癌等）。

④特殊色素。

例如黑色素瘤，多巴反应呈阳性，细胞内保持有黑色素颗粒，但在培养过程中有减少的倾向。

⑤标志染色体。

用G带和C带等方法寻找恒定的特殊标志染色体。

⑥特殊蛋白质。

例如人脑恶性胶质瘤细胞系SHG－44细胞中存在S－100蛋白。

⑦标志酶。

例如OuR－10人肾癌细胞系的谷氨酰转肽酶。

⑧细胞表面特异性抗原和/或特异受体。

⑨细胞系污染的鉴定。

细胞系污染主要有病毒、支原体和细胞系（株）交叉污染。

⑩细胞遗传学方法。

常规染色体分析检查种间污染；染色体G带核型分析，鉴别同一种内的肿瘤细胞；染色体Q带核型分析，检测人类Y染色体。

⑪免疫学方法。

抗原、抗体体外反应鉴定细胞的种特性，人类细胞HLA型别测定。

⑫生化遗传学方法。

同工酶谱测定细胞系（株）的种特性，多态性酶表型组合测定不同基因型人类细胞系。

七、细胞培养实验室的基本设备

培养室设计的原则是防止微生物污染和有害物质的影响。要求环境清洁、空气干燥和无烟尘。细胞培养工作包括无菌操作、实验观察、温育（37℃）、培养液配制、用品的清洗、无菌处理和细胞贮存。实验室至少由两间组成，无菌操作、实验观察、温育（37℃）可在同一室内；清洗、消毒最好安置在另一室。在空间充裕的条件下或新建实验室时，不同功能区域可设置成单独房间。若仅有一个较大的房间，无菌操作区应设置在室内较少走动的里侧。

1．基本设备

（1）无菌工作室

无菌工作室包括操作间、缓冲间和更衣间。整个区域的空气必须经过过滤，空气洁净度一般达$10^4/m^3$以下，操作区达$10^2/m^3$以下。可根据实验规模确定无菌间大小，一般应为$3m^2 \sim 5m^2$，至少容纳两人操作。CO_2孵箱、显微镜和离心机可放置在缓冲间。整个无菌间应有紫外线杀菌装置、过滤空气的恒温恒湿装置。无菌间的房顶、墙壁、地面均应光滑、无死角，无菌间应定期（每周）清洁消毒。

(2) 超净工作台

超净工作台为一般实验室可采用的普及型无菌操作装置。其工作原理是利用鼓风机驱动空气经过高效过滤装置净化后再通过工作台面，使工作台面构成无菌环境。超净工作台占据空间较小，启动电源后很快即可使用，操作方便。超净工作台最好设在清洁无尘的房间，还应定期更换过滤装置。鉴于空气中浮尘颗粒较多，为延长使用寿命，可用5~8层纱布覆盖在第一级滤口外面，阻挡较大的颗粒。超净工作台有单人使用和双人使用的供选择。

(3) 培养箱

动物或人体细胞在体外培养时，需要与体内一样的恒定温度。CO_2 培养箱已成为常用设备。培养箱内可控制 CO_2 浓度，一般用5%，可稳定培养液的pH。温度设置37℃，温度变化一般不超过0.5℃。

(4) 显微镜

培养的细胞需要用显微镜观察其生长状况，以决定后续处理方案。倒置相差显微镜最为适合观察细胞。单纯观察细胞可选普通型显微镜，但至少应带照相系统，以便随时记录细胞形态等。

(5) 冰箱

细胞培养所用的各种液体均应低温保存。4℃冰箱用于存放培养基、平衡盐溶液、消化液等即用液体。−20℃冰箱用来贮存血清、抗生素、酶等，这些物质需要冷冻以保持其生物活性。

(6) 水纯化装置

细胞培养对水的要求非常高，三蒸水和去离子水都符合要求，用于配制各种培养液。

(7) 细胞贮存设备

一般的实验室可选用不同容积（35L、50L、70L等）的液氮贮存罐。液氮贮存罐需定期添加液氮。细胞中心、细胞库常备有自动添加液氮装置的大型液氮贮存罐，每罐可容纳1万只以上细胞冻存管。液氮罐中还应配备专门的架子或提篮供摆放冻存管。放液氮罐的房间应注意通风。

(8) 液体除菌过滤装置

有许多用于细胞培养的液体不能用高温高压的方法来消毒，需用过滤除菌装置。一般实验室可选用1L或2L的不锈钢滤器，用橡胶气囊加压过滤。

(9) 高温高压消毒装置

高温高压消毒装置有蒸汽式消毒锅、干热消毒烤箱等。

(10) 离心机

细胞培养过程中经常要对细胞悬浮液进行离心处理，或为洗涤细胞，或为调节细胞浓度。细胞的离心速度一般取1000r/min左右。

(11) 其他设备

细胞培养实验室的其他基本设备还有天平、手术器械、各种器皿、吸头、电动可调移液器等。

(12) 原代培养的器械

原代培养的器械主要用于解剖动物，取材和切割组织。各种器械需配置几套，灭菌后保存，操作时随用随取，每次用一套。常用的器械有：解剖刀、解剖剪、虹膜剪（直头和弯头）、镊子（中号）、止血钳等。

(13) 培养器皿

组织培养中一般应至少准备三套各种瓶皿，一套正在使用中，一套在进行洗刷处理，一套消毒灭菌后备用。

①玻璃瓶皿。

选择透明度好、无毒的中性硬质玻璃制成品。

玻璃瓶：用于贮存各种培养液和血清等液体，常用 500mL、250mL、100mL 的生理盐水瓶和血浆瓶代替。

培养瓶：主要用于培养细胞，要求壁平，壁厚均匀，便于细胞贴壁生长和显微观察，瓶口要大小一致，口径不小于 1cm，便于胶塞塞紧和吸管伸入瓶内可达任何部位，常用规格有 100mL、30mL、15mL。

吸管：常用 1mL 和 10mL 刻度移液管，3mL 橡皮头吸管。

平皿：用于盛取和分离组织，或用于集落形成测定和单细胞分离等实验，常用 9cm、6cm 和 3cm（直径）等规格。

离心管：细胞洗涤离心是培养经常性的工作之一，应备 50mL、10mL、5mL 三种规格。

其他玻璃瓶皿还有烧杯、量筒、漏斗、试管、注射器和安瓿等。

②塑料瓶皿。

越来越多的实验室使用塑料瓶皿进行组织培养，其优点为透明、平滑，无毒性，利于细胞生长，使用方便。

多孔培养板：规格有 4、6、24 和 96 孔培养板，适用于少量细胞和单个细胞克隆的生长。

培养皿：特别适用于集落形成、细胞转化等试验，常用 10cm、6cm 和 3cm（直径）等规格。

培养瓶：多为螺旋盖，便于在 CO_2 培养箱中使用，有 500mL、100mL、50mL 和 30mL 等规格。

此外，有塑料冻存安瓿和离心管等。

其他小件用品：铝饭盒及各种胶塞、帽和橡皮吸头等。

八、细胞培养的准备

1. 清洗、消毒细胞培养用的器皿

(1) 培养瓶

目前市场供应的一次性塑料培养瓶，其基质亲水、底表面平、透明，易于观察，且已经过消毒处理，很适合细胞贴壁，买来即可使用。塑料培养瓶使用方便，使用重复性好，但费用较高。常用品牌有 Costar、Nunc 等。

连续细胞系（continuous cell line）以及很多有限细胞系（finite cell line）的常规传代用玻璃培养瓶也很合适，而且价格较低。玻璃培养瓶要求中性，而且需经严格的清洗、消毒后方可使用。

洗干净的玻璃器皿放在容器（铝饭盒）中或用锡箔包裹，160℃干热灭菌1h，或121℃高温高压灭菌20min。

（2）弯头、直头滴管

玻璃或塑料的弯头、直头滴管均可，需要准备不同规格（1mL、2mL、10mL等）的滴管。一般装在玻璃或不锈钢筒中消毒。

（3）离心管

离心管规格有5mL、15mL、50mL，塑料或玻璃均可。

另外，还需要青霉素小瓶、1.5mL Appendorf管等用于分装血清、抗生素等。500mL、250mL、100mL、50mL等规格的试剂瓶，清洗、消毒，用于分装培养基、血清、消化液等。

2. 溶液

（1）培养基

大多数常用的培养基都有商品供应，如MEM、DMEM、HamFl2、M199、RP－M11640、McCoys－5A、L15等，但特殊的配方需要自己配制。

（2）平衡盐液

平衡盐液具有维持渗透压、控制酸碱平衡的作用，同时可供给细胞生存所需的能量和无机离子成分，另外也常用作配制培养用液的基础溶液及用于洗涤组织和细胞。最常用的平衡盐液是Hanks液。

（3）血清

血清中含有丰富的营养成分，包括多种生长因子及许多未知的成分。动物细胞的生长都依赖血清。血清的种类很多，包括小牛血清、胎牛血清、马血清、兔血清、人血清等。牛血清和马血清有商品供应。Gibco和Hyclone均供应品质优良的血清。

（4）抗生素

培养液内一般需加入适量的抗生素，以防止细菌、真菌污染。常用的抗细菌抗生素有青霉素、链霉素、卡那霉素和庆大霉素。青霉素的常用剂量为100U/mL，链霉素的常用剂量为100μg/mL。抗生素浓度常配制成常用剂量的100或200倍，分装为小包装，－20℃保存。一次用一个包装，避免反复冻融。预防真菌污染则常用两性霉素（2μg/mL）或制霉菌素（25μg/mL）。

（5）消化液

细胞生长至汇合状态时，需进行传代。消化液可使细胞脱离生长表面，离散成单个细胞。常用的消化液是0.25％、0.125％的胰酶溶液和0.02％的乙二胺四乙酸二钠（EDTA－Na_2）溶液，这些溶液可单独使用，也可按一定比例混合后使用。

（6）其他

其他溶液例如调整pH用的5.6％$NaHCO_3$或H_2CO_3，以及各种添加因子，各种组织或细胞条件培养基等。

3. 无菌操作

细胞在体外生长，其生存环境发生了很大变化。体外培养细胞缺乏抗感染能力，故应无菌操作，最大限度地防止微生物污染。培养所用一切物品、液体均应无菌。操作前最好先列出所需用品，培养基等需 37℃预热或室温平衡，所有物品准备好后再开始操作，避免往返拿取用品，增加污染的机会。

4. 操作环境消毒

无菌间或超净台的操作区用紫外线灯照射 20min～30min 进行消毒。用紫外线灯照射期间，在台面上勿放置培养细胞和培养用液等。所有进入操作区的物品需经乙醇消毒。

5. 洗手和着装

进行细胞培养操作前的洗手和着装原则上与外科手术相同。进入无菌间时要更换专用无菌衣，戴口罩和帽子。最好戴乳胶手套，然后用 75％乙醇喷洒消毒或用乙醇棉球擦拭。

6. 火焰消毒

在无菌环境进行培养或做其他无菌操作时，首先要点燃酒精灯。以后一切操作，如安装吸管帽、打开或封闭瓶口等，都要在火焰近处并经过灼烧进行。金属器械在火焰中灼烧的时间不能过长，吸取过培养液的吸管不能再用火焰烧灼，防止残留在吸管中的培养液焦化，将有害物质带入培养液。

九、细胞培养的实验操作注意事项

进行细胞培养操作时，动作要稳、要准，动作幅度要尽可能小。工作台面上，实用物品要摆放合理，右手用的东西放在右侧，左手用的东西放在左侧，酒精灯放在中央。工作要有顺序，尽量缩短各种液体、细胞暴露的时间。吸取不同液体、处理不同的细胞要用不同的吸管，避免液体间、细胞间的交叉污染。

十、细胞培养常用方法

根据培养物的细胞生物学特点，细胞培养可分为原代培养和传代培养。原代培养（primary culture）又名初代培养，即直接从有机体取下细胞、组织或器官，让它们在体外维持与生长。原代培养的特点是细胞或组织刚离开机体，生物性状尚未发生很大的改变，在一定程度上可反映它们在体内的状态，表现出来源组织或细胞的特性。因此，原代培养用于药物实验，尤其是药物对细胞活动、结构、代谢、毒性或杀伤作用等的试验是极好的。

当细胞生长至单层汇合（confluence）时，便需要进行分离培养，不然会因无繁殖空间、营养耗竭而影响生长，甚至整片细胞脱离基质悬浮起来，直至死亡。为此，当细胞达到一定密度时必须传代或再次培养（subculture），即将培养的细胞分散后，从一个容器以 1∶2 或其他比率转移到另一个或几个容器中扩大培养，可借此繁殖更多的细胞，并防止细胞退化死亡。

根据培养条件和器皿的不同，又可将细胞培养分为静止培养和动态培养。

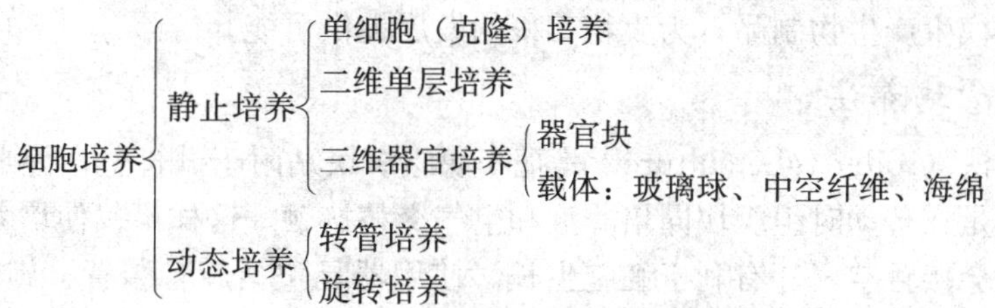

（一）单细胞（克隆）培养

单细胞（克隆）培养是从几种细胞特性混合的培养物中分离单细胞，进行培养以获得克隆的方法。该方法已得到广泛的应用，可用于研究细胞的遗传、生物化学以及细胞生物学特性，在发病学研究中用于分离正常细胞与变异细胞等。常用的单个细胞克隆分离法有以下两种。

1. 细管分离法

细管分离法即 Sanford 法。用毛细吸管吸取小鼠 L 细胞，当确认毛细管中仅有一个细胞时，即可进行培养。该方法的特点是给予单个细胞以特定的小培养环境，另外要用适应性培养液（conditioned medium）。适应性培养液来自于培养原来细胞 1d～2d 的培养液，取其无细胞上清液使用。

2. 液体石蜡法

在充满液体石蜡的平皿底部滴入几滴培养液，用毛细吸管吸取单个细胞注入各滴培养液中进行培养，培养液滴的直径大小为 4mm 左右比较合适。

此外，还有盖玻片法、塑料多孔板法、烧灼分离法等单细胞（克隆）培养方法。

（二）静止二维单层培养法

静止二维单层培养法最为常用。该方法是利用细胞对培养容器壁（多为玻璃和塑料面）贴壁依赖性的特点进行细胞培养的方法。增殖的细胞在容器壁形成薄片，可在显微镜下直接观察其形态，有利于研究细胞形态学和转染后的细胞变化、实验性治疗引起的细胞的反应以及诱导生长分化的研究等。对于单层培养法，技术不太熟练的人也容易掌握。此法还可用于大量收集细胞。所用的培养容器随研究目的而异，一般做细胞传代培养时，用 T 形培养瓶或方瓶；大量培养时可用大方瓶；如需做相差显微镜检查，最好用两面平行的容器。除上述封闭式培养容器外，用 CO_2 孵箱开放培养时，多用平皿和多孔板培养。单层培养的细胞长满瓶壁后，需用细胞分散剂消化并传代。细胞分散剂有 0.1%～0.5%胰蛋白酶和 0.02%EDTA。通常用 0.25%胰蛋白酶浸泡细胞层，在 37℃ 放置 3min～10min，作用至轻轻倾斜容器细胞层即能剥离为止；用吸管吹打细胞层数次以形成细胞悬浮液，将细胞悬浮液移至离心管中，以 800r/min～1000r/min 离心 10min，弃去上清液；在离心管中加入新的培养液，将细胞悬浮液分装于新培养瓶中培养。如仅用胰蛋白酶不能使细胞充分剥离，最好用 0.25%胰蛋白酶加 0.02%EDTA 的混合液。细胞分散后加入血清或含血清的培养液以终止胰蛋白酶的作用。

（三）三维细胞培养法

利用不同载体如中空纤维、小球体和海绵等作为细胞的附着底物，可大量繁殖细胞，用于大规模生产生物制品，为生物工程的发展提供可能。

（四）转管培养法

转管培养法（roller tube culture）是把小块组织块贴附于试管壁，待半干燥时添加培养液，原则是在转动时组织块同培养液和空气交替接触。这样不仅使培养液流动，而且使细胞有机会接触空气，有利于细胞生长。使用器具包括旋转装置、旋转板（转鼓）及培养管。旋转装置通常调节至 6r/h～12r/h，而做悬浮培养时，需调至 300r/h～1000r/h。转鼓的倾斜度约为 5°。培养管可使用普通的玻璃试管或用于相差显微镜观察的平底试管（能装入带有组织块的盖玻片进行培养），也可使用大型培养管。

（五）摇动培养法

摇动培养法（rotation culture）是将正常胚胎或肿瘤组织分散为单细胞，在适当摇动培养条件下，使单个细胞集合起来重新组成组织乃至器官，称之为细胞球样聚集体（cell spheroid aggregate）。摇动培养法广泛应用于胚胎发生学和肿瘤学的研究。具体操作如下：

胚胎组织、肿瘤组织或其培养细胞，用分散剂（0.25％胰蛋白酶＋0.02％EDTA）消化，制成单细胞悬浮液；经 500r/min～1000r/min 离心 10min 后，加培养液调至适当浓度（10^5 细胞数/mL～10^6 细胞数/mL）；取 6mL 细胞悬浮液置于 50mL 三角瓶中，塞上胶塞，置于 37℃旋转摇动培养仪（Gyratory shaker）进行旋转摇动培养；24h～48h 后取出形成的细胞聚集体，做常规组织学检查和细胞生物学检查。

不同细胞有其最适的培养浓度，一般采用 10^5 细胞数/mL～10^6 细胞数/mL。

旋转摇动培养仪的振幅和旋转速度都是可调节的。通过调节使悬浮细胞由于离心力和向心力的作用而产生的相互接触的频度不同。

摇动培养中，细胞聚集体受细胞表面结构、与其相适应的物理化学因素以及细胞所产生的凝集促进物质等的影响，来自胚胎的细胞和肿瘤培养细胞有较强的凝集能力，而成熟型细胞凝集力较弱。细胞聚集体为三维立体结构，可保持来源组织的结构和功能，也反映出细胞间的相互关系，为组织胚胎发生分化和恶性肿瘤细胞生物学特性的研究提供了有利的工具。

十一、细胞培养的基本试剂及配制

（一）培养液

1. 天然培养基

天然培养基主要有血浆、鸡胚浸出液、水解乳蛋白、鼠尾胶原和血清，其中血清是细胞培养中用量最大的天然培养基。

血清的种类有小牛血清、胎牛血清、马血清和人血清等，常用的是小牛血清。优质血清的判断标准是血清外观应透明、较少溶血、淡黄色、加热灭活后颜色稍深、蛋白质沉淀少，经检查无微生物（细菌、真菌、支原体和病毒）污染。

支持生长能力的测定有集落形成率和连续传代培养两种测定法。集落形成率测定能发现质量上的微小差异。其方法是利用多孔板，每孔接种 3～5 个细胞，形成克隆的孔在70%以上者效果较好。而连续传代法较费时间，一般要传6次以上才能确定是否适宜该细胞系的长期生长。如同时进行形态和生长速度的观察，结果更有意义。

天然培养液使用前应做热灭活处理（加温至56℃，维持30min），以破坏其中的补体成分。依据不同培养条件，常在合成培养基中加5%～20%的活血清。

2. 合成培养基

一般依据条件、经验和培养基的特点选用合适的合成培养基。已建成的细胞系最好选用最初原代培养使用的培养基。

（1）MEM Eagle培养基

MEM Eagle培养基是目前常用的合成培养基，它仅含有12种必需氨基酸、谷氨酰胺和8种维生素，成分简单，广泛适用于各种已建成的细胞系的培养，同时便于添加某些成分，也特别适于特殊细胞的研究。

（2）RPMI 1640

RPMI 1640也是一种常用的合成培养基，最初是针对淋巴细胞的培养而设计的，实际使用中发现能广泛适应多种细胞（包括正常细胞和肿瘤细胞）的培养而且成分简单，和MEM一样，应用极其广泛。

（3）McCoy 5A和Ham F12

McCoy 5A和Ham F12是两种有特殊用途的合成培养基。McCoy 5A是为肉瘤细胞设计的培养基，研究发现其除了适用于原代培养、组织活检的细胞和淋巴细胞生长外，还适用于较难培养的细胞。Ham F12中含有一些微量元素的无机离子，如Cu^{2+}、Zn^{2+}、Fe^{2+}等，可在血清含量较少（2%～10%）的情况下培养细胞，特别适用于单细胞的培养，常做克隆化培养。现在大量使用的为商品化的干粉型培养基，其性质稳定，便于贮存和运输，使用方便；可参照说明书，将规定重量的干粉溶于一定的水中，经过滤灭菌即可。不同厂家生产的同种产品其比例可能不同；有的培养基成分不完全，要求自行加入所需要的物质，如谷氨酰胺和碳酸氢钠。

用干粉配制培养基的过程如下：①将干粉加入15℃～30℃的三蒸水中，搅拌使其充分溶解；②加碳酸氢钠，必要时也可用1mol/L HCl或1mol/L NaOH调节pH；③加水至最终量；④用0.22pm的微孔滤膜过滤消毒。

（二）抗生素液

原代培养中取材的标本接种前的处理和常规培养液内需加入抗生素，以预防污染。

1. 青链双抗液

（1）标本处理液

将5×10^5U的青霉素及125mg链霉素溶于250mL Hanks液内，使其终浓度分别为1000U/mL和500μg/mL，用于原代培养接种前标本的处理。

（2）常规培养用液

将1×10^6U的青霉素和1g硫酸双氢链霉素用200mL Hanks液溶解，分装后冻存于−20℃。使用前使之融化，在每份含有15%血清的合成培养液（分装100mL）中加2mL，青霉素及链霉素浓度即成为100U/mL及100μg/mL。

2. 抗真菌抗生素液

常用的抗真菌抗生素有两性霉素 B 和制霉菌素，其最终浓度为 1μg/mL～5μg/mL。将 50mg 两性霉素 B 或制霉菌素溶于 500mL Hanks 液中，配成浓度为 100μg/mL 的母液，用作原代培养接种前的处理及常规培养用液。

以上抗生素液均以微孔滤器除菌，少量分装并冻存于－20℃，临用时加入培养液内。

（三）平衡盐溶液和缓冲盐溶液

1. 平衡盐溶液

以无机盐类和葡萄糖配制成的保持生理状态的渗透压和 pH 值的溶液被称为平衡盐溶液（BSS）。平衡盐溶液用来洗涤所要培养的组织及用作配制合成培养液的基础液，Hanks 液和 Earle 液可作为大体完备的平衡盐溶液代表，其组成见下表。

平均盐溶液的组成

成分（g/L）	Hans 液	Earle 液
NaCl	8.00	6.80
KCl	0.40	0.40
$CaCl_2$	0.14	0.20
$MgCl_2$	0.10	
$MgSO_4$	0.10	0.20
Na_2HPO_4	0.06	
NaH_2PO_4		0.125
KH_2PO_4	0.06	
$NaHCO_3$	0.35	1.20
酚红	0.006	0.006
葡萄糖	1.00	1.00

2. 缓冲盐溶液

常用的缓冲盐溶液是磷酸盐缓冲液（PBS），不含 Ca^{2+}、Mg^{2+}，适用于待分离细胞的洗涤以及作为胰蛋白酶和 EDTA 等的溶剂。配法如下：NaCl 8g、KCl 0.2g、Na_2HPO_4 2.89g、NaH_2PO_4 0.2g，加双蒸水至 1L，861.84Pa 高压灭菌 35min。

3. HEPES

HEPES 的相对分子质量约为 119，为一种氢离子缓冲剂，具有较强的缓冲能力，能较好地维持 pH 值恒定。使用最终浓度为 10mmol/L～50mmol/L，可根据缓冲能力的要求而定。HEPES 可按照所需浓度，直接加入待配制的培养液中，再过滤除菌。

4. $NaHCO_3$ 溶液

$NaHCO_3$ 溶液用于调节 pH 值，常用浓度有 7.4%、56%和 3.7%。配制时，用三蒸水溶解后过滤除菌，分装，4℃保存。

（四）细胞分散剂

1. 胰蛋白酶溶液

胰蛋白酶的活力用解离酪蛋白的能力表示，常用1∶125和1∶250两种（即1份胰蛋白酶可分别消化125份和250份酪蛋白），其在pH8.0、37℃时作用力最强。常用浓度为0.25%或0.125%，使用前调pH值至7.2。配制方法如下：①Hanks液高压消毒灭菌后，用$NaHCO_3$溶液调节pH值至7.2；②称取胰蛋白酶粉末于烧杯中，搅拌混匀，置室温4h或冰箱过夜，并不时搅拌振荡；③次日先用滤纸过滤，再进行过滤除菌，分装入瓶，低温冰箱保存。

2. EDTA溶液

EDTA溶液的使用浓度为0.02%，取0.2g EDTA溶于1L无Ca^{2+}、Mg^{2+}的磷酸盐缓冲液中，高压灭菌后分装小瓶，4℃保存。

（五）指示剂和染色液

1. 1%酚红液

取10mL饱和NaOH溶液，加入90mL双蒸水中，即为1mol/L NaOH溶液；取10g醇溶性酚红置于100mL烧杯内，加入20mL 1mol/L NaOH溶液，混匀后放置数分钟；将已溶染料放入1000mL容量瓶中；再在烧杯内加入10mL 1mol/L NaOH溶液，将溶解物一起加入容量瓶中（1mol/L NaOH溶液使用量不超过70mL）；补加双蒸水至1000mL，保存于室温。

2. 1%台盼蓝和0.2%伊红染色液

1%台盼蓝和0.2%伊红染色液用于判断细胞的死活，活细胞不着色，死细胞染成蓝色或红色。台盼蓝和伊红染色液均为水溶液，室温保存。

常用玻璃仪器及其洗涤方法

一、常用玻璃仪器

1. 量筒和量杯

量筒和量杯是生化实验室常用的计量玻璃仪器，多用于量取数量要求不甚精确的液体，其规格主要有 5mL、10mL、25mL、50mL、100mL、250mL、500mL、1000mL、2000mL 等多种。量杯呈圆锥形，带倾出嘴。量筒为圆柱形，有具嘴和具塞无嘴两种形式。量筒和量杯一般都用于配制定性试剂和普通试剂。

2. 容量瓶

容量瓶是容量仪器，主要用于配制各种要求较精确的分析试剂或标准试剂。其规格有 10mL、25mL、50mL、100mL、200mL、250mL、500mL、1000mL、2000mL 等多种。容量瓶分无色和棕色两种，不能直接加热，也不能用高温烘烤，否则易造成误差。

3. 刻度吸管

刻度吸管又称吸量管或吸管，是一种有精确刻度的直形玻璃管。其精确度较高，使用灵活方便。其规格主要有 0.1mL、0.5mL、1.0mL、2.0mL、5.0mL、10.0mL 等几种。刻度吸管有刻度到尖端和刻度不到尖端两种。刻度到尖端的又分为“吹”和“不吹”两种。刻度吸管是生化实验室最常用的容量仪器之一，应正确掌握其使用方法。

刻度吸管的使用方法：应选择合适的吸量管。一般选择容量要等于或略大于需量取体积的吸管。使用时，一般以右手持吸管，左手持吸球。右手拇指、中指、无名指及小指固定吸管，食指放在吸管上口旁，吸液时保持吸管平衡，吸液后随时压盖上口。将吸管尖端插入试剂液面以下 2cm～3cm，用吸球将液体小心吸入，使液面超过吸管最上面的刻度 2cm～3cm，移开吸球，同时右手食指快速按住管口。吸入液体后，吸管内液体形成一个向下的弯月形液面。当视线与液面在同一水平线上时，弯月面（液面）下缘所处的刻度即为管内液面的读数。轻轻移动食指，调节管内液体至吸管的最大容量或需求的体积数量，用吸水纸或滤纸片吸干吸管外壁粘挂的液体，然后将所需数量的液体小心放入目标容器内。

二、常用玻璃仪器的洗涤

在生化、免疫、细胞和分子生物学实验中，玻璃仪器清洁与否直接影响实验结果的准确性，因此玻璃仪器的洗涤是生化基础技能训练之一。

1. 洗涤

非定量敞口玻璃仪器，如试管、离心管、烧杯、烧瓶等均可直接用毛刷蘸肥皂或去污粉擦洗，然后用自来水反复冲洗，最后用少量蒸馏水冲洗内壁3遍。洗前要检查毛刷顶端的铁丝是否裸露。洗刷时用力不能过猛，否则会戳破仪器。

对定量玻璃仪器，如容量瓶、滴定管、吸量管等，先用自来水冲洗，沥干后放入铬酸洗液中浸泡数小时，然后取出倒尽洗液，再用自来水充分冲洗，最后用少量蒸馏水冲洗内壁3遍。

对某些口小肚大或毛刷刷洗不便的玻璃仪器，可将洗液倒入容器内（约占仪器容量的1/4），小心转动仪器，使仪器内表面完全被洗液润湿，并保持一段时间，然后将洗液倒出，再按上述方法用自来水、蒸馏水冲洗。

2. 清洁的标准

洗涤洁净的玻璃仪器被水完全润湿后，壁内外呈均匀水膜，玻璃壁光洁无痕迹，不挂水珠；否则表明尚未洗涤干净，应按上述方法重新洗涤。

3. 玻璃仪器的干燥

在实验中，仪器干燥与否有时是实验成败的关键，因此在仪器洗净后，还应进行干燥。干燥方法有以下几种。

（1）晾干

实验仪器应尽量采用晾干法。仪器洗净后，先倒尽其中的水滴，然后晾干。在实验过程中应该有计划地利用实验中的零星时间，把下次实验需用的玻璃仪器洗净并晾干。

（2）烘干

烘箱温度保持在100℃～120℃。仪器放入前需要尽量倒尽其中的水，然后放在瓷盘内，仪器口朝下。厚壁仪器（如量筒、吸滤瓶）不宜在烘箱中烘干。分液漏斗和滴液漏斗必须在拔去盖子和活塞后才能放入烘箱烘干。

（3）用有机溶剂干燥

体积小的仪器急需干燥时，可采用有机溶剂干燥法。洗净的仪器先用少量酒精洗涤一次，再用少量丙酮或乙醚洗涤，最后在空气（不必加热）中晾干。将用过的溶剂倒入回收瓶中。

4. 洗涤液的配制

在某些情况下，需要使用洗涤液进行洗涤。洗涤液的种类和配制方法有以下几种。

（1）合成洗涤剂

合成洗涤剂主要有去污粉、洗衣粉、洗洁精等，应用范围广，使用方便，去污力强。使用时将合成洗涤剂配成1%～2%的水溶液即可。

（2）铬酸洗液

铬酸洗液是将浓硫酸加入重铬酸钾水溶液中配制而成的溶液，通常称之为清洁液。铬酸洗液是实验室最常用的洗涤液，具有强氧化性和强酸性。

铬酸洗液的配制：

配法一：取重铬酸钾80g，溶于1000mL水中，慢慢沿玻璃棒加入浓硫酸100mL即可。

配法二：取重铬酸钾200g，溶于500mL水中，可加热助溶。冷却后慢慢沿玻璃棒加入浓硫酸500mL，边加边搅拌，温度过高时（产生较多气雾时）可适当冷却后再继续加浓硫酸。

配法三：取重铬酸钾 10g，放入 500mL 烧杯中，加入 100mL 水配制成重铬酸钾溶液。冷却后沿玻棒缓缓加入浓硫酸 200mL。边加边搅拌，温度过高时可适当冷却后再继续加浓硫酸。

(3) 有机溶剂

丙酮、乙醇、乙醚等有机溶剂可用于洗脱油脂及脂溶性染料，二甲苯可洗脱油漆的污垢。

试 剂 的 配 制

配制试剂是实验室的一项重要工作。配制一般化学试剂前，应熟悉试剂的纯度、相对分子质量及有关特性，掌握配制规程、配制要领；配制某些特殊试剂前，应了解试剂中各成分的相互作用、反应原理和配成后的质量和性能等，然后按照规定步骤认真配制。用不正确的方法配制的试剂可能出现的问题有：出现混浊、沉淀、变色而失效，甚至还可能导致危险事故（如水向浓硫酸里倾倒）。特别是配制一些基准试剂和标准试剂时，更应严格按规程精心配制。

一、常用试剂配制要点

1. 选择溶剂

试剂的配制一般需用蒸馏水或去离子水作为溶剂，有特殊要求的可用其他溶剂配制。

2. 称量溶质

固体溶质一般用称重法称取，液体溶质一般用容量法量取。

3. 标准溶液配制

配制基准试剂和标准试剂时，应先将溶质烘烤（一般为 100℃～120℃，烘烤 2h 以上），放干燥器内干燥至恒重，然后在分析天平上精确称取规定重量，溶解后，在 20℃条件下，用经过校正的精密容量瓶配制成规定体积。

4. 溶解及助溶

配置试剂一般通过搅拌溶解溶质，但有些试剂需加热助溶，在助溶后应放室温冷却至 20℃左右，稀释至所需体积。某些试剂在配制过程中可能产生高热，在配制时应不断搅拌，必要时稍冷却后再进行。

5. 其他

试剂配制量要视需要量而定，一般不宜多配，以免造成浪费。配制好的试剂要及时装瓶、贴好标签。标签纸的大小应与容器大小相适应，标签应贴在试剂瓶的上 2/3 处。标签上要写明试剂名称、浓度、配制时间及配制人等，溶剂不是蒸馏水时还应标明溶剂名称。用于无菌实验的试剂还应进行高压灭菌或过滤去菌等无菌处理，最后要根据试剂的保存条件（温度、光照条件等）分别进行保存。

二、实验试剂使用

1. 核对

认真核对试剂的名称、浓度等与实验的要求是否相符。

2. 观察

仔细观察试剂的品质变化，如发现试剂有混浊、沉淀、生霉或变色等情况，则不能使用，要及时报告老师。

3. 取用

倒出试剂瓶内试剂时，应使贴有瓶签的一侧向手心，以免试剂污损瓶签。由瓶内倒出的试剂不得再倒回原瓶内，以免污染瓶内试剂。每次取用试剂后要及时盖上瓶盖，以免不同试剂瓶盖错盖，造成试剂污染或变质。

三、溶液浓度

一定量的溶液或溶剂中所含溶质的量称为浓度。浓度常有以下几种表示方法。

1. 百分比浓度

百分比浓度指溶质的质量除以溶液的质量。

$$\text{百分比浓度}=\frac{\text{溶质的质量}}{\text{溶液的质量}}\times 100\%$$

2. 摩尔浓度

摩尔浓度指溶质的摩尔数除以溶液的体积，其单位是摩尔每升（mol/L)。

$$\text{摩尔浓度}=\frac{\text{溶质的摩尔数}}{\text{溶液的体积}}$$

3. 体积浓度

体积浓度指溶质的体积与溶液的体积比。

$$\text{体积浓度}=\frac{\text{溶质的体积}}{\text{溶液的体积}}\times 100\%$$

缓冲溶液

缓冲溶液是一类能够抵制外界加入少量酸和碱的影响，仍能维持pH值基本不变的溶液。溶液的这种抗pH变化的作用被称为缓冲作用。缓冲溶液通常是由一或两种化合物溶于溶剂（即纯水）所得的溶液，溶液内所溶解的溶质（化合物）称之为缓冲剂，调节缓冲剂的配比即可制得不同pH的缓冲溶液。

缓冲溶液的正确配制和pH值的准确测定，在研究工作中有着极为重要的意义。因为在生物体内进行的各种生物化学过程都是在精确的pH值下进行的，而且受到氢离子浓度的严格调控。能够做到这一点是因为生物体内有完善的天然缓冲系统。生物体内细胞的生长和活动需要一定的pH值，体内pH环境的任何改变都将引起与代谢有关的酸碱电离平衡移动，从而影响生物体内细胞的活性。为了在实验室条件下准确地模拟生物体内的天然环境，就必须保持体外生物化学反应过程有体内过程完全相同的pH值，此外各种生化样品的分离纯化和分析鉴定也必须选用合适的pH值。因此，在各种研究工作和开发工作中，了解各种缓冲试剂的性质，准确、恰当地选择和配制各种缓冲溶液，精确地测定溶液的pH值，是非常重要的基础实验工作。

生物化学研究中常用的缓冲溶液有以下几种。

一、磷酸盐缓冲液

磷酸盐是生物化学研究中使用最广泛的一种缓冲剂，由于它们是二级解离，有2个pK_a值，所以用它们配制的缓冲液的pH范围最宽。

NaH_2PO_4：$pK_{a1}=2.12$，$pK_{a2}=7.21$；

Na_2HPO_4：$pK_{a1}=7.21$，$pK_{a2}=12.32$；

配酸性缓冲液：用NaH_2PO_4，pH=1～4；

配中性缓冲液：用混合的两种磷酸盐，pH=6～8；

配碱性缓冲液：用Na_2HPO_4，pH=10～12。

用钾盐比钠盐好，因为低温时钠盐难溶，钾盐易溶，但若配制SDS-聚丙烯酰胺凝胶电泳的缓冲液时，只能用磷酸钠而不能用磷酸钾，因为SDS（十二烷基硫酸钠）会与钾盐生成难溶的十二烷基硫酸钾。

磷酸盐缓冲液的优点：容易配制成各种浓度的缓冲液；适用的pH范围宽；pH受温度的影响小；缓冲液稀释后pH变化小，如稀释至原浓度的1/10后pH的变化小于0.1。

磷酸盐缓冲液的缺点：易与常见的Ca^{2+}、Mg^{2+}以及重金属离子缔合生成沉淀；会抑制某些生物化学过程，如对某些酶的催化作用会产生某种程度的抑制作用。因此，近年来另一种缓冲液（Tris 缓冲液）得到更多的应用。

二、Tris 缓冲液

Tris［三羟甲基氨基甲烷，*N*－tris（hydroxymethyl）aminomethane］缓冲液在研究中的使用有越来越多并超过磷酸盐缓冲液的趋势，如在 SDS－聚丙烯酰胺凝胶电泳中已都使用 Tris 缓冲液，而很少再用磷酸盐缓冲液。

Tris 缓冲液的常用有效 pH 范围是在“中性”范围，例如：

Tris－HCl 缓冲液：pH＝7.5～8.5；

Tris－磷酸盐缓冲液：pH＝5.0～9.0。

Tris－HCl 缓冲液的优点：Tris 的碱性较强，可以用这一种缓冲体系配制 pH 范围由酸性到碱性的大范围 pH 的缓冲液；对生物化学过程干扰很小，不与 Ca^{2+}、Mg^{2+} 及重金属离子发生沉淀。

Tris－HCl 缓冲液的缺点：缓冲液的 pH 值受溶液浓度影响较大，缓冲液稀释至原浓度的 1/10，pH 值的变化大于 0.1。温度效应大，温度变化对缓冲液 pH 值的影响很大，即：$\Delta pK_a = -0.031/℃$。例如：4℃时缓冲液的 pH＝8.4，则 37℃时的 pH＝7.4，所以一定要在使用温度下进行配制。室温下配制的 Tris－HCl 缓冲液不能用于 0℃～4℃。易吸收空气中的 CO_2，所以配制的缓冲液要盖严密封。此缓冲液对某些 pH 电极发生一定的干扰作用，所以要使用与 Tris 溶液具有兼容性的电极。

三、有机酸缓冲液

有机酸缓冲液多数是用羧酸与它们的盐配制而成，pH 范围为酸性，即 pH＝3.0～6.0。最常用的有机酸是甲酸、乙酸、柠檬酸和琥珀酸等。

甲酸－甲酸盐缓冲液很有用，因其挥发性强，使用后可以用减压法除去。乙酸－乙酸钠和柠檬酸－柠檬酸钠缓冲体系也使用得较多，柠檬酸有 3 个 pK_a 值：$pK_{a1}=3.10$，$pK_{a2}=4.75$，$pK_{a3}=6.40$。琥珀酸有 2 个 pK_a 值：$pK_{a1}=4.18$，$pK_{a2}=5.60$。

有机酸缓冲液的缺点：所有这些羧酸都是天然的代谢产物，因而对生化反应过程可能发生干扰作用；柠檬酸盐和琥珀酸盐可以和过渡金属离子（Fe^{3+}、Zn^{2+}、Mg^{2+} 等）结合而使缓冲液受到干扰；这类缓冲液易与 Ca^{2+} 结合，所以样品中有 Ca^{2+} 时，不能用这类缓冲液。

四、硼酸盐缓冲液

硼酸盐缓冲液常用的有效 pH 值范围是 8.5～10.0，因而它是碱性范围内最常用的缓冲液。

硼酸盐缓冲液的优点：配制方便，只使用一种试剂。

硼酸盐缓冲液的缺点：能与很多代谢产物形成络合物，尤其是能与糖类的羟基反应生成稳定的复合物而使缓冲液受到干扰。

五、氨基酸缓冲液

氨基酸缓冲液使用的范围宽，可用于 pH2.0～11.0。例如最常用的有：

甘氨酸－HCl 缓冲液：pH＝2.0～5.0；

甘氨酸－NaOH 缓冲液：pH＝8.0～11.0；

甘氨酸－Tris 缓冲液：pH＝8.0～11.0（此缓冲液用于广泛使用的 SDS－聚丙烯酰胺凝胶电泳的电极缓冲液）；

组氨酸缓冲液：pH＝5.5～6.5；

甘氨酰胺（glycine amide）缓冲液：pH＝7.8～8.8；

甘氨酰甘氨酸（glycylglycine）缓冲液：pH＝8.0～9.0。

氨基酸缓冲液的优点：为细胞组分和各种提取液提供更接近的天然环境。

氨基酸缓冲液的缺点：与羧酸盐和磷酸盐缓冲体系相似，对某些生物化学反应过程会有所干扰。

常规仪器设备及其使用

一、移液器

移液器又称为定量可调加液器、取液器（枪）等，是一种快速移加试液的精密取液仪器，有连续可调和不可调两种类型。移液器具有重量轻、精度高、读数直观、使用方便、可连续快速移液等特点。移液器主要有座式（瓶式）加液器和手持式移液枪两种类型。

以手持式移液枪为例，其使用方法是：将移液器吸头（枪头）套在移液器杆上，稍加旋转压紧枪头，使之与枪杆间无空气间隙，转动调节轮至量取体积为取液体积；轻轻按下推动按钮，将枪头垂直浸入液面下 2cm～4cm 处，缓缓松开按钮，完成吸液程序；停 1s～2s 后将移液枪移出液面（若枪头表面残留液体，可用少许滤纸轻轻擦掉，注意勿触及枪头口）；将枪头尖部（口）以 10°～45°倾斜于容器内壁，缓缓按下推动按钮，排放所有液体；停 1s～2s 后移走移液枪，松开推动按钮，压下枪头，即完成一次吸液、排液过程。

使用时要确定选用移液器的量程，禁止超容量或将枪倒置。完成一次吸液、移液后，如果下次吸取的液体不同，应及时更换吸头，以避免相互污染。

二、纯水仪

未经处理的水存在许多无机盐、有机化合物、悬浮颗粒、微生物等杂质，用于实验配制溶液时，会对实验结果产生干扰影响。纯水仪就是根据实验要求的不同提供各个层次要求的水质。在化学分析、生化研究及细胞培养中需要使用纯水仪以得到超纯水，因此纯水仪的使用非常广泛，它是实验室最常用的设备之一，也是衡量工作环境质量好坏的一个重要指标。

1. 获得纯水的基本方法

（1）蒸馏法

蒸馏法按蒸馏器皿可分为玻璃、石英蒸馏器蒸馏法等，按蒸馏次数可分为一次、二次和多次蒸馏法。蒸馏水可以满足普通分析实验室的用水要求。由于二氧化碳的溶入，水的电阻率是很低的，达不到兆欧（MΩ）级，不能满足许多新技术的需要。

（2）离子交换法

去离子水主要有两种制备方式：

①复床式，即按阳床－阴床－阳床－阴床－混合床的方式，连接并生产去离子水。早期多采用这种方式，便于树脂再生。

②混床式（2~5 级串联不等），混床去离子的效果好，但再生不方便。

离子交换法可以获得十几兆欧（MΩ）的去离子水，但无法去掉有机物，TOC 和 COD 值往往比原水还高。

（3）电渗析法

电渗析法能耗低，常作为离子交换法的前处理步骤。它在外加直流电场作用下，利用阴、阳离子交换膜分别选择性地允许阴、阳离子透过，使一部分离子透过离子交换膜迁移到另一部分水中去，从而使一部分水纯化，另一部分水浓缩。电渗析法是常用的脱盐技术之一。

（4）反渗透法

反渗透法是一种应用最广的脱盐技术。反渗透膜能去除无机盐、有机物（相对分子质量大于 500）、细菌、热源、病毒、悬浊物（粒径大于 0.1μm）等。产出水的电阻率能较原水的电阻率升高近 10 倍。常用的反渗透膜有：乙酸纤维素膜、聚酰胺膜和聚砜膜等。膜的孔径为 0.0001μm~0.001μm。反渗透的动力依赖于压力差（1.01325×10^3 kPa~1.01325×10^4 kPa，10~100 个大气压）。去除杂质的能力由膜的性能好坏和进出水比例决定。进出水的比例一般控制在 10∶6 或10∶7左右，这样杂质的去除率应在 95%~99.7%。例如，原水的电阻率为1.6kΩ·cm（25℃）时，产出水的电阻率约为14kΩ·cm，这样的水被称为纯净水，也就是市场上出售的饮用纯净水。

2. 制备超纯水的方法

传统的制备纯水方法不能制备出超纯水。化学意义上的纯水（液态的 H_2O）的理论电导率为18.3MΩ·cm。生产的纯水是达不到电导率理论值的，但18MΩ·cm似乎是可以达到的。对于这种水，有的称之为高纯水，有的称之为超纯水。

现在制备超纯水的方法是将各种纯化水的新技术科学地结合起来，不仅能生产超纯水，而且变得非常容易。

超纯水器制备超纯水的原理和步骤：

①原水：可用自来水或普通蒸馏水或普通去离子水作原水。

②机械过滤：通过砂芯滤板和纤维柱滤除机械杂质，如铁锈和其他悬浮物等。

③活性炭过滤：活性炭是广谱吸附剂，可吸附气体成分，如水中的余氯等；吸附细菌和某些过渡金属等。氯气能损害反渗透膜，因此应力求除尽。

④反渗透膜过滤：可滤除 95%以上的电解质和大分子化合物，包括胶体微粒和病毒等。由于绝大多数离子的去除，离子交换柱的使用寿命大大延长。

⑤紫外线消解：借助于短波（180nm~254nm）紫外线照射分解水中的不易被活性炭吸附的小有机化合物，如甲醇、乙醇等，使其转变成 CO_2 和水，以降低 TOC 的指标。

⑥离子交换单元：已知混合离子交换床是除去水中离子的决定性手段。借助于多级混床获得超纯水也并不困难。但水的 TOC 指标主要来自树脂床。因此，高质量的离子交换树脂就成为成败的关键。

⑦0.2μm 滤膜过滤：用以除去水中的颗粒物，达到低于每毫升 1 个（直径小于 0.2μm）颗粒。

经过上述各步骤处理后生产出来的水就是合格的超纯水。

Millipore 纯水器的基本流程如下图所示：

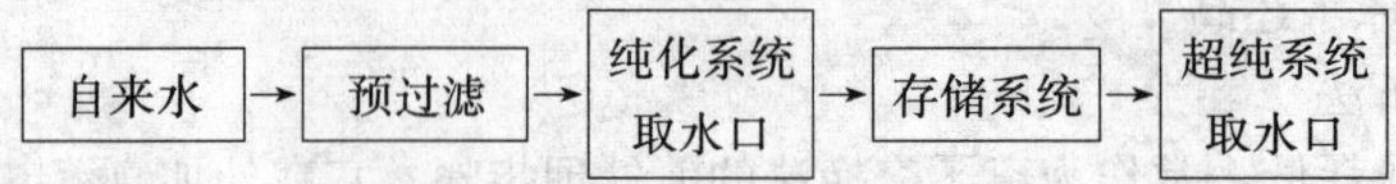

（1）预过滤

将自来水做初步处理，一般包括预过滤（深层过滤及膜过滤）。

（2）纯化系统

将预过滤得到的水经反渗透法处理，污染物去除率达到 90%～95%以上，回收率达到 20%～40%以上，效益比传统纯蒸馏法更理想。

此级纯水技术参数：电阻$>5\mathrm{M\Omega\cdot cm}$，总有机碳（TOC）$<30\times10^{-9}$。

（3）超纯系统

将存储系统的水经 QG 预纯化柱、QU 超纯化柱及紫外照射得到超纯水。

此级超纯水技术参数：电阻 18.2MΩ，总有机碳（TOC）$<10\times10^{-9}$，热源含量$<$0.001Eu/mL，颗粒物（直径小于 0.2μm）$<$1/mL，微生物$<$1cfu/mL。

三、酸度计

1. pH 的基本知识

数学上定义 pH 值是氢离子浓度以 10 为底的对数的负数，即 $\mathrm{pH}=-\lg[\mathrm{H^+}]$，用来量度溶液中氢离子的活性。通常用一个恒定电位的参比电极（Hg/HgCl 或Ag/AgCl）和测量电极组成一个原电池，原电池电动势的大小取决于氢离子的浓度，即取决于溶液的酸碱度。测量电极上有特殊的对 pH 反应灵敏的玻璃探头，它是由能导电、能渗透氢离子的特殊玻璃制成，具有测量精度高、抗干扰性好等特点。当玻璃探头和氢离子接触时，就产生电位。溶液的酸碱度不同，产生的电位也不一样，通过毫伏计转变为相应的 pH 值。工作示意图如下：

$$\text{离子}\xrightarrow{\text{电极传感器}}\text{电位}\xrightarrow{\text{毫伏计}}\text{pH 值}$$

如有过量的氢离子，则溶液呈酸性，$\mathrm{pH}<7$。同样，如果氢离子不足，那么溶液呈碱性，$\mathrm{pH}>7$。所以，测出 pH 值就足以表示溶液的特性，呈酸性（$\mathrm{pH}<7$）或碱性（$\mathrm{pH}>7$）。现在使用的电极是复合电极，是将参比电极和测量电极复合于一个电极里。测量 pH 值的方法很多，主要有化学分析法、试纸法、电位法。

pH 酸度计按测量精度可分为 0.2 级、0.1 级、0.01 级或更高精度。

2. 酸度计的使用

在使用酸度计时应经常检查电极内的 4mol/L KCl 溶液的液面，如液面过低，则应补充 4mol/L KCl 溶液。

电极玻璃泡极易破碎，使用时必须格外小心。

复合电极长期不用，要浸泡在 2mol/L KCl 溶液中，平时可浸泡在无离子水或缓冲溶液中。使用时取出，用无离子水冲洗并冲洗玻璃泡部分，然后用吸水纸吸干余水，将电极浸入待测溶液中，稍加搅拌，读数时电极应静止不动，以免数字跳动不稳定。

使用时复合电极的玻璃泡和半透膜小孔要浸入溶液中。

使用前要用标准缓冲液校正电极。常用的三种标准缓冲液的 pH 值分别为 4.00、6.88 和 9.23（20℃），精度为±0.002pH 单位。校正时先将电极放入 pH6.88 的标准缓冲液中，用 pH 计上的“标准”旋钮校正 pH 读数，然后取出电极洗净，再放入 pH4.00 或 pH9.23 的标准缓冲液中，用“斜率”旋钮校正 pH 读数。如此反复多次，直至两点校正正确，再用第三种标准缓冲液检查。标准缓冲液不用时应放入冰箱内冷藏保存。

电极的玻璃泡容易被污染。若测定浓蛋白质溶液的 pH 值时，玻璃泡表面会覆盖一层蛋白质膜，不易洗净会干扰测定，此时可用 0.1mol/L HCl 的 1mg/mL 胃蛋白酶溶液浸泡过夜。若被油脂污染，可用丙酮浸泡。若电极保存时间过长，校正数值不准时，可将电极放入 2mol/L KCl 溶液中，40℃加热 1h 以上，进行电极活化。

pH 测定时会有几方面的误差：

①钠离子的干扰。多数复合电极对 Na^+ 和 H^+ 都非常敏感，尤其是高 pH 值的碱性溶液，Na^+ 的干扰更加明显。

②浓度效应。溶液的 pH 值与溶液中缓冲离子浓度和其他盐离子浓度有关，因为溶液 pH 值取决于溶液中的离子活度而不是浓度，只有在很稀的溶液中，离子的活度才与其浓度相等。生化实验中经常配制比使用浓度高 10 倍的“贮存液”，使用时再稀释到所需浓度。由于浓度变化很大，溶液 pH 值会有变化，因而稀释后仍需对其 pH 值进行调整。

③温度效应：有的缓冲液的 pH 值受温度影响很大，如“Tris”缓冲液，因而配制和使用都要在同一温度下进行。

四、显微镜

（一）普通显微镜

1. 工作原理

显微镜主要由目镜（object lens）和物镜（ocular lens）组成。物镜的焦距较短，目镜的焦距较长。物镜的作用是得到物体放大的实像，目镜的作用是将所成的实像作为物体，进一步放大成为虚像，以利于观察。

2. 成像的基本过程

光线→反光镜→遮光器→通光孔→标本（一定要透明）→物镜的透镜（第一次放大成倒立实像）→镜筒→目镜（再放大成虚像）→眼

3. 基本结构

显微镜：
- 光学系统：物镜、目镜、聚光镜、反光镜等
- 机械系统
- 附加部件

4. 使用方法

以油镜的使用为例说明。

油镜头是普通光学显微镜放大倍数最高的物镜头。镜头上标有“90×”（放大 90 倍）或“100×”（放大 100 倍）；镜头前端有一白圈，白圈上缘刻有“HI”或“Oil”等标记；其孔径较其他物镜略小。

使用显微镜油镜头观察标本，应按对光→滴油→调焦→选视野→用毕处理等步骤进行。

(1) 对光

将显微镜平放于试验台上，不能使载物台倾斜（避免镜油外流）。将集光器调至最高，光圈全部打开，同时将反光镜的光对准集光器。

(2) 滴油

升高物镜；将标本片固定于载物台上，使标本物像处于集光器中央位置；滴加镜油于标本片上，并将镜头正对于油滴。

(3) 调焦

眼睛从显微镜的侧面看油镜头，同时用粗调节器移动镜头，使油镜头浸于油内，但勿使镜头与载玻片触碰；然后眼睛移到目镜处观察标本物像，边观察边调节细调节器，直到物像清晰为止。如未能找到物像，应重复上述操作一次。

(4) 选视野

进行标本观察时，应双眼睁开。调换镜下视野要遵循由左向右，再由右向左，由上至下，再由下至上按顺序观察的原则，避免疏漏。

(5) 用毕处理

显微镜使用完毕，应将目镜上移，用镜头纸沿镜头的垂直方向擦去镜油（不能转圈儿擦）；取下标本片，用纸巾擦去标本片上的镜油，将标本片归还原处；将物镜镜头转成“八”字形并降下物镜，用罩子套好，对号放入柜中。

搬运时，应右手持镜臂，左手托镜座，平端于胸前。不得随意拆卸和碰撞显微镜零件。防止强酸、强碱，以及乙醚、氯仿、乙醇等有机物腐蚀镜头。显微镜长期不用时，应避免受潮和阳光直射。

（二）倒置显微镜

1. 工作原理

倒置显微镜的光路是光源灯产生的光经聚光镜照射在标本上，标本经物镜放大及转换系统转换后成像在目镜的物方焦平面上，经目镜再一次放大后由人眼观察。照明系统位于标本之上，而物镜则在标本之下，这和一般的显微镜正好相反。倒置显微镜只是显微镜的形态与正置有区别而已，但都可以配置相差、荧光、DIC、HMC、偏光等装置。

倒置显微镜的特点：光源和聚光器位于载物台的上方，照明光源自上方向下照射；物镜安装在载物台的下方，向上对焦；物镜、聚光镜及其他光学具组均适用于长焦距观察。

2. 基本结构

倒置显微镜的主机身就是镜座。系统即物镜、镜筒、目镜、照相装备、调焦螺旋全都装设在主机上。与此同时，光源变压器也组装在主机中。倒置高级显微镜连接有采集显微镜下图像并将图像信号转换成电信号输入计算机的一种装置。经软件处理，可对图像进行采集、曝光调整、多色彩空间的影像编辑、预定义的影像设置、自动调焦、自动后处理加工调整，并通过数据库对图像保存、整理。

3. 应用

倒置显微镜用于对细胞、组织培养、悬浮体、沉淀物等的观察，可连续观察细胞等在培养液中繁殖分裂的过程，并可将此过程中的任一形态拍摄下来。

五、超净工作台

1. 工作原理

通过空气过滤提供无尘、无菌的局部空气净化工作环境。设备所配备的紫外灯对操作的小范围环境进行灭菌，获得一定洁净等级和过滤的新鲜空气。超净工作台种类繁多，主要用于细胞培养的转种等工作。有时做 PCR 或 RT-PCR 也使用超净工作台。

2. 使用方法

操作时要先将紫外灯打开灭菌 20min，此时操作者应离开现场。20min 后关紫外灯，开照明灯，并打开风机进行操作。操作完毕后关闭照明灯及风机开关，用清洁液清理台面。超净工作台的风机过滤网需要定期更换或清洗。

六、细胞破碎仪

破碎细胞的方法较多，有溶胀、匀浆、超声破碎、气体破碎等手段，具有破碎组织、细菌、病毒、孢子及其他细胞结构，匀质，乳化，混合，脱气，提取，加速反应等功能。

1. 超声破碎仪

仪器将电能转换成高频高压电能，再由压电转换器转换成高频机械震动，由变幅杆的聚能和位移放大后作用于液体中而产生强大的压力波。这个压力波会产生成千上万的微观气泡，随着高频震动，气泡将迅速增长，然后突然闭合。在气泡闭合时，由于液体间相互碰撞产生强大的冲击波，在周围产生上千个大气压的压力（即超声空化），使气体中分子强力地被搅动，从而得到破碎的细胞。此仪器破碎时产热较高，一般在冰浴中使用。

2. 气体破碎仪

破碎物随高压惰性气体到低压的过程以及碰撞产生强大的冲击波，使得细胞内容物流出。它采用的是正压破碎细胞壁或细胞膜的方法。

七、凝胶成像分析系统

凝胶成像分析系统主要用于对核酸凝胶样品的观察和拍照，是分子生物学和 PCR 技术的必备仪器。仪器结构由机箱、暗箱和计算机三部分组成，可在明室内观察操作。在紫外线照射下，核酸与核酸显示剂显色，再由高分辨率的数码成像系统传输到计算机显示屏，观察核酸样品的分布。凝胶影像分析系统的分析处理功能非常强大，可做定量分析，并且能够提供多种分析方法，如用于相对分子质量、相对分子质量分布、样品含量、相对百分比、迁移距离的测定。

八、PCR 仪

聚合酶链反应（polymerase chain reaction，PCR）即试管内 DNA 的扩增，具有特异性、高效性和忠实性三大特点，在生命科学研究领域成为核酸分子水平研究的基础并得到广泛的应用。PCR 全过程包括三个基本步骤，即双链 DNA 模板加热变性成单链（变性）；在低温下，引物与单链 DNA 互补配对（退火）；在适宜温度下，Taq DNA 聚合酶催化引物沿着模板 DNA 延伸（延伸）。这三个基本步骤构成的循环重复进行，可使特异性 DNA 的扩增率达到数百万倍。

PCR 仪就是提供聚合酶链反应所需要的三个变性、退火、延伸的温度条件，它是利用半导体元件控制温度和瞬时响应的功能，完成聚合酶链反应。一般 PCR 仪都设置有程序编制功能，可根据需要来设置 PCR 的反应条件和循环次数。仪器的工作参数：温度范围 4℃～99℃，最大升温速度 5℃/s，最大降温速度 3℃/s，温度均匀性限度 ≤±0.5℃。

九、酶标仪

酶免疫技术是将抗原抗体反应的特异性与酶促反应的放大作用和特异性相结合的一种微量分析技术。其利用酶标记抗体或抗原后，既不影响抗体或抗原的免疫特性，又不影响酶活性，让酶标抗体（抗原）与相应抗原（抗体）反应后，加酶促反应底物，酶催化相应底物进行显色反应，根据显色情况判断结果。

酶标仪是利用酶免疫技术的显色反应的强弱进行比色，根据颜色的变化和深浅测定反应物的含量。

十、离心浓缩干燥仪

生物大分子在制备过程中由于过柱纯化或其他方式使样品变得很稀，很多情况下需要将样品进行浓缩。通常采用的浓缩方式有：减压加温蒸发浓缩、空气流动蒸发浓缩、冰冻法、吸收法、超滤法等。

离心浓缩干燥仪采用的是减压加温蒸发浓缩，仪器在离心、加热、抽气共同作用下，使样品迅速浓缩。

十一、自动部分收集器

自动部分收集器主要用于样品过柱后的分离样品收集，将一定时间内流出的分离样品进行分段收集，这样就可获得被分离的样品。

BS－100A 自动部分收集器使用方法：

①放置收集玻璃管，将分离样品连接到仪器进样的硅胶管上。

②打开仪器电源。

③选择 TIMER 按钮，调节每管收集时间。

④观察设置时间是否合适（收集量达 2/3 收集管体积较适宜），根据需要再调节设定的时间。

实验报告和实验室守则

实 验 报 告 的 撰 写

实验报告是实验操作和实验结果的记录，其重要性不言而喻。学生应在学校学习期间认真学习实验报告的正确书写，本着实事求是的原则，真实记录反应过程，并认真进行讨论，为将来撰写学术研究论文打下良好的基础。

实验报告有一定的格式要求，这在国内外学术期刊上都有介绍。实验报告应该按照研究论文的格式和要求书写，具体的格式和内容如下。

一、实验题目

拟定一个简明、醒目的实验题目。在题目下写姓名、学号、所属学院、实验时间。

二、前言

用少许文字说明本次实验的内容、目的和工作原理。

三、材料与方法

实验过程中所用的试剂、仪器以及实验操作。记录实验的大致步骤。

四、结果与讨论

写出实验获得的结果（数据或作图），并进行讨论。讨论是实验报告的一个重点内容，需要分析实验结果或得出结论，说明实验中出现的现象与理论知识的关系，由实验结果可提出了哪些新问题等。讨论不是简单的失误报告，而是体现了报告者对专业知识的掌握。由于现阶段的实验主要为验证性与探索性两类，因此根据实验内容的不同，讨论部分的侧重点也应不同。

五、参考文献

正规的研究论文应该有此项，表明研究论文是在前人的基础上的验证或发展。实验报告此项可省略。

实验室守则

一、实验要求

1. 课前预习，明确实验目的。
2. 严格遵守操作规程，动手、动脑做好实验。
3. 如实记录实验数据与结果，写好实验报告。

二、试剂使用

1. 仔细辨认标签，明确所需试剂及其浓度。
2. 吸量管与所需试剂瓶号码务必对准。
3. 用后盖好瓶塞（切勿张冠李戴），归还原处，以免影响他人使用。

三、仪器使用

1. 对实验仪器应倍加爱护，未经教师许可不得随意搬动或违规操作。
2. 熟知使用法，严格遵守操作规程。
3. 出现故障时，应立即关闭电源，并报告老师，不得擅自处理。

四、实验室规则

1. 穿工作服进入实验室，不得穿拖鞋到实验室，实验课不迟到、不早退。
2. 在实验室内不高声说话，严禁用器械及动物开玩笑。
3. 不带食品、饮料到实验室。
4. 节约试剂，节约水电。
5. 实验完毕，洗净所用器械，固体废弃物（如用过的滤纸、电泳用凝胶条等）切勿倒入水槽内，以避免堵塞下水管道。
6. 值日生负责实验室卫生，倒尽垃圾，关好水、电及门窗，经教师检查后方可离开。

专题介绍

单克隆抗体制备技术

一种抗体分子是由一个 B 淋巴细胞分化增殖而形成的细胞系产生的。由一个细胞增殖而形成的具有相同遗传特征的细胞群被称为克隆（clone)。由一个细胞大量增殖形成的克隆产生的抗体被称为单克隆抗体（monoclonal antibody，McAb)。单克隆抗体分子组成均匀，特异性单一。

一、免疫动物

目前供小鼠-小鼠系统融合用的免疫淋巴细胞主要来源于 8～12 周龄的 BALB/C 小鼠脾脏。免疫所需的抗原量大多取决于所用抗原的免疫原性。细胞表面抗原一般具有较高的免疫原性，可不加佐剂，直接经腹腔或静脉注射 1×10^7～2×10^7 个细胞。可溶性抗原如蛋白质，可按每只小鼠给予一次剂量 10μg～100μg。佐剂的组成为石蜡 80%～85%，羊毛脂 15%～20%。卡介苗的浓度为 75g/L～125g/L。蛋白质抗原与等体积福氏完全佐剂充分混匀，分别注射于小鼠的颈背部多处或腹腔内；间隔 2～4 周，同法重复注射一次；经 1 个月左右或稍长时间后，再用 10μg～100μg（0.1mL～0.2mL）抗原经静脉或腹腔加强免疫，3d～5d 后取脾脏用于融合实验。

二、骨髓瘤细胞的培养

常用的骨髓细胞有：P3－NSl－1－Agl4－1（NSl)，P3－X 63－Ag8.653，Sp2/O－Agl4 (SP2)，NSO 等。这些瘤细胞株都是次黄嘌呤鸟嘌呤磷酸核糖苷转化酶（HGPRT）或胸腺嘧啶核苷激酶（TK）缺陷株。

选择对数生长期的细胞进行传代培养。细胞数一般在 $1\times10^4 mL^{-1}$～$5\times10^5 mL^{-1}$ 时呈对数生长，此时细胞浑圆、透亮，大小一致，排列整齐，呈半致密分布。当细胞处于对数生长中期时，即可按 1∶3 至 1∶10 的比例用 15%小牛血清 RPMI 1640 培养液稀释传代，然后视细胞的生长情况 3d～4d 传代或扩大培养，选处于旺盛生长期的、形态良好的对数生长期细胞供融合用。

避免细胞返祖。在传代培养过程中，有部分细胞可能出现返祖现象，应定期用 8-氮鸟嘌呤处理细胞，使生存的细胞对含次黄嘌呤（H)、氨基喋呤（A）和胸腺嘧啶核苷（T）的培养基呈均一的敏感性。

切忌过多传代培养。过多传代培养可能引起细胞的变异、返祖，也易受到支原体的污染。

三、饲养细胞

为了促使融合后形成的杂交瘤细胞以及经有限稀释进行无性繁殖的杂交瘤细胞能健康地生长、繁殖，可在培养孔中加入适量饲养细胞。一般实验室常用BALB/C小鼠的腹腔细胞或胸腺细胞作为饲养细胞，因其来源和制备较为方便。在生长良好的饲养细胞层，巨噬细胞和小淋巴细胞透亮、折光性好、细胞形态饱满，巨噬细胞舒展呈梭形和多角形。如培养24h后，细胞无光泽、形态皱缩，则不宜使用或应补加新鲜的腹腔细胞。一般每只小鼠可取得3×10^5～5×10^5个腹腔细胞，可先将细胞浓度调至$2\times10^5mL^{-1}$，在96孔板小孔中加0.1mL（2×10^4个细胞）；如用24孔板，每孔可加0.5mL（10^5个细胞）。

四、细胞融合

1974年，Kao和Michayluk首次发现化学试剂聚乙二醇（PEG）可以诱导植物细胞融合。1977年，Galfre将PEG用于淋巴细胞杂交瘤技术中获得满意的结果，从此PEG成为淋巴细胞杂交瘤技术中应用最广的融合剂。常选用相对分子质量为500～6000、浓度为30%～50%的PEG。实践证明相对分子质量为1000、浓度为50%的PEG的融合效果最好。

细胞融合技术的具体步骤如下：

1. 脾细胞悬浮液的制备。

在小鼠末次加强免疫注射后第3天，以无菌技术取出其脾脏。用不含血清的培养液冲洗3次后，将2～3个脾脏置于不锈钢网上，在盛有少量培养液的平皿中，用弯头剪刀轻轻剪碎，使其成为匀浆状；用无血清培养液5mL～6mL冲洗不锈钢网，使单个细胞经钢网滤入平皿中。将脾细胞悬浮液移至沉淀管中，静置5min，使稍大块组织下沉。将上层细胞悬浮液移至另一10mL的沉淀管中，加无血清培养液至10mL，以1000r/min离心5min～7min，弃上清液，再用同样溶液悬浮至10mL。取少量脾细胞悬浮液，用台盼蓝染液做活细胞计数后，松松盖好沉淀管，置二氧化碳孵箱中备用。

2. 骨髓瘤细胞悬浮液的制备。

在细胞融合实验前7d～10d，取贮存于液氮中的骨髓瘤细胞复苏，传代培养（注意用8-氮鸟嘌呤处理），于融合前48h，将骨髓瘤细胞接种于100mL细胞培养瓶中，使细胞浓度为$5\times10^4mL^{-1}$～$5\times10^5mL^{-1}$；在细胞融合当天，将处于对数生长期的细胞收集于离心管中，以1000r/min离心10min，弃上清液，再将压积细胞悬浮于无血清培养液中，同法离心，最后将细胞悬液浮于无血清RPMI 1640培养液中。取少量细胞悬浮液，用台盼蓝染液做活细胞计数。

3. 细胞融合的操作过程。

根据细胞计数结果，分别取10^7个骨髓瘤细胞及10^8个脾细胞同置于50mL沉淀管中，加入40mL不含血清的培养液；混匀后，以1200r/min离心5min，弃去上清液并使之尽量流净，以免影响PEG的浓度；用手指轻击管底，使沉积的细胞混匀；将沉淀管置于37℃的水中，并于90s内向沉淀管缓缓加入已预热的含有15%二甲亚砜的50%

PEG，并不断振摇沉淀管；立即更换吸管，于 5min 内加入不含血清的培养液 40mL，并不时振摇沉淀管；以 1000r/min 离心 10min，弃去上清液，随之加入完全培养液 50mL，将细胞混匀；将细胞悬浮液分配在已加有饲养细胞的 5 块 96 孔培养板的小孔中，每孔 0.5mL（约含 5×10^4 个瘤细胞）；将培养板置 37℃、含 5%～7%二氧化碳的孵箱中培养。

五、杂交瘤细胞的选择性培养

将经 PEG 处理并在二氧化碳孵箱培养 24h 的融合后的细胞（在 96 孔板或 24 孔板中）悬浮于含 HAT 的培养液中，再送回到二氧化碳孵箱培养。每 2～3 天更换培养液一次，每次先从各培养孔轻轻吸出一半上清液，加进等体积新鲜的培养液；一周后改用 HT 培养液；二周后改用含 15%小牛血清的完全培养液。亦可在进行细胞融合后即将融合细胞置于含 HAT 的培养液中培养。

六、杂交瘤细胞培养液中特异抗体的检测

1. 将 100μL 抗原溶液（1g/L～10g/L），按每孔 100μL 注入聚苯乙烯微量滴定板，置湿盒内 4℃放置过夜。

2. 次日甩去孔中液体，用 Tris－HCl－Tween 液注满，静置 3min，甩掉溶液后再加入，如此 3 次，以除去未能结合的抗原溶液。

3. 每孔加待测 100μL 杂交瘤上清液，将培养板置湿盒中，于 37℃温育 1h～2h。

4. 重复第 2 步，洗去多余的结合液。

5. 每孔加 100μL 用含有 1%小牛血清清蛋白的磷酸盐缓冲液－Tween 液适当稀释的酶标抗体结合物，置入湿盒，于 37℃温育 1h～2h。

6. 同第 2 步，洗去多余的标记抗体。

7. 加 100μL 新配制的底物溶液，置入湿盒，37℃温育 15min～20min。显色后，每孔加入 1mol/L H_2SO_4 50μL 以中止反应。

8. 用肉眼判读各孔显色情况，或用酶标分光光度仪测定波长 492nm 处的吸光率值。

七、杂交瘤细胞的克隆

1. 有限稀释法。

将抗体呈阳性的培养孔中的细胞混匀后吸入沉淀管中，以 1000r/min 离心 5min；弃上清液，加入新鲜的完全培养基 2mL，混匀后吸出少量做细胞计数，然后根据计数结果分别将杂交瘤细胞稀释成 $5mL^{-1}$、$10mL^{-1}$ 和 $50mL^{-1}$ 的悬浮液。将上述稀释的细胞悬浮液分别分配于 96 孔培养板中，每孔 0.2mL，每一种细胞浓度的悬浮液使用一块培养板。若需使用饲养细胞以促进单个杂交瘤细胞生长繁殖，可在各培养孔中加入新鲜制备的饲养细胞悬浮液 0.1mL。经培养 1～2 周后，可于培养孔中见到生长的细胞集落。从生长单个细胞集落的培养孔中吸出少量上清液，以检测其中有无特异性抗体；也可将此培养孔中的细胞混匀后移至 24 孔板的培养孔中，加入完全培养基 2mL 继续培养，待

细胞长至良好时再测其上清液中的抗体活性。如测出细胞生长孔含有预定特异性抗体，可选择抗体效价高、呈单个克隆生长、形态良好的细胞孔，继续按同法再克隆或扩大培养。

2. 单个细胞显微操作法。

单个细胞显微操作法的基本原则是借助倒置显微镜的观察，用特制的弯头毛细吸管将单个细胞逐个吸出，分别放入已加有饲养细胞的96孔培养板小孔中，继续培养。

3. 软琼脂培养法。

于直径为6cm的平皿中，先倾入一层含培养基的0.5%琼脂液5mL，待其凝固后，再倾入一层含培养基的0.3%琼脂液4mL（内含有0.1mL拟进行单个细胞无性繁殖的杂交瘤细胞悬浮液）。如需使用饲养细胞，可于底层琼脂中加入饲养细胞悬浮液0.1mL，也可将其与杂交瘤细胞一道加入上层琼脂中。

八、单克隆抗体的制备

1. 动物接种法。

在接种杂交瘤细胞前，先给正常成年BALB/C小鼠腹腔注射降植烷或液体石蜡0.5mL，1~2周后，每只小鼠经腹腔注射$5\times10^5\sim5\times10^8$个杂交瘤细胞。为了避免小鼠血清中出现抗牛血清蛋白的非特异性抗体，最好于注射前用不含血清的培养液将杂交瘤细胞洗涤2次。经8d~10d后，小鼠腹腔出现大量腹水，将新收集的小鼠腹水离心以去除其中的细胞。上清液加入0.1%叠氮钠，然后小量分装并于−20℃保存。

2. 大量培养方法。

在实验室条件下，用静止培养法将40mL生长良好的分泌特异抗体的杂交瘤细胞悬浮液接种于1000mL完全培养基中。如有可能，用装有搅拌器或气泡搅拌的1000L发酵罐，在体外大量培养杂交瘤细胞，可获取较多的单克隆抗体。

九、杂交瘤细胞的冷冻保存

先将细胞培养于40mL培养液中，经2d~3d，待细胞生长旺盛，细胞浓度达$1\times10^6 mL^{-1}$且活细胞不少于90%时，将细胞悬浮液离心，弃上清液，再将细胞悬浮于10%二甲亚砜完全培养基中，分装于无菌小安瓿瓶中。将安瓿瓶置于隔热性能良好的聚苯乙烯泡沫塑料制成的冷冻筒内，放入液氮罐颈部的液氮蒸气中约5min，然后逐渐下降，连续2~3次，最后浸入液氮。

十、单克隆抗体的应用

1. 发现和提纯特异性抗原。
2. 用于临床生化诊断。
3. 用于病理组织定位诊断。
4. 体内肿瘤定位，可制作为放射性核素标记抗体。
5. 用单克隆抗体治疗肿瘤。

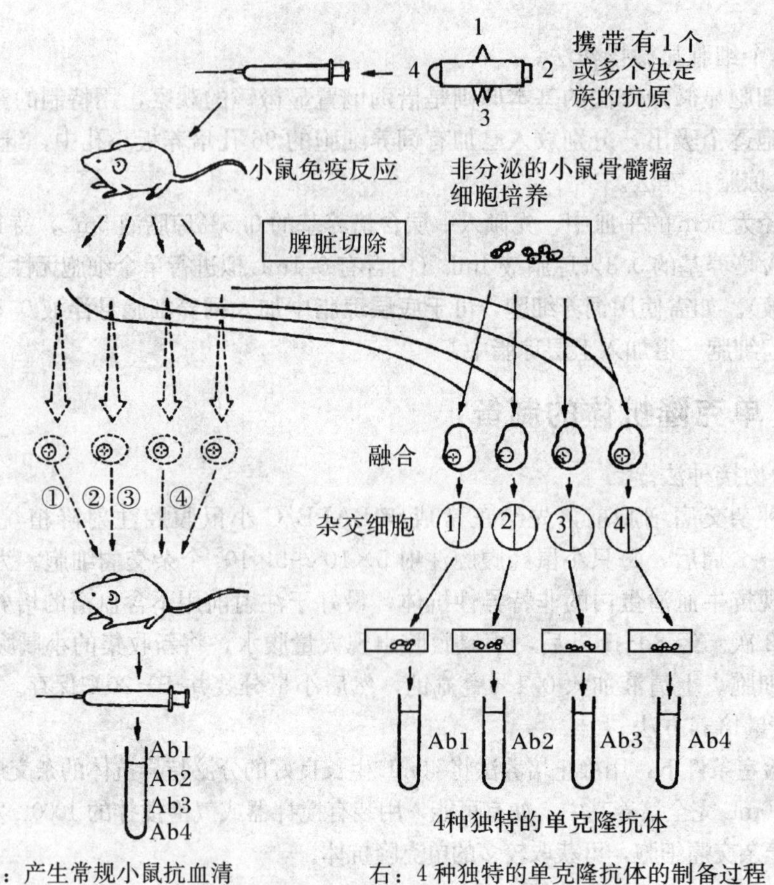

左：产生常规小鼠抗血清　　右：4 种独特的单克隆抗体的制备过程

单克隆抗体制备技术示意图

酶免疫组化染色技术

一、原理

细胞或组织经固定等处理后，受检抗原（Ag）或抗体（Ab）也随之固定。用包括酶标记抗体在内的多种形式的抗原、抗体系统与之反应，使受检抗原或抗体与酶标记抗体或酶相结合。然后加入酶反应的底物，底物被酶催化产生有色产物，而使有受检抗原或抗体的位置显色，通过显微镜可以明显地观察到显色的情况。

二、染色方法

（一）直接染色法

1. 原理。

用酶标记的特异性抗体直接与标本中的相应抗原反应结合，再与酶的底物作用而产生有色产物并沉积在抗原、抗体反应部位，即可对抗原进行定位、定性或定量研究。

2. 操作。

（1）切片标本在 0.01mol/L 磷酸盐缓冲液（pH7.2～7.4）中洗 5min，然后吸干标本周围的液体。

（2）用 1∶20 稀释的正常血清或 10g/L 牛血清清蛋白溶液处理切片 20min，放置室温，吸去蛋白质溶液，勿干。

（3）滴加酶标记抗体于切片上，置湿盒 37℃ 30min～60min。

（4）用 0.01mol/L 磷酸盐缓冲液（pH7.2）洗 5min，洗 2 次。再用 0.05mol/L Tris－HCl缓冲液（pH7.6）洗 5min，置微型振荡器上振动，吸干周围液体。

（5）加入底物（3,3'－二氨基联苯胺－4－盐酸盐，DAB）溶液，覆盖标本后，在显微镜下观察结果，以结果清晰、背景无非特异性染色为佳。

3. 应用。

直接染色法可用于检测各种抗原。

（二）间接染色法

1. 原理。

用已知未标记抗体（第一抗体）与标本中相应抗原结合，再加酶标记抗抗体（第二抗体），使之与上述形成的抗原－抗体复合物结合，再与酶的底物作用而产生有色产物并沉积在抗原、抗体反应部位，即可对抗原进行定位、定性或定量测定。

2. 操作。

（1）本步操作同直接法。

（2）本步操作同直接法。

（3）滴加未标记特异性抗体于标本上，置4℃过夜或室温30min～60min。

（4）用0.01mol/L磷酸盐缓冲液（pH7.2～7.4）洗2次，每次各5min，振动。

（5）滴加酶标记抗体于标本上，置室温30min。

（6）以后步骤同直接法。

3. 应用。

间接染色法较直接染色法敏感，而且用对一种动物的酶标记抗Ig，配上用该种动物制备的特异性抗体，可对不同受检抗原进行检测。此法广泛地应用于自身抗体、病毒、细菌、寄生虫、癌胚抗原等抗原和抗体的检查。

（三）酶桥染色法

1. 原理。

酶桥染色法与直接染色法和间接染色法的不同点在于：酶不是通过交联的方法被标记在特异性抗体上，而是通过与抗酶抗体免疫反应，使酶与特异性抗体桥联，然后酶作用于底物而出现显色反应。

2. 操作。

（1）本步操作同直接法。

（2）本步操作同直接法。

（3）加第一抗体于标本上，放入湿盒，4℃ 16h～24h或室温30min～60min，取出后用磷酸盐缓冲液摇晃洗2次，每次5min。

（4）加桥联抗体，用5%正常人血清稀释可消除交叉染色，室温30min，用磷酸盐缓冲液摇晃洗2次，每次5min。

（5）加过氧化物酶溶液（70mg/L～100mg/L），室温30min，用磷酸盐缓冲液摇晃洗2次，每次5min。

（6）加底物DAB及H_2O_2反应5min～30min，充分水洗，对比染色，乙醇脱水、透明，树胶封固。可立即进行镜检。应设阳性、第一抗体、桥联抗体、第二抗体对照。

3. 应用。

酶桥染色法所用的桥联抗体必须对特异性抗体（一抗）和酶抗体都具有特异性，才能将二者相连。因此，要求抗原特异性抗体和抗酶抗体是由同一种属动物产生的。常用的特异性抗体和抗酶抗体都是由小鼠产生的，再用羊或兔抗鼠IgG作为桥联抗体。目前临床上常用此种方法检测T淋巴细胞亚群、NK细胞活性等。

荧光免疫组化技术

荧光免疫组化检测技术同酶免疫组化染色技术大致相同，所不同的是所用的标记抗体的标记物不同。荧光免疫组化技术所用的标记物是荧光素而不是酶类。

一、直接染色法

1. 原理。

利用荧光素标记特异性抗体，与待测标本中的待测抗原反应，直接进行染色，以鉴定未知抗原。

2. 操作。

(1) 取固定好的标本，滴加荧光标记抗体，使其盖满标本面，置湿盒中，37℃放置 30min。

(2) 取出标本，用 0.01mol/L 磷酸盐缓冲液（pH8.0）洗至无荧光素（一般洗 3～4 次），用吹风机吹干。

(3) 用无自发荧光的甘油混合液封片，镜检。

3. 应用。

此法操作简便、快速，常被用于疑似病原微生物感染的标本的直接检测（如肠道传染病的微生物学诊断、培养后的菌株鉴定等），也常被用于组织中某种抗原或抗体的定性、定位。

二、间接染色法

1. 原理。

利用荧光素标记的抗 Ig 抗体鉴定未知抗原或抗体。

2. 操作。

(1) 将已知抗体（第一抗体）加到未知抗原的标本上，经 37℃ 30min 结合后，用 0.01mol/L 磷酸盐缓冲液（pH8.0）洗涤，除去未结合物，吹干。

(2) 加荧光标记抗 Ig 抗体（第二抗体，常用羊抗人 IgG），37℃作用 30min 后，再用上述洗液冲洗至无荧光素为止，吹干，封载，镜检。

3. 应用。

由于间接染色法应用一种标记抗体可以检测多种未知抗原或抗体，而不像直接法检测一种未知抗原就要制备一种标记抗体，所以其应用最多，除被用于组织、细胞中的抗原检测外，还被用于组织、细胞、体液等标本中未知抗体的检测，如多种自身抗体的检测等。

三、补体染色法

1. 原理。

应用补体结合反应的原理，以荧光素标记的抗补体抗体（常用抗 C3 抗体）鉴定未知抗原或抗体。

2. 操作。

先将补体和相应的抗体同时加到抗原标本上，37℃作用 30min 后，洗涤，吹干。再加入荧光标记的抗补体抗体，37℃反应 30min 后，洗涤，吹干，镜检。

3. 应用。

补体染色法只用一种标记的抗补体血清就能检查各种抗原、抗体系统，不受已知抗体或待检血清的动物种类限制，因为补体与抗原、抗体复合物的结合无种属特异性。此种方法对 Q 热立克次体的检查效果最好。

荧光免疫组化染色的结果判断，必须以必要的对照为基础。非特异性染色是荧光组化技术中存在的主要问题，它关系到结果的准确性。对来自标本自身的非特异性荧光，可以利用反衬染色或用正常血清预处理标本等方法来降低或消除；对来自试剂的非特异荧光，应力求提纯免疫血清中的 IgG 部分，选择最佳条件与纯度好的荧光素结合，妥善地除去游离荧光素及其衍生物等。总之，要力求排除非特异荧光的干扰，保证检测结果的准确性。

DNA 序列分析

一、原理

首先必须对 DNA 进行变性，使它变成单链；然后加入一个放射性标记的寡核苷酸引物，并使引物与靶 DNA 上相应的匹配序列复性；当存在适当含量的四种三磷酸脱氧核苷酸（dATP+dTTP+dGTP+dCTP，dNTP），在 DNA 聚合酶的作用下，生成一个大的、末端带有放射性标记的延伸产物，但这时仍没有产生序列的信息。如果在反应时于 dNTP 混合物中加入少量的双脱氧三磷酸核苷酸（ddNTP），就能导致序列信息的产生。这是因为当 ddNTP 加到正在合成的链的 3' 末端时，DNA 聚合酶将不再能将后续新碱基加到 ddNTP 上，因此 ddNTP 的掺入导致链的终止。

依靠加入 dNTP 和 ddNTP 的适当比率，我们可以创造出一种在任一核苷酸位都能随机发生链终止的条件。例如，引物在 dATP、dTTP、dGTP 和ddCTP混合物中延伸时，聚合酶将合成一条新链 DNA，直到它必须使用ddCTP（例如遇到配对碱基为 G）时。ddCTP 的掺入导致了该链合成的终止，所以放射性延伸产物的长度被限定在模板的第一个 G 位点。但我们的目的是要鉴定 DNA 链中所有的 G 位点，因此在实际测序时，不是使用 ddCTP，而是使用 dCTP 和 ddCTP 的混合物，其比例约为 200∶1。这种体系在每个 G 位点发生链终止的几率是 1∶200，延伸产物将是不同长度的很多片段，经变性聚丙烯酰胺凝胶电泳后，根据片段的排列次序以及每个片段限定在一个 G 位点的事实，就可以排出模板序列中精确的 G 位点。为了鉴定出所有 4 种碱基在 DNA 片段中的位置，每个样本需设置 4 个独立的反应体系，每个反应体系由 dNTP 混合液和其中一种 ddNTP 组成。当延伸反应完成后，将 4 个体系的反应产物点样于凝胶的相邻孔上进行电泳，然后就可以直接读出 DNA 序列。因此，尽管链终止反应的原理相当复杂，但实验操作相对容易。

二、DNA 测序方法

1. 制板。

（1）将测序的电泳玻板按序用水洗，70%乙醇洗，晾干，内层涂上硅油（用氯仿溶解，浓度为 3%），再用双蒸水洗净，用吹风机吹干。

（2）配制变性凝胶液：20%丙烯酰胺 20mL，10 倍浓度 TBE 缓冲液 5mL，46%尿素 25mL，总体积为 50mL，用滤纸过滤。

（3）加新配的 10%过硫酸铵 250μL，TEMED 50μL，混匀。

（4）封严玻板，确保不漏（参考 SDS－聚丙烯酰胺蛋白质电泳实验），灌胶并插入梳子。

(5) 凝胶凝固后用水浸湿加样孔，拔出梳子，水洗加样孔，再加 TBE 缓冲液于孔中，注意排出气泡。

(6) 采用 1200V 预电泳 30min。

2. 测序反应。

按照 PCR 原理配制反应体系。取 4 支离心管，分别标记 G、A、T、C，各管中分别加入 1.5μL 的 ddNTP 终止混合液，塞好盖子。各管分别加入以下反应物：

模板 DNA	2μL (100ng)
单侧引物	1μL (1pmol)
标记混合物*	2μL
α-^{32}P-dATP	1μL
测序缓冲液	1μL
DNA 聚合酶液	1.5μL

(*标记混合物含 dNTP 和 ddNTP，但 G、A、T、C 各管的 ddNTP 种类应与管所注明的一致。例如，G 管含有的 dNTP 和 ddNTP 为：dATP、dGTP、dCTP、dTTP 和 ddGTP。其中 ddGTP 与 dGTP 的净含量应与其他三种 dNTP 相近。)

混匀后进入反应循环：95℃20s，55℃15s，72℃1min。循环 30 次后 4℃保温。

3. 上样及电泳。

电泳方法与 SDS-聚丙烯酰胺蛋白质电泳相似。按 G、A、T、C 将各管对应一个加样孔加样，每孔上样量为 2μL~3μL。上样前样品经 75℃~80℃加热 2min，随即上样。待测序缓冲液中的染料溴酚蓝走到玻板的最下端时，停止电泳。

4. 判读结果。

将胶剥下，真空烘干后在暗室内对 X 光片进行放射自显影。在看片灯下观察结果。序列从凝胶板显影的 X 光片底部从下往上开始读，注意与 4 个加样孔对应。